緑色の用紙の内側に、小冊子が添付されています。
この用紙を1枚めくっていただき、小冊子の根元を持って、
ゆっくりとはずしてください。

小冊子：問題編

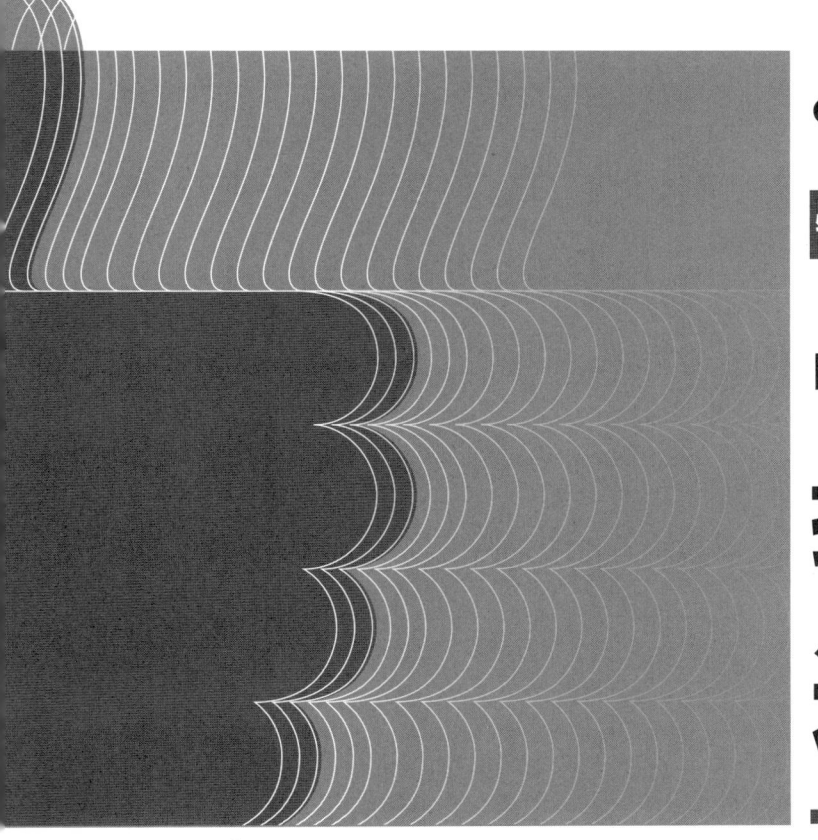

よくわかるマスター

特定非営利活動法人 インターネットスキル認定普及協会公認

ウェブデザイン技能検定 過去問題集

3級

Contents

平成 25 年度 第 1 回
　　学科試験問題　……………………………………………………………………　3
　　実技試験問題　……………………………………………………………………　11

平成 25 年度 第 2 回
　　学科試験問題　……………………………………………………………………　14
　　実技試験問題　……………………………………………………………………　20

平成 25 年度 第 3 回
　　学科試験問題　……………………………………………………………………　23
　　実技試験問題　……………………………………………………………………　30

平成 24 年度 第 1 回
　　学科試験問題　……………………………………………………………………　33
　　実技試験問題　……………………………………………………………………　40

平成 24 年度 第 2 回
　　学科試験問題　……………………………………………………………………　43
　　実技試験問題　……………………………………………………………………　50

平成 24 年度 第 3 回
　　学科試験問題　……………………………………………………………………　53
　　実技試験問題　……………………………………………………………………　61

平成 24 年度 第 4 回
　　学科試験問題　……………………………………………………………………　64
　　実技試験問題　……………………………………………………………………　70

平成25年度
第1回
ウェブデザイン技能検定

3 級

学科試験問題

◇受検上の注意◇
1. 試験会場では、技能検定委員の指示に従うこと。
2. 他受検者の受検を妨害する行為はしてはならない。
3. 受検中に不正があった場合、また、技能検定委員に不正を指摘された場合、受検者は作業を中止して退場すること。
4. 受検の際、机上には受検票、筆記用具のみ置くことができる。携帯電話・PHSなどの通信機器は試験中に使用、または机上に置くことはできない。また、携帯電話を時計の代わりに利用することはできない。
5. 計時は、技能検定委員に説明された時計を利用すること。受検の際には、30分経過、受検終了10分前に技能検定委員からアナウンスを行う。
6. 受検中のトイレ、体調不良の際は必ず技能検定委員に申し出ること。所要時間については受検時間に含まれる。
7. 試験開始より30分を超え、制限時間内に試験を終了した場合、技能検定委員に試験終了の意思表示を行い、試験会場より退出することができる。ただし、再入場は認めない。
8. 退室は技能検定委員の指示に従うこと。
9. 解答用紙を試験会場から持ち出した場合は、無効となり不合格とする。
10. 試験問題は持ち帰ること。
11. その他、いかなる場合にも技能検定委員の指示に従って受検すること。

◇解答にあたっての注意◇
解答用紙の記入にあたり、次の指示に従うこと。指示に従わない場合には採点がされない場合があるので注意すること。
　　(1) 解答用紙はマークシート方式のため解答用紙に記された記入方法に従って記入すること。
　　(2) 問題用紙の「第 X 問」は解答用紙の「問 X」の欄にマークすること。
　　(3) 受検番号欄には、必ず受検票に記載されている学科用の受検番号を記入すること。
　　(4) 氏名欄には、必ず受検票に記載されている氏名を記入すること。
　　(5) 解答は濃度HB程度の鉛筆またはシャープペンシルを使用すること。解答を訂正する場合は消しゴムできれいに消し、消しくずを残さないようにすること。

◇学科試験　留意事項◇
1. Windows Internet Explorer6 以降および、Mozilla Firefox3.0 以降を指定ブラウザとする。
2. ハイパテキストタグ付け言語(HTML)については JIS X 4156:2000 (ISO/IEC15445:2000) および W3C(ワールドワイドウェブコンソーシアム)HTML4.01 とし、かつ、拡張可能なハイパテキストマーク付け言語(XHTML)はW3C XHTML 1.0 以降とする。
3. 段階スタイルシート(CSS)については JIS X 4168:2004 および W3C CSS level1 以降とする。
4. 問題文中に(X)HTMLファイルとある場合は、HTMLとXHTMLどちらを選んでもよい。また、HTML、XHTMLと明記し記述している場合はそれに従うこと。

1. 各設問において、正しいものは1を、間違っているものは2を、該当設問の解答欄に記せ。

第1問
CSSはISOが仕様を策定し、勧告している。

第2問
マーケティングやインタラクションデザインにおいて、製品やサービスを考える際のターゲットとして想定する、具体的で実際に実在していそうな架空のユーザとは、ペルソナである。

第3問
img要素のalt属性には、画像を見ることができない状況のときに画像の代わりとして使用するためのテキストを指定する。

第4問
企業が不正アクセスを受けてその保有する個人情報が漏洩した場合、その企業は損害賠償責任を一切負わない。

第5問
ウェブ標準とは、主にCSSを利用した制作手法を示す用語で、アクセシビリティとは無関係である。

第6問
複数のブラウザで正しく表示できている場合、CSSの記述に文法上の誤りがある可能性は全くない。

第7問
画面内のナビゲーション等をデザインすることを、ユーザインタフェースデザインという。

第8問
HTML4.01とCSS2.1は古い仕様なのでウェブ標準には含まれない。

第 9 問

アプリケーションが想定しない SQL 文を実行させデータベースに不正にアクセスする手法、いわゆる SQL インジェクションは、アンチウィルスソフトウェアの導入では防ぐことはできない。

第 10 問

日本には、ウェブコンテンツのアクセシビリティについて定めた規格は存在しない。

---

2. 以下の設問に答えよ。

第 11 問

厚生労働省は平成 14 年に IT 技術の進展に対応すべく、IT 技術を利用する職場における VDT 作業ガイドラインを策定した。このガイドラインのタイトルを、以下より 1 つ選択しなさい。

1. VDT 作業における公共衛生管理のためのガイドライン
2. VDT 作業における労働衛生管理のためのガイドライン
3. VDT 作業における公共安全管理のためのガイドライン
4. VDT 作業における労働安全管理のためのガイドライン

第 12 問

HTML における正しいコメントの書式として適切なものを、以下より 1 つ選択しなさい。

1. `<!-- コメント -->`
2. `<#-- コメント -- >`
3. `</!-- コメント -->`
4. `<!-- コメント --!>`

第 13 問

class セレクタを指定する際の HTML コードの記述として適切なものを、以下より 1 つ選択しなさい。

1. `<h1 class="foo,bar">タイトル</h1>`
2. `<h1 class="foo bar">タイトル</h1>`
3. `<h1 class="foo:bar">タイトル</h1>`
4. `<h1 class="foo.bar">タイトル</h1>`

第14問

16進数の色表示で「緑」を表しているものはどれか。適切なものを以下より1つ選択しなさい。

1. #ffffff
2. #0000ff
3. #ff0000
4. #00ff00

第15問

次の文章の　A　にあてはまる語句として最も適切なものを、以下より1つ選択しなさい。

ユーザの目的に合ったウェブサイトを作るためには、アクセス解析などを行いウェブサイト内のユーザの動きを把握することが大切であるが、一般的にウェブサイトにアクセスしてきた人が、資料請求などの目的に達することなくブラウザを閉じたり、別のサイトに移動してしまう割合を、　A　という。

1. クリック率
2. ROI
3. 離脱率
4. コンバージョン率（コンバージョンレート）

第16問

印刷用のスタイルシートの指定として正しいコードはどれか。最も適切なものを以下より1つ選択しなさい。

1. <link rel="stylesheet" type="text/css" href="foo.css" media="tv" />
2. <link rel="stylesheet" type="text/css" href="foo.css" media="speech" />
3. <link rel="stylesheet" type="text/css" href="foo.css" media="mobile" />
4. <link rel="stylesheet" type="text/css" href="foo.css" media="print" />

第17問

img 要素における alt 属性の値として書き込むテキストを示す適切な用語はどれか。適切なものを以下より1つ選択しなさい。

1. 置換要素
2. 置換識別子
3. 代替テキスト
4. 補足テキスト

第18問

次の文章の A 、 B にあてはまる語句の組み合わせとして最も適切なものを、以下より1つ選択しなさい。

コーデックについて、元データを A することをエンコードといい、 A されたデータを元データに B することをデコードという。

1. A:パッケージ化　　B:伸展
2. A:符号化　　　　B:復号
3. A:暗号化　　　　B:転調
4. A:記号化　　　　B:解凍

第19問

ウェブブラウザでウェブコンテンツを閲覧することを何というか。最も適切なものを以下より1つ選択しなさい。

1. スクローリング
2. ユーザエクスペリエンス
3. ストリーミング
4. ブラウジング

第20問

　ウェブコンテンツを構成するテキストや画像、レイアウト情報などを一元的に保存、管理し、サイトを構築したり編集したりするシステムの総称を一般的に何と呼ぶか。最も適切なものを以下より1つ選択しなさい。

1. CSS
2. CVS
3. CMS
4. CSV

第21問

　OSI参照モデルにおいて、第3層はどれか。適切なものを以下より1つ選択しなさい。

1. セッション層
2. データリンク層
3. 物理層
4. ネットワーク層

第22問

　次の文章の　A　にあてはまる語句として最も適切なものを、以下より1つ選択しなさい。

　サイト内の最上層から最下層のリンクまでを一覧表示したものを　A　という。

1. グローバルナビゲーション
2. ローカルナビゲーション
3. サイトマップ
4. 検索窓

第 23 問

ECサイトを設計する際に、効果的に誘因を計る方法として商品を検索エンジンに最適化させる手法を一般的に何と呼ぶか。最も適切なものを以下より1つ選択しなさい。

1. OEM
2. SEO
3. GPL
4. CPP

第 24 問

ネットワークの通信量を増大させ、ネットワーク回線やサーバの処理能力を占有し、サービスの提供を停止させる行為を何というか。適切なものを以下より1つ選択しなさい。

1. DDS 攻撃
2. DoS 攻撃
3. DRM 攻撃
4. NoS 攻撃

第25問

次の図は、Windows Internet Explorer9でウェブページを表示したものである。①から④までの各部名称の組み合わせとして適切なものを、以下より1つ選択しなさい。

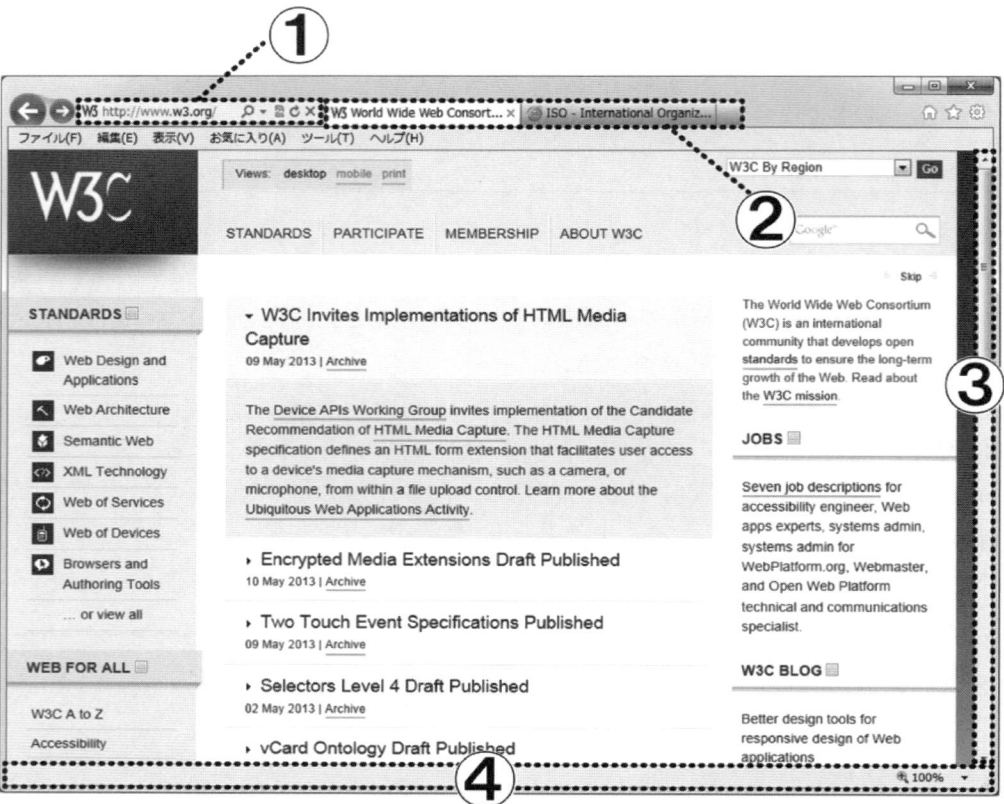

1. ①ナビゲーションバー　②ウィンドウバー　③ローリングバー　④フッターバー
2. ①ロケーションバー　②レイヤー　③シーケンスバー　④セキュリティバー
3. ①アドレスバー　②タブ　③スクロールバー　④ステータスバー
4. ①検索バー　②お気に入り　③サムネールバー　④拡大縮小バー

平成25年度
第1回
ウェブデザイン技能検定
3 級
実技試験問題

◇受検上の留意事項◇

1. 試験会場では、技能検定委員の指示に従うこと。
2. 実技試験用 PC の OS は Microsoft Windows XP SP2 以降である。OS やアプリケーションソフトの操作方法等についての質問への回答や補助など一切応じない。
3. 本検定試験では、Windows Internet Explorer6 SP2 以降および、Mozilla Firefox 3.0 以降の安定版を指定ウェブブラウザとする。検定用 PC にインストールされた本検定試験指定ソフトウェアは、OS に標準で備えられているアクセサリソフトウェア(メモ帳等)、TeraPad、サクラエディタとし、各データを処理するために適切なものを受検者各自で判断し使用すること。指定されたソフトウェア以外を利用して作業を行うことはできない。指定ソフトウェア以外を使用して作業を行った場合、不合格とする。
4. 受検中は、用具の貸し借り、PC およびデータの交換、不正に持ち込んだデータの利用、検定用 PC からインターネットへのアクセス、他受検者への妨害行為等を禁止する。受検中に不正があった場合や技能検定委員に不正を指摘された場合、受検者は作業を中止して退場すること。なお、不正行為があった場合は、不合格とする。
5. 受検の際、机上には受検票、身分証明書類、筆記用具のみ置くことができる。携帯電話などの通信機器は受検中には必ず電源を切っておくこと。携帯電話を時計の代わりに利用することはできない。
6. 計時は、技能検定委員に説明された時計を利用すること。受検の際には、30分経過、受検終了10分前に技能検定委員からアナウンスを行う。開始より30分を超え、制限時間内に試験を終了した場合、技能検定委員に試験終了の意思表示を行い、試験会場より退出することができる。ただし、再入場は認めない。退室は技能検定委員の指示に従うこと。
7. 受検中のトイレ、体調不良の際は必ず技能検定委員に申し出ること。所要時間については受検時間に含まれる。また、座席などを離れる場合、アプリケーション等の操作画面、ブラウザ画面などが表示されないよう留意すること。
8. 検定用 PC のトラブル等により作成中のデータが失われる場合もあるため、各自データ保存やバックアップに留意して作業を行うこと。受検中、検定用 PC がフリーズするなど、機器にトラブルが発生し作業が中断した場合は、作業再開までの時間を技能検定委員が記録し、規定試験時間終了後も受検者は記録された時間を追加して作業の継続ができる。
9. 制作した課題の著作権は試験主催者である、特定非営利活動法人インターネットスキル認定普及協会に帰属する。
10. その他、いかなる場合にも技能検定委員の指示に従って、受検すること。

◇解答にあたっての注意◇

1. 『試験設備点検表および実技試験課題選択表』の記入にあたり、次の指示に従うこと。指示に従わない場合には採点されない場合があるので注意すること。
   (1) 受検番号欄には、必ず受検票に記載されている実技試験受検番号を記入すること。
   (2) 氏名欄には、必ず受検票に記載されている氏名を記入すること。
   (3) HB程度の鉛筆またはシャープペンシルを使用し、解答を訂正する場合は消しゴムできれいに消し、消しくずを残さないようにすること。
   (4) 『実技試験課題選択表』に選択した作業番号を必ず記入すること。
2. 受検票は、試験時間中は必ず技能検定委員が見やすい机上の、通路側の位置に提示しておくこと。
3. 試験時間終了時に、『試験設備点検表』および『実技試験課題選択表』を回収する。
4. 試験問題は持ち帰ること。
5. 作業を実施するにあたり、ソースなどをウェブブラウザで正しく表示されるように修正することが必要な場合がある。
6. 受検者は全 6 課題より、5 課題を選択し、60 分間で作業を完了させること。
7. 作業で利用する素材は、デスクトップ上の data3 フォルダで配布している。また、受検者はデスクトップ(または技能検定委員に指示された場所)の wd3 フォルダに、課題に従いフォルダ、ソースファイルなどを配置し提出すること(wd3 フォルダが作成されていない場合は受検者が作成すること)。なお、保存するデータは 5 課題分のみとし、不適切なデータの保存や不要なファイルがある場合は減点の対象となる。
8. 作成するページファイル名には 2 バイト文字は使用せず、半角英字のみとして、スペースなどをいれずに作成すること。またファイルのデータ形式、拡張子等にも留意すること。データの保存は問題で作成を指示されたフォルダに保存すること。
9. 本検定試験では、ハイパテキストマーク付け言語(HTML)については JIS X 4156:2000 (ISO/IEC15445:2000)、W3C(ワールドワイドウェブコンソーシアム)HTML4.01 とし、かつ、拡張可能なハイパテキストマーク付け言語(XHTML)は W3C XHTML 1.0 以降を推奨する。段階スタイルシート(CSS)については JIS X4168:2004、W3C CSS level1 以降を推奨する。設問中、(X)HTML ファイルとある場合は HTML と XHTML どちらを選んでもよい。しかし、HTML、XHTML と明記記述している場合はそれに従うこと。また、作成する HTML ファイルの文字コードは UTF-8 にすること。

ウェブデザイン技能検定 実技試験 3級

作業1〜6の中から5問を選択し、各設問の文章に従い作業を行うこと。
作業で利用する素材は、デスクトップ上のdata3フォルダのものを使用すること。
また、各設問の指示に従い、デスクトップ上のwd3フォルダにフォルダ、ソースファイルなどを配置し提出すること。wd3フォルダが作成されていない場合は受検者が作成すること。
すべての課題提出データは検定指定ウェブブラウザで正しく表示されること。

作業1：次の(1)〜(2)の作業を行いなさい。

(1) デスクトップ上のdata3フォルダのq1フォルダ内にある fs.jpg に従い、index.html、CSSファイル、画像等のソースファイルおよびディレクトリ構成を適切に訂正し完成させなさい。その際、必要に応じフォルダ等は作成し、CSSファイル、画像等が正しく適用されるよう、index.htmlおよびCSSファイルを編集すること。

(2) デスクトップ上のwd3フォルダ内にa1という名前でフォルダを作成し、フォルダおよびソースファイルを 構成に留意して保存しなさい。

作業2：次の(1)〜(4)の作業を行いなさい。なお、次の(1)〜(4)で指示された箇所以外については変更する必要はない。

(1) デスクトップ上の data3 フォルダの q2 フォルダ内にある index.html、info.html、skilltest.html、form.html の「global_navi」で指定されたエリアにあるグローバルナビゲーションの各画像に対して、対応する各ページへのリンクが正常に行われるようにしなさい。

(2) 「HOME」は index.html に、「協会情報」は info.html に、「ウェブデザイン技能検定」は skilltest.html に、「問い合わせ」は form.html にそれぞれリンクを設定しなさい。その他は無視してよい。

(3) info.html、skilltest.html、form.html の「main_content」内にある「A」、「B」、「C」の箇所をそれぞれのページタイトルと同じテキストに修正しなさい。

(4) 修正した index.html および表示に必要な他のファイル等とともに、デスクトップ上の wd3 フォルダ内に a2 という名前でフォルダを作成し保存しなさい。

作業3：次の(1)〜(2)の作業を行いなさい。

(1) デスクトップ上の data3 フォルダの q3 フォルダ内にある index.html を編集し、次に示す各ウェブブラウザでの表示結果と同じとなるように 1.css、2.css、3.css の3つの CSS ファイルより正しいものを選択し適用させなさい。なお、表示結果のファイルは次のとおりとする。

    (a) Internet Explorer6 がインストールされている場合は、ie6_1.jpg。
    (b) Internet Explorer7 または 8 がインストールされている場合は、ie7_8_1.jpg。
    (c) Internet Explorer9 がインストールされている場合は、ie9_1.jpg。
    (d) Firefox の場合は、ff_1.jpg。

(2) 修正した index.html および表示に必要な他のファイル等とともに、デスクトップのwd3フォルダ内にa3という名前でフォルダを作成し保存しなさい。

作業 4：次の(1)〜(2)の作業を行いなさい。

(1) デスクトップ上の data3 フォルダの q4 フォルダ内にある style.css を編集して、h1 要素に関連する背景の色を #003300、文字の色を #ffffff に変更しなさい。指定以外の要素は特に変更する必要はない。

(2) 修正した style.css や index.html ファイルおよび表示に必要な他のファイル等とともに、デスクトップ上の wd3 フォルダ内に a4 という名前でフォルダを作成し保存しなさい。

作業 5：次の(1)〜(2)の作業を行いなさい。

(1) デスクトップ上の data3 フォルダの q5 フォルダ内にある index.html の body 要素および wrap 要素に、design.css を編集して、次に示す各ウェブブラウザでの表示結果と同じとなるように背景画像を適用しなさい。背景画像は q5 フォルダ内の img フォルダより適切なものを選択し適用すること。なお、表示結果のファイルは次のとおりとする。

　　(a) Internet Explorer6 がインストールされている場合は、ie6_2.jpg。
　　(b) Internet Explorer7 または 8 がインストールされている場合は、ie7_8_2.jpg。
　　(c) Internet Explorer9 がインストールされている場合は、ie9_2.jpg。
　　(d) Firefox の場合は、ff_2.jpg。

(2) 修正した design.css や index.html ファイルおよび表示に必要な他のファイル等とともに、デスクトップ上の wd3 フォルダ内に a5 という名前でフォルダを作成し保存しなさい。

作業 6：次の(1)〜(2)の作業を行いなさい。

(1) デスクトップ上の data3 フォルダの q6 フォルダ内にある index.html の「main_content」で指定されたエリアに、現在配置されているテキストを削除して、sample.txt に記載されている文章を配置し、ウェブページを更新しなさい。その際は文章をよく読み、h1 要素、h2 要素、p 要素、ol 要素、ul 要素のすべてをもれなく使用し構造化を行うこと。なお、各リスト項目の文頭につくマーカーについては、ol 要素、ul 要素のデフォルトのスタイルを適用させ実現すること。

(2) 修正した index.html および表示に必要な他のファイル等とともに、デスクトップ上の wd3 フォルダ内に a6 という名前でフォルダを作成し保存しなさい。

◇免責事項◇
本検定試験において記載されている会社名、製品名は、それぞれの会社の商標又は登録商標である。
受検上の留意事項、設問内等では®、TM マークを明記しない。

平成25年度
第2回
ウェブデザイン技能検定

3級

学科試験問題

◇受検上の注意◇
1. 試験会場では、技能検定委員の指示に従うこと。
2. 他受検者の受検を妨害する行為はしてはならない。
3. 受検中に不正があった場合、また、技能検定委員に不正を指摘された場合、受検者は作業を中止して退場すること。
4. 受検の際、机上には受検票、筆記用具のみ置くことができる。携帯電話・PHSなどの通信機器は試験中に使用、または机上に置くことはできない。また、携帯電話を時計の代わりに利用することはできない。
5. 計時は、技能検定委員に説明された時計を利用すること。受検の際には、30分経過、受検終了10分前に技能検定委員からアナウンスを行う。
6. 受検中のトイレ、体調不良の際は必ず技能検定委員に申し出ること。所要時間については受検時間に含まれる。
7. 試験開始より30分を超え、制限時間内に試験を終了した場合、技能検定委員に試験終了の意思表示を行い、試験会場より退出することができる。ただし、再入場は認めない。
8. 退室は技能検定委員の指示に従うこと。
9. 解答用紙を試験会場から持ち出した場合は、無効となり不合格とする。
10. 試験問題は持ち帰ること。
11. その他、いかなる場合にも技能検定委員の指示に従って受検すること。

◇解答にあたっての注意◇
解答用紙の記入にあたり、次の指示に従うこと。指示に従わない場合には採点がされない場合があるので注意すること。
 (1) 解答用紙はマークシート方式のため解答用紙に記された記入方法に従って記入すること。
 (2) 問題用紙の「第X問」は解答用紙の「問X」の欄にマークすること。
 (3) 受検番号欄には、必ず受検票に記載されている学科用の受検番号を記入すること。
 (4) 氏名欄には、必ず受検票に記載されている氏名を記入すること。
 (5) 解答は濃度HB程度の鉛筆またはシャープペンシルを使用すること。解答を訂正する場合は消しゴムできれいに消し、消しくずを残さないようにすること。

◇学科試験　留意事項◇
1. Windows Internet Explorer6以降および、Mozilla Firefox3.0以降を指定ブラウザとする。
2. ハイパテキストタグ付け言語(HTML)については JIS X 4156:2000 (ISO/IEC15445:2000) および W3C(ワールドワイドウェブコンソーシアム)HTML4.01とし、かつ、拡張可能なハイパテキストマーク付け言語(XHTML)はW3C XHTML 1.0以降とする。
3. 段階スタイルシート(CSS)については JIS X4168:2004 および W3C CSS level1以降とする。
4. 問題文中に(X)HTMLファイルとある場合は、HTMLとXHTMLどちらを選んでもよい。また、HTML、XHTMLと明記し記述している場合はそれに従うこと。

1. 各設問において、正しいものは1を、間違っているものは2を、該当設問の解答欄に記せ。

第1問
HTML文書のtitle要素は、ページのタイトルを示すもので、書かなければならないと定められた要素である。

第2問
「ラジオボタン」は、排他的な選択肢でユーザが1項目だけを選択しなければならないときに使われる。

第3問
ウェブサイトでのアクセシビリティへの配慮として、企業等のロゴ画像に対する代替テキストは「logo」とするのが適切である。

第4問
PCやスマートフォンにウイルス対策ソフトをインストールする事で、コンピュータウイルスに感染するのを完全に防ぐ事ができる。

第5問
ウェブサイトで利用可能なベクトル形式の画像データフォーマットは、PDF形式のみである。

第6問
書籍の草稿(未完成の作品)は、いかなる場合も著作物とはならず、著作権法で保護されることはない。

第7問
ウェブ標準の推進団体であるWaSPで推奨されているウェブ標準手法に準拠したページでフォントサイズを指定するには、font要素のsize属性を使用する。

第8問
他人の登録商標と同一又は類似の商標であって、かつ、出願に係る指定商品又は指定役務が同一又は類似のものである場合は、新たに登録することできない。

第9問
他人の認証IDを第三者に提供することは、不正アクセス行為の禁止等に関する法律により罰せられることがある。

第10問
h1要素・h2要素・h3要素・h4要素・h5要素・h6要素の要素名に含まれている数字は、見出しを表示するときのフォントサイズを示している。

2. 以下の設問に答えよ。

第11問

ブラウザ上で「<」記号を表示させる場合、HTML文書内ではどのように記述するか。適切なものを以下より1つ選択しなさい。

1. >
2. <
3. "
4. &

第12問

IMAP4通信に用いられる標準的なポート番号は何か。最も適切なものを以下より1つ選択しなさい。

1. 25
2. 110
3. 143
4. 587

第13問

景品表示法の一般懸賞について、5,000円未満の商品やサービスの利用者に対して設定できる景品の限度額はいくらか。適切なものを以下より1つ選択しなさい。

1. 取引価額の10倍
2. 取引価額の20倍
3. 取引価額の50倍
4. 1,000万円まで

第14問

PCやスマートフォンのウェブブラウザ上で、別タブ(新規のウインドウ)を開かせるためのa要素の属性の記述として適切なものはどれか。以下より1つ選択しなさい。

1. target="_block"
2. target="_white"
3. target="_blank"
4. target="_kiosk"

第15問

ラスタ形式における画像の最小単位として適切なものを、以下より1つ選択しなさい。

1. ピクセル
2. バイト
3. ビット
4. セコンド

第16問

厚生労働省による新しいVDT作業のガイドラインにおいて、VDTの一連続作業時間の基準と定められる時間数の説明として最も適切なものはどれか。以下より1つ選択しなさい。

1. 1時間を越えないようにする。
2. 2時間を越えないようにする。
3. 3時間を超えないようにする。
4. 4時間を超えないようにする。

第17問

次の下線(a)で示されているものの説明として適切なものを、以下より1つ選択しなさい。

http://www.netskill.jp:8080/
　　　　　　　　　　　　(a)

1. ポート番号
2. サーバID
3. データソースID
4. コネクション番号

第18問

可逆圧縮についての説明として、適切なものを以下より1つ選択しなさい。

1. 圧縮前のデータと圧縮後に伸長したデータが完全に一致する圧縮方法
2. 圧縮前のデータと圧縮後のデータが完全に一致する圧縮方法
3. 圧縮前のデータと圧縮後のデータのファイル容量が完全に一致する圧縮方法
4. 圧縮前のデータと圧縮後に伸長したデータのファイルの順番が逆になる圧縮方法

第 19 問

CSS のプロパティ font-family において、ゴシック系のフォントを指定するのはどれか。適切なものを以下より1つ選択しなさい。

1. sans-serif
2. serif
3. century
4. fantasy

第 20 問

PNG ファイルの特徴として、適切なものを、以下より1つ選択しなさい。

1. 使用できる色モデルは 16 ビットのみである。
2. 色数が増えてもファイル容量に変化がない。
3. 画像サイズが大きくなってもファイル容量に変化がない。
4. 可逆圧縮のファイルフォーマットである。

第 21 問

HTTP についての説明として間違っているものはどれか。以下より1つ選択しなさい。

1. プロトコルの一種である。
2. リクエスト／レスポンス型である。
3. Hyper Text Transfer Protocol の略である。
4. HTTP ではデータが暗号化されている。

第 22 問

JIS Z 8721 で規定される、色知覚の三属性に含まれないものはどれか。以下より1つ選択しなさい。

1. 明度
2. 色相
3. 彩度
4. 色味

第23問

ISOの言語コードで日本語を表すものを以下より一つ選択しなさい。

1. ja
2. utf
3. np
4. jp

第24問

次の記述中の　A　にあてはまる語句として適切なものを、以下より1つ選択しなさい。

　A　には、そのウェブサイトにおける主要なコンテンツへのリンクが集められており、多くの場合、すべてのページ上で表示され、どのページでも同じ位置に配置されている。

1. コンテキストナビゲーション
2. ローカルナビゲーション
3. リモートナビゲーション
4. グローバルナビゲーション

第25問

ページビューとは何か。最も適切なものを以下より1つ選択しなさい。

1. ウェブサイトの総ページ数
2. アクセスログの全ての記録
3. ウェブサイトの利用者の数
4. ウェブページが表示された回数

※注意　マークシートに記載した氏名・受検番号を再度確認してください。学科試験と実技試験の受検番号は異なります。必ず学科用の受検番号を記入・マークしてください。間違いがある場合、採点されません。

◇免責事項◇

本検定試験において記載されている会社名、製品名は、それぞれの会社の商標もしくは登録商標である。設問内では®、TMマークを明記しない。

平成25年度
第2回
ウェブデザイン技能検定
3級
実技試験問題

◇受検上の留意事項◇

1. 試験会場では、技能検定委員の指示に従うこと。
2. 実技試験用PCのOSはMicrosoft Windows XP SP2以降である。OSやアプリケーションソフトの操作方法等についての質問への回答や補助など一切応じない。
3. 本検定試験では、Windows Internet Explorer6 SP2以降および、Mozilla Firefox 3.0以降の安定版を指定ウェブブラウザとする。検定用PCにインストールされた本検定試験指定ソフトウェアは、OSに標準で備えられているアクセサリソフトウェア(メモ帳等)、TeraPad、サクラエディタとし、各データを処理するために適切なものを受検者各自で判断し使用すること。指定されたソフトウェア以外を利用して作業を行うことはできない。指定ソフトウェア以外を使用して作業を行った場合、不合格とする。
4. 受検中は、用具の貸し借り、PCおよびデータの交換、不正に持ち込んだデータの利用、検定用PCからインターネットへのアクセス、他受検者への妨害行為等を禁止する。受検中に不正があった場合や技能検定委員に不正を指摘された場合、受検者は作業を中止して退場すること。なお、不正行為があった場合は、不合格とする。
5. 受検の際、机上には受検票、身分証明書類、筆記用具のみ置くことができる。携帯電話などの通信機器は受検中には必ず電源を切っておくこと。携帯電話を時計の代わりに利用することはできない。
6. 計時は、技能検定委員に説明された時計を利用すること。受検の際には、30分経過、受検終了10分前に技能検定委員からアナウンスを行う。開始より30分を超え、制限時間内に試験を終了した場合、技能検定委員に試験終了の意思表示を行い、試験会場より退出することができる。ただし、再入場は認めない。退室は技能検定委員の指示に従うこと。
7. 受検中のトイレ、体調不良の際は必ず技能検定委員に申し出ること。所要時間については受検時間に含まれる。また、座席などを離れる場合、アプリケーション等の操作画面、ブラウザ画面などが表示されないよう留意すること。
8. 検定用PCのトラブル等により作成中のデータが失われる場合もあるため、各自データ保存やバックアップに留意して作業を行うこと。受検中、検定用PCがフリーズするなど、機器にトラブルが発生し作業が中断した場合は、作業再開までの時間を技能検定委員が記録し、規定試験時間終了後も受検者は記録された時間を追加して作業の継続ができる。
9. 制作した課題の著作権は試験主催者である、特定非営利活動法人インターネットスキル認定普及協会に帰属する。
10. その他、いかなる場合にも技能検定委員の指示に従って、受検すること。

◇解答にあたっての注意◇

1. 『試験設備点検表および実技試験課題選択表』の記入にあたり、次の指示に従うこと。指示に従わない場合には採点されない場合があるので注意すること。
   (1) 受検番号欄には、必ず受検票に記載されている実技試験受検番号を記入すること。
   (2) 氏名欄には、必ず受検票に記載されている氏名を記入すること。
   (3) HB程度の鉛筆またはシャープペンシルを使用し、解答を訂正する場合は消しゴムできれいに消し、消しくずを残さないようにすること。
   (4) 『実技試験課題選択表』に選択した作業番号を必ず記入すること。
2. 受検票は、試験時間中は必ず技能検定委員が見やすい机上の、通路側の位置に提示しておくこと。
3. 試験時間終了時に、『試験設備点検表』および『実技試験課題選択表』を回収する。
4. 試験問題は持ち帰ること。
5. 作業を実施するにあたり、ソースなどをウェブブラウザで正しく表示されるように修正することが必要な場合がある。
6. 受検者は全6課題より、5課題を選択し、60分間で作業を完了させること。
7. 作業で利用する素材は、デスクトップ上のdata3フォルダで配布している。また、受検者はデスクトップ(または技能検定委員に指示された場所)のwd3フォルダに、課題に従いフォルダ、ソースファイルなどを配置し提出すること(wd3フォルダが作成されていない場合は受検者が作成すること)。なお、保存するデータは5課題分のみとし、不適切なデータの保存や不要なファイルがある場合は減点の対象となる。
8. 作成するページファイル名には2バイト文字は使用せず、半角英字のみとして、スペースなどをいれずに作成すること。またファイルのデータ形式、拡張子等にも留意すること。データの保存は問題で作成を指示されたフォルダに保存すること。
9. 本検定試験では、ハイパテキストマーク付け言語(HTML)についてはJIS X 4156:2000 (ISO/IEC15445:2000)、W3C(ワールドワイドウェブコンソーシアム)HTML4.01とし、かつ、拡張可能なハイパテキストマーク付け言語(XHTML)はW3C XHTML 1.0以降を推奨する。段階スタイルシート(CSS)についてはJIS X4168:2004、W3C CSS level1以降を推奨する。設問中、(X)HTMLファイルとある場合はHTMLとXHTMLどちらを選んでもよい。しかし、HTML、XHTMLと明記し記述している場合はそれに従うこと。また、作成するHTMLファイルの文字コードはUTF-8にすること。

ウェブデザイン技能検定 実技試験 3級

作業1～6の中から5問を選択し、各設問の文章に従い作業を行うこと。
作業で利用する素材は、デスクトップ上のdata3フォルダのものを使用すること。
また、各設問の指示に従い、デスクトップ上のwd3フォルダにフォルダ、ソースファイルなどを配置し提出すること。wd3フォルダが作成されていない場合は受検者が作成すること。
すべての課題提出データは検定指定ウェブブラウザで正しく表示されること。

作業1：次の(1)～(2)の作業を行いなさい。
(1) デスクトップ上のdata3フォルダのq1フォルダ内にある fs.jpg に従い、index.html、CSSファイル、画像等のソースファイルおよびディレクトリ構成を適切に訂正し完成させなさい。その際、必要に応じフォルダ等は作成し、CSSファイル、画像等が正しく適用されるよう、index.htmlおよびCSSファイルを編集すること。
(2) デスクトップ上のwd3フォルダ内にa1という名前でフォルダを作成し、フォルダおよびソースファイルを構成に留意して保存しなさい。

作業2：次の(1)～(4)の作業を行いなさい。なお、次の(1)～(4)で指示された箇所以外については変更する必要はない。
(1) デスクトップ上の data3 フォルダの q2 フォルダ内にある index.html、info.html、skilltest.html、form.html の「global_navi」で指定されたエリアにあるグローバルナビゲーションの各画像に対して、対応する各ページへのリンクが正常に行われるようにしなさい。
(2) 「HOME」は index.html に、「協会情報」は info.html に、「ウェブデザイン技能検定」は skilltest.html に、「問い合わせ」は form.html にそれぞれリンクを設定しなさい。その他は無視してよい。
(3) info.html、skilltest.html、form.html の「main_content」内にある「A」、「B」、「C」の箇所をそれぞれのページタイトルと同じテキストに修正しなさい。
(4) 修正した index.html および表示に必要な他のファイル等とともに、デスクトップ上の wd3 フォルダ内に a2 という名前でフォルダを作成し保存しなさい。

作業3：次の(1)～(2)の作業を行いなさい。
(1) デスクトップ上の data3 フォルダの q3 フォルダ内にある index.html を編集し、次に示す各ウェブブラウザでの表示結果と同じとなるように 1.css、2.css、3.css の3つの CSS ファイルより正しいものを選択し適用させなさい。なお、表示結果のファイルは次のとおりとする。
　　(a) Internet Explorer6 がインストールされている場合は、ie6_1.jpg。
　　(b) Internet Explorer7 または 8 がインストールされている場合は、ie7_8_1.jpg。
　　(c) Internet Explorer9 または 10 がインストールされている場合は、ie9_10_1.jpg。
　　(d) Firefox の場合は、ff_1.jpg。
(2) 修正した index.html および表示に必要な他のファイル等とともに、デスクトップ上の wd3 フォルダ内に a3 という名前でフォルダを作成し保存しなさい。

ウェブデザイン技能検定 実技試験 3級

作業4：次の(1)～(2)の作業を行いなさい。

(1) デスクトップ上のdata3フォルダのq4フォルダ内にあるstyle.cssを編集して、h1要素に関連する背景の色を #003333、文字の色を #ffffff に変更しなさい。指定以外の要素は特に変更する必要はない。

(2) 修正したstyle.cssやindex.htmlファイルおよび表示に必要な他のファイル等とともに、デスクトップ上のwd3フォルダ内にa4という名前でフォルダを作成し保存しなさい。

作業5：次の(1)～(2)の作業を行いなさい。

(1) デスクトップ上のdata3フォルダのq5フォルダ内にあるindex.htmlのbody要素およびwrap要素に、style.cssを編集して、次に示す各ウェブブラウザでの表示結果と同じとなるように背景画像を適用しなさい。背景画像はq5フォルダ内のimgフォルダより適切なものを選択し適用すること。なお、表示結果のファイルは次のとおりとする。

 (a) Internet Explorer6 がインストールされている場合は、ie6_2.jpg。
 (b) Internet Explorer7 または 8 がインストールされている場合は、ie7_8_2.jpg。
 (c) Internet Explorer9 または 10 がインストールされている場合は、ie9_10_2.jpg。
 (d) Firefox の場合は、ff_2.jpg。

(2) 修正したstyle.cssやindex.htmlファイルおよび表示に必要な他のファイル等とともに、デスクトップ上のwd3フォルダ内にa5という名前でフォルダを作成し保存しなさい。

作業6：次の(1)～(2)の作業を行いなさい。

(1) デスクトップ上のdata3フォルダのq6フォルダ内にあるindex.htmlの「main_content」で指定されたエリアに、現在配置されているテキストを削除して、sample.txtに記載されている文章を配置し、ウェブページを更新しなさい。その際は文章をよく読み、h1要素、h2要素、p要素、ol要素、ul要素のすべてをもれなく使用し構造化を行うこと。なお、各リスト項目の文頭につくマーカーについては、ol要素、ul要素のデフォルトのスタイルを適用させ実現すること。

(2) 修正したindex.htmlおよび表示に必要な他のファイル等とともに、デスクトップ上のwd3フォルダ内にa6という名前でフォルダを作成し保存しなさい。

◇免責事項◇
 本検定試験において記載されている企業名、製品名は、それぞれの企業の商標又は登録商標である。
 受検上の留意事項、設問内等では®、TMマークを明記しない。

平成25年度
第3回
ウェブデザイン技能検定
3級
学科試験問題

◇受検上の注意◇
1. 試験会場では、技能検定委員の指示に従うこと。
2. 他受検者の受検を妨害する行為はしてはならない。
3. 受検中に不正があった場合、また、技能検定委員に不正を指摘された場合、受検者は作業を中止して退場すること。
4. 受検の際、机上には受検票、筆記用具のみ置くことができる。携帯電話・PHSなどの通信機器は試験中に使用、または机上に置くことはできない。また、携帯電話を時計の代わりに利用することはできない。
5. 計時は、技能検定委員に説明された時計を利用すること。受検の際には、30分経過、受検終了10分前に技能検定委員からアナウンスを行う。
6. 受検中のトイレ、体調不良の際は必ず技能検定委員に申し出ること。所要時間については受検時間に含まれる。
7. 試験開始より30分を超え、制限時間内に試験を終了した場合、技能検定委員に試験終了の意思表示を行い、試験会場より退出することができる。ただし、再入場は認めない。
8. 退室は技能検定委員の指示に従うこと。
9. 解答用紙を試験会場から持ち出した場合は、無効となり不合格とする。
10. 試験問題は持ち帰ること。
11. その他、いかなる場合にも技能検定委員の指示に従って受検すること。

◇解答にあたっての注意◇
解答用紙の記入にあたり、次の指示に従うこと。指示に従わない場合には採点がされない場合があるので注意すること。
(1) 解答用紙はマークシート方式のため解答用紙に記された記入方法に従って記入すること。
(2) 問題用紙の「第X問」は解答用紙の「問X」の欄にマークすること。
(3) 受検番号欄には、必ず受検票に記載されている学科用の受検番号を記入すること。
(4) 氏名欄には、必ず受検票に記載されている氏名を記入すること。
(5) 解答は濃度HB程度の鉛筆またはシャープペンシルを使用すること。解答を訂正する場合は消しゴムできれいに消し、消しくずを残さないようにすること。

◇学科試験 留意事項◇
1. Windows Internet Explorer6 以降および、Mozilla Firefox3.0 以降を指定ブラウザとする。
2. ハイパテキストタグ付け言語(HTML)については JIS X 4156:2000 (ISO/IEC15445:2000) および W3C(ワールドワイドウェブコンソーシアム)HTML4.01 とし、かつ、拡張可能なハイパテキストマーク付け言語(XHTML)はW3C XHTML 1.0 以降とする。
3. 段階スタイルシート(CSS)については JIS X4168:2004 および W3C CSS level1 以降とする。
4. 問題文中に(X)HTMLファイルとある場合は、HTMLとXHTMLどちらを選んでもよい。また、HTML、XHTMLと明記し記述している場合はそれに従うこと。

1. 各設問において、正しいものは1を、間違っているものは2を、該当設問の解答欄に記せ。

第1問
HTMLの「要素」も「タグ」も、意味としては同じものである。

第2問
一般的なウェブブラウザで問題なく表示されているということは、HTMLとCSSの文法に間違いは全くないということを示している。

第3問
テキスト以外のコンテンツに適切な代替テキストを用意しておくと、アクセシビリティは向上する。

第4問
アニメーションなどの動画の再生で、フレームレート30fpsというのは1秒間に30回画面が描き替えられることをいう。

第5問
顧客リストや販売マニュアルなど、営業秘密として管理されている企業の営業情報は、不正競争防止法によって、役員、従業員、第三者などによる不正使用から保護されている。

第6問
個人情報取扱事業者は、個人情報を取得した場合、あらかじめその利用目的を公表しているか否かにかかわらず、速やかにその利用目的を本人に通知しなければならない。

第7問
ウェブサイトの同一階層内のコンテンツ間を移動するためのナビゲーションは、ローカルナビゲーションである。

第8問
ディスプレイは、その画面の上端が眼の高さとほぼ同じか、やや上になる高さにすることが望ましい。

第9問
ウェブサイト上で使用する静止画の解像度は必ず72dpi以下にしなければならない。

第10問
我が国においては、複数の者が同じ内容の発明を出願した場合、先に発明をした者に特許権が与えられる。

2. 以下の設問に答えよ。

第11問
HTML にコメントを記述する場合、文法的に正しいものはどれか。適切なものを以下より1つ選択しなさい。

1. <!- コメント ->
2. <!-- コメント -->
3. <!--- コメント --->
4. <!----- コメント ----->

第12問
meta 要素の description 属性についての説明として、最も適切なものを以下より1つ選択しなさい。

1. ページの紹介文
2. ページのキーワード
3. ページを分解させる情報
4. ページを攻撃するための情報

第13問
要素が生成するボックスの領域のうち、背景が適用されない領域はどれか。適切なものを以下より1つ選択しなさい。

1. margin
2. border
3. padding
4. 要素内容を表示する領域

第14問
img要素の代替テキストは、次のうちどの属性の値として指定すればよいか。適切なものを以下より1つ選択しなさい。

1. text 属性
2. alt 属性
3. longdesc 属性
4. title 属性

第15問

HTMLやCSSの記述について誤りがあるものはどれか。以下より1つ選択しなさい。

1. `<p>マリーナから<strong>ボートが</strong>出港した</p>`
2. `<p>マリーナから<em>ボートが</em>出港した</p>`
3. `p{font-weight:400em}`
4. `p{line-height:1.5em}`

第16問

CSSでカラーに青色を指定する際の記述として誤っているものはどれか。以下より1つ選択しなさい。

1. #0000FF
2. #00F
3. blue
4. 0x0000FF

第17問

リンク関連の疑似クラスにおいて、要素にマウスポインタが重なったときのルールはどれで定めるか。適切なものを以下より1つ選択しなさい

1. :hover
2. :active
3. :link
4. :visited

第18問

HTTPの応答403の説明句として適切なものを、以下より1つ選択しなさい。

1. Not Found
2. Server Internal Error
3. Forbidden
4. Moved

第19問

ウェブサイト等のサービスの稼働率を表す指標を何というか。適切なものを以下より1つ選択しなさい。

1. CPR
2. SAT
3. SLA
4. RAM

第20問

ウェブブラウザに表示したものを、再読込なしで再描画させる際によく利用される言語はどれか。最も適切なものを以下より1つ選択しなさい。

1. Perl
2. Ruby
3. Python
4. JavaScript

第21問

次のVDT作業における安全衛生を説明する文章の A にあてはまる語句はどれか。適切なものを以下より1つ選択しなさい。

> VDT作業における室内の照明及び採光については、明暗の対照が著しくなく、かつ、 A を生じさせないようにすることが良い。

1. 暖色系照明
2. 寒色系照
3. まぶしさ(グレア)
4. 間接照明

第22問

画素数の説明として適切なものはどれか。以下より1つ選択しなさい。

1. 画像を構成する点の数
2. 1インチ当たりの点の数
3. 1平方センチあたりの点の数
4. 1画面当たりの点の数

第23問
ISOに定められた、アスペクト比の説明として適切なものを、以下より1つ選択しなさい。

1. 画像の縦と横の長さの比
2. 画像の明るさの比
3. 動画のデータ容量の時間数の比
4. 画像とテキストの容量の比

第24問
ISO9241-11において、「ある製品が、指定された利用者によって、指定された利用の状況下で、指定された目標を達成するために用いられる際の有効さ、効率及び満足度の度合い」と定義されているものは、何についての定義か。適切なものを以下より1つ選択しなさい。

1. ユーティリティ
2. ユースフルネス
3. アクセシビリティ
4. ユーザビリティ

第25問
次のアクセシビリティについて説明した文章より、 A にあてはまる語句として適切なものを、以下より1つ選択しなさい。

アクセシビリティの観点から、ウェブページ上のすべての機能は A で利用できるようになっていることが望ましいとされている。

1. キーボード
2. トラックボール
3. タッチインターフェース
4. ポインティングデバイス

※注意　マークシートに記載した氏名・受検番号を再度確認してください。学科試験と実技試験の受検番号は異なります。必ず学科用の受検番号を記入・マークしてください。間違いがある場合、採点されません。

◇免責事項◇

本検定試験において記載されている会社名、製品名は、それぞれの会社の商標もしくは登録商標である。設問内では®、TM マークを明記しない。

平成 25 年度
第 3 回
ウェブデザイン技能検定
3 級
実技試験問題

◇受検上の留意事項◇
1. 試験会場では、技能検定委員の指示に従うこと。
2. 実技試験用 PC の OS は Microsoft Windows XP SP2 以降である。OS やアプリケーションソフトの操作方法等についての質問への回答や補助など一切応じない。
3. 本検定試験では、Windows Internet Explorer6 SP2 以降および、Mozilla Firefox 3.0 以降の安定版を指定ウェブブラウザとする。検定用 PC にインストールされた本検定試験指定ソフトウェアは、OS に標準で備えられているアクセサリソフトウェア(メモ帳等)、TeraPad、サクラエディタとし、各データを処理するために適切なものを受検者各自で判断し使用すること。指定されたソフトウェア以外を利用して作業を行うことはできない。指定ソフトウェア以外を使用して作業を行った場合、不合格とする。
4. 受検中は、用具の貸し借り、PC およびデータの交換、不正に持ち込んだデータの利用、検定用 PC からインターネットへのアクセス、他受検者への妨害行為等を禁止する。受検中に不正があった場合や技能検定委員に不正を指摘された場合、受検者は作業を中止して退場すること。なお、不正行為があった場合は、不合格とする。
5. 受検の際、机上には受検票、身分証明書類、筆記用具のみ置くことができる。携帯電話などの通信機器は受検中には必ず電源を切っておくこと。携帯電話を時計の代わりに利用することはできない。
6. 計時は、技能検定委員に説明された時計を利用すること。受検の際には、30 分経過、受検終了 10 分前に技能検定委員からアナウンスを行う。開始より 30 分を超え、制限時間内に試験を終了した場合、技能検定委員に試験終了の意思表示を行い、試験会場より退出することができる。ただし、再入場は認めない。退室は技能検定委員の指示に従うこと。
7. 受検中のトイレ、体調不良の際は必ず技能検定委員に申し出ること。所要時間については受検時間に含まれる。また、座席などを離れる場合、アプリケーション等の操作画面、ブラウザ画面などが表示されないよう留意すること。
8. 検定用 PC のトラブル等により作成中のデータが失われる場合もあるため、各自データ保存やバックアップに留意して作業を行うこと。受検中、検定用 PC がフリーズするなど、機器にトラブルが発生し作業が中断した場合は、作業再開までの時間を技能検定委員が記録し、規定試験時間終了後も受検者は記録された時間を追加して作業の継続ができる。
9. 制作した課題の著作権は試験主催者である、特定非営利活動法人インターネットスキル認定普及協会に帰属する。
10. その他、いかなる場合にも技能検定委員の指示に従って、受検すること。

◇解答にあたっての注意◇
1. 『試験設備点検表および実技試験課題選択表』の記入にあたり、次の指示に従うこと。指示に従わない場合には採点されない場合があるので注意すること。
　(1) 受検番号欄には、必ず受検票に記載されている実技試験受検番号を記入すること。
　(2) 氏名欄には、必ず受検票に記載されている氏名を記入すること。
　(3) HB 程度の鉛筆またはシャープペンシルを使用し、解答を訂正する場合は消しゴムできれいに消し、消しくずを残さないようにすること。
　(4) 『実技試験課題選択表』に選択した作業番号を必ず記入すること。
2. 受検票は、試験時間中は必ず技能検定委員が見やすい机上の、通路側の位置に提示しておくこと。
3. 試験時間終了時に、『試験設備点検表』および『実技試験課題選択表』を回収する。
4. 試験問題は持ち帰ること。
5. 作業を実施するにあたり、ソースなどをウェブブラウザで正しく表示されるように修正することが必要な場合がある。
6. 受検者は全 6 課題より、5 課題を選択し、60 分間で作業を完了させること。
7. 作業で利用する素材は、デスクトップ上の data3 フォルダで配布している。また、受検者はデスクトップ(または技能検定委員に指示された場所)の wd3 フォルダに、課題に従いフォルダ、ソースファイルなどを配置し提出すること(wd3 フォルダが作成されていない場合は受検者が作成すること)。なお、保存するデータは 5 課題分のみとし、不適切なデータの保存や不要なファイルがある場合は減点の対象となる。
8. 作成するページファイル名には 2 バイト文字は使用せず、半角英字のみとして、スペースなどをいれずに作成すること。またファイルのデータ形式、拡張子等にも留意すること。データの保存は問題で作成を指示されたフォルダに保存すること。
9. 本検定試験では、ハイパテキストマーク付け言語(HTML)については JIS X 4156:2000 (ISO/IEC15445:2000)、W3C(ワールドワイドウェブコンソーシアム)HTML4.01 とし、かつ、拡張可能なハイパテキストマーク付け言語(XHTML)は W3C XHTML 1.0 以降を推奨する。段階スタイルシート(CSS)については JIS X4168:2004、W3C CSS level1 以降を推奨する。設問中、(X)HTML ファイルとある場合は HTML と XHTML どちらを選んでもよい。しかし、HTML、XHTML と明記し記述している場合はそれに従うこと。また、作成する HTML ファイルの文字コードは UTF-8 にすること。

作業1〜6の中から5問を選択し、各設問の文章に従い作業を行うこと。
作業で利用する素材は、デスクトップ上のdata3フォルダのものを使用すること。
また、各設問の指示に従い、デスクトップ上のwd3フォルダにフォルダ、ソースファイルなどを配置し提出すること。wd3フォルダが作成されていない場合は受検者が作成すること。
すべての課題提出データは検定指定ウェブブラウザで正しく表示されること。

作業1：次の(1)〜(2)の作業を行いなさい。

(1) デスクトップ上のdata3フォルダのq1フォルダ内にある fs.jpg に従い、index.html、CSSファイル、画像等のソースファイルおよびディレクトリ構成を適切に訂正し完成させなさい。その際、必要に応じフォルダ等は作成し、CSSファイル、画像等が正しく適用されるよう、index.htmlおよびCSSファイルを編集すること。

(2) デスクトップ上のwd3フォルダ内にa1という名前でフォルダを作成し、フォルダおよびソースファイルを構成に留意して保存しなさい。

作業2：次の(1)〜(4)の作業を行いなさい。なお、次の(1)〜(4)で指示された箇所以外については変更する必要はない。

(1) デスクトップ上の data3 フォルダの q2 フォルダ内にある index.html、info.html、skilltest.html、form.html の「global_navi」で指定されたエリアにあるグローバルナビゲーションの各画像に対して、対応する各ページへのリンクが正常に行われるようにしなさい。

(2) 「HOME」は index.html に、「協会情報」は info.html に、「ウェブデザイン技能検定」は skilltest.html に、「受検申請」は form.html にそれぞれリンクを設定しなさい。その他は無視してよい。

(3) info.html、skilltest.html、form.html の「main_content」内にある「A」、「B」、「C」の箇所をそれぞれのページタイトルと同じテキストに修正しなさい。

(4) 修正した index.html および表示に必要な他のファイル等とともに、デスクトップ上の wd3 フォルダ内に a2 という名前でフォルダを作成し保存しなさい。

作業3：次の(1)〜(2)の作業を行いなさい。

(1) デスクトップ上の data3 フォルダの q3 フォルダ内にある index.html を編集し、次に示す各ウェブブラウザでの表示結果と同じとなるように 1.css、2.css、3.css の3つの CSS ファイルより正しいものを選択し適用させなさい。なお、表示結果のファイルは次のとおりとする。

　　(a) Internet Explorer6 がインストールされている場合は、ie6_1.jpg。
　　(b) Internet Explorer7 または 8 がインストールされている場合は、ie7_8_1.jpg。
　　(c) Internet Explorer9 または 10 がインストールされている場合は、ie9_10_1.jpg。
　　(d) Firefox の場合は、ff_1.jpg。

(2) 修正した index.html および表示に必要な他のファイル等とともに、デスクトップ上の wd3 フォルダ内に a3 という名前でフォルダを作成し保存しなさい。

作業 4：次の(1)〜(2)の作業を行いなさい。

(1) デスクトップ上の data3 フォルダの q4 フォルダ内にある style.css を編集して、h1 要素に関連する背景の色を #333366、文字の色を #ffffff に変更しなさい。指定以外の要素は特に変更する必要はない。

(2) 修正した style.css や index.html ファイルおよび表示に必要な他のファイル等とともに、デスクトップ上の wd3 フォルダ内に a4 という名前でフォルダを作成し保存しなさい。

作業 5：次の(1)〜(2)の作業を行いなさい。

(1) デスクトップ上の data3 フォルダの q5 フォルダ内にある index.html の body 要素および wrap 要素に、style.css を編集して、次に示す各ウェブブラウザでの表示結果と同じとなるように背景画像を適用しなさい。背景画像は q5 フォルダ内の img フォルダより適切なものを選択し適用すること。なお、表示結果のファイルは次のとおりとする。

　(a) Internet Explorer6 がインストールされている場合は、ie6_2.jpg。
　(b) Internet Explorer7 または 8 がインストールされている場合は、ie7_8_2.jpg。
　(c) Internet Explorer9 または 10 がインストールされている場合は、ie9_10_2.jpg。
　(d) Firefox の場合は、ff_2.jpg。

(2) 修正した style.css や index.html ファイルおよび表示に必要な他のファイル等とともに、デスクトップ上の wd3 フォルダ内に a5 という名前でフォルダを作成し保存しなさい。

作業 6：次の(1)〜(2)の作業を行いなさい。

(1) デスクトップ上の data3 フォルダの q6 フォルダ内にある index.html の「main_content」で指定されたエリアに、現在配置されているテキストを削除して、sample.txt に記載されている文章を配置し、ウェブページを更新しなさい。その際は文章をよく読み、h1 要素、h2 要素、p 要素、ol 要素、ul 要素のすべてをもれなく使用し構造化を行うこと。なお、各リスト項目の文頭につくマーカーについては、ol 要素、ul 要素のデフォルトのスタイルを適用させ実現すること。

(2) 修正した index.html および表示に必要な他のファイル等とともに、デスクトップ上の wd3 フォルダ内に a6 という名前でフォルダを作成し保存しなさい。

◇免責事項◇

　本検定試験において記載されている企業名、製品名は、それぞれの企業の商標又は登録商標である。
　受検上の留意事項、設問内等では®、TM マークを明記しない。

平成 24 年度
第 1 回
ウェブデザイン技能検定

3 級

学科試験問題

◇受検上の注意◇
1. 試験会場では、技能検定委員の指示に従うこと。
2. 他受検者の受検を妨害する行為はしてはならない。
3. 受検中に不正があった場合、また、技能検定委員に不正を指摘された場合、受検者は作業を中止して退場すること。
4. 受検の際、机上には受検票、筆記用具のみ置くことができる。携帯電話などの通信機器は試験中に使用、または机上に置くことはできない。また、携帯電話を時計の代わりに利用することはできない。
5. 計時は、技能検定委員に説明された時計を利用すること。受検の際には、30分経過、受検終了10分前に技能検定委員からアナウンスを行う。
6. 受検中のトイレは必ず技能検定委員に申し出ること。所要時間については受検時間に含まれる。
7. 開始より30分を超え、制限時間内に試験を終了した場合、技能検定委員に試験終了の意思表示を行い、試験会場より退出することができる。ただし、再入場は認めない。
8. 退室は技能検定委員の指示に従うこと。
9. 解答用紙を試験会場から持ち出した場合は、無効となり不合格とする。
10. 試験問題は持ち帰ること。
11. その他、いかなる場合にも技能検定委員の指示に従って受検すること。

◇解答にあたっての注意◇
解答用紙の記入にあたり、次の指示に従うこと。指示に従わない場合には採点がされない場合があるので注意すること。
　　(1) 解答用紙はマークシート方式のため解答用紙に記された記入方法に従って記入すること。
　　(2) 問題用紙の第 X 問は解答用紙の問 X の欄にマークすること。
　　(3) 受検番号欄には、必ず受検票に記載されている学科用の受検番号を記入すること。
　　(4) 氏名欄には、必ず受検票に記載されている氏名を記入すること。
　　(5) 解答は濃度HB程度の鉛筆またはシャープペンシルを使用すること。解答を訂正する場合は消しゴムできれいに消し、消しくずを残さないようにすること。

◇学科試験　留意事項◇
1. Microsoft Internet Explorer6 以降および、Mozilla Firefox3.0 以降を指定ブラウザとする。
2. ハイパテキストタグ付け言語(HTML)については JIS X 4156:2000 (ISO/IEC15445:2000) および W3C(ワールドワイドウェブコンソーシアム)HTML4.01 とし、拡張可能なハイパテキストマーク付け言語(XHTML)はW3C XHTML 1.0 以降とする。
3. 段階スタイルシート(CSS)については JIS X4168:2004 および W3C CSS level1 以降とする。
4. 問題文の中では(X)HTMLファイルとある場合はHTMLとXHTMLどちらを選んでもよい。また、HTML、XHTMLと明記し記述している場合はそれに従うこと。

1. 各設問において、正しいと思われるものは1を、間違っていると思われるものは2を、該当設問の解答欄に記せ。

第1問
XHTML 1.1 の DTD には Strict、Transitional、Frameset の区分はない。

第2問
CSS において、『 div, p 』のような記述は、子孫セレクタの指定である。

第3問
個人情報保護法では、社内での個人データ等のやり取りは、「第三者提供」にはあたらないので、第三者提供に関する本人の同意はいらないとされている。

第4問
ウェブブラウザ等のウェブサイト閲覧用のソフトウェアは、「ユーザエージェント」とも呼ばれる。

第5問
「トピックパス」を利用すると、ユーザに表示しているページのサイト内の階層を明示することができる。

第6問
VDT 作業とは、事務所等においてディスプレイ、キーボード等により構成される VDT(Visual Display Terminals)機器を使用し作業を行なうことをいう。

第7問
携帯電話やスマートフォンなどのスクリーンサイズが小さい端末上では、ウェブページを表示させることができない。

第8問
ウェブサイトのアクセシビリティを高める必要がある場合、ウェブサイトのソース等のデータ容量は全く関係がないため、気にしなくてもよい。

第9問
ウェブブラウザで URL を表示したり入力したりするエリアを、アドレスバーまたはロケーションバーと呼ぶ。

第10問

ウェブサイトの運用や管理、更新において、データのバージョン管理は全く必要ない。

---

2. 以下の設問に答えよ。

第11問

作成したFlashコンテンツをHTMLドキュメントに埋込んで表示させるために、サーバにアップロードしておく必要のあるファイルの形式（拡張子）はどれか。適切なものを以下より1つ選択しなさい。

1. rm
2. mov
3. fla
4. swf

第12問

ユーザが現在いるページの位置を確認できるようにするために、上位階層から現在のページまでを順に並べたリンクのリストのことを一般的に何というか。最も適切なものを以下より1つ選択しなさい。

1. パンくずリスト
2. フラッシュパス
3. ナビゲーションリスト
4. ロケーションリスト

第13問

文字色と背景色の組み合わせとして最も視認性が高いものはどれか。適切なものを以下より1つ選択しなさい。

1. 文字色(#000000)　背景色(#ffffff)
2. 文字色(#66ff66)　背景色(#ffff00)
3. 文字色(#9999ff)　背景色(#ff99cc)
4. 文字色(#666666)　背景色(#333333)

第 14 問

　XHTML 1.1 において、h1 要素と a 要素の組み合わせとして正しいものはどれか。適切なものを以下より 1 つ選択しなさい。

1. <h1><a href="example.html">タイトル</h1></a>
2. <h1><a href="example.html">タイトル</a></h1>
3. <a href="example.html"><h1>タイトル</a></h1>
4. <a href="example.html"><h1>タイトル</h1></a>

第 15 問

　ウェブコンテンツにおいて、マウスカーソル等がナビゲーション上にある場合、ユーザに明示的にインタラクションをフィードバックする方法として不適切なものはどれか。以下より 1 つ選択しなさい。

1. Flash を使用すること。
2. CSS を使用すること。
3. JavaScript を使用すること。
4. 動画を使用すること。

第 16 問

　通信プロトコルである TCP と UDP の説明として適切なものを、以下より 1 つ選択しなさい。

1. 携帯電話などのモバイル機器では、TCP が利用できない。
2. TCP の方が通信速度が速い。
3. TCP にはパケットの順序や誤りを制御する機能がある。
4. TCP は IPv4、UDP は IPv6 のみで利用される。

第 17 問

　CSS において、font-family で serif を指定する場合の説明として適切なものを、以下より 1 つ選択しなさい。

1. シングルクォーテーションマークで囲む。
2. ダブルクォーテーションマークで囲む。
3. トリプルクォーテーションマークで囲む。
4. クォーテーションマークで囲まない。

第 18 問

XHTML 1.1 において、ブロック要素となるものはどれか。適切なものを以下より1つ選択しなさい。

1. a
2. img
3. ol
4. span

第 19 問

CSS において、文字色を指定するプロパティはどれか。適切なものを以下より1つ選択しなさい。

1. color
2. background-color
3. foreground-color
4. rgb-color

第 20 問

CSS のボックスモデルにおいて、ボックスが Content の他に持ちうるエリアはどれか。適切なものを以下より1つ選択しなさい。

1. Padding、Border、Margin、DropShade
2. Padding、Border、Margin のみ
3. Padding、Margin のみ
4. Margin のみ

第 21 問

次の文章の　A　にあてはまる語句として最も適切なものを、以下より1つ選択しなさい。

ウェブサイトのトップページのメインビジュアルとして、800px×400px の色数が豊かで階調性のある写真画像を使用する場合、一般的に　A　形式がのぞましい。

1. PNG
2. GIF
3. BMP
4. JPEG

第22問

不特定多数のユーザに利用されることが想定されるウェブサイトの制作工程の説明として、正しいものはどれか。最も適切なものを以下より1つ選択しなさい。

1. シェアが最も高い1種類のブラウザのみでデバックを行なう。
2. シェアが高い2種類のブラウザのみでデバックを行なう。
3. 国内で最もシェアの高いキャリアの携帯端末とその標準ブラウザでデバックを行なう。
4. 様々なスクリーンサイズの携帯端末を含めた複数のブラウザ上でデバックを行なう。

第23問

インターネット上で通常のFTP(RFC959)を使うべきではない理由として適切なものを、以下より1つ選択しなさい。

1. パスワードを使わないためセキュリティの不安がある。
2. パケット単位で課金される。
3. パケットが送信した順に受信されるとは限らない。
4. パスワードなどが暗号化されず平文のまま送信される。

第24問

XHTML1.1においてscript要素を直下の子要素として配置できる要素はどれか。適切なものを以下より1つ選択しなさい。

1. body
2. table
3. ul
4. html

第25問

/dir/index.html から /dir/example.html を参照した場合の相対URLはどれか。適切なものを以下より1つ選択しなさい。

1. ftp://example.com/dir/example.html
2. example.html
3. dir/example.html
4. http://example.com/dir/example.html

◇免責事項◇
本検定試験において記載されている会社名、製品名は、それぞれの会社の商標もしくは登録商標である。設問内では®、TMマークを明記しない。

平成24年度
第1回
ウェブデザイン技能検定
3級
実技試験問題

◇受検上の留意事項◇

1. 試験会場では、技能検定委員の指示に従うこと。
2. 実技試験用PCのOSはMicrosoft Windows XP SP2以降、またはMicrosoft Windows Vista、Microsoft Windows 7である。OSやアプリケーションソフトの操作方法等についての質問への回答や補助などは一切応じない。
3. 本検定試験では、Windows Internet Explorer6 SP2以降(ただしバージョンは7、8または9の場合がある)およびMozilla Firefox3.0以降の安定版を指定ウェブブラウザとする。検定用PCにインストールされた本検定試験指定ソフトウェアは、OSに標準で備えられているアクセサリソフトウェア(メモ帳等)、TeraPad、サクラエディタとし、各データを処理するために適切なものを受検者各自で判断し使用すること。指定されたソフトウェア以外を利用して作業を行うことはできない。指定ソフトウェア以外を使用して作業を行った場合、不合格とする。
4. 受検中は、用具の貸し借り、PCおよびデータの交換、不正に持ち込んだデータの利用、検定用PCからインターネットへのアクセス、他受検者への妨害行為等を禁止する。受検中に不正があった場合や技能検定委員に不正を指摘された場合、受検者は作業を中止して退場すること。なお、不正行為があった場合は、不合格とし、以後の受検を断る場合がある。
5. 受検の際、机上には受検票、身分証明書類、筆記用具のみ置くことができる。携帯電話などの通信機器は受検中には必ず電源を切っておくこと。携帯電話を時計の代わりに利用することはできない。
6. 計時は、技能検定委員に説明された時計を利用すること。受検の際には、30分経過、受検終了10分前に技能検定委員からアナウンスを行う。開始より30分を超え、制限時間内に試験を終了した場合、技能検定委員に試験終了の意思表示を行い、試験会場より退出することができる。ただし、再入場は認めない。退室は技能検定委員の指示に従うこと。
7. 受検中のトイレは必ず技能検定委員に申し出ること。所要時間については受検時間に含まれる。また、座席などを離れる場合、アプリケーション等の操作画面、ブラウザ画面などが表示されないよう留意すること。
8. 検定用PCのトラブル等により作成中のデータが失われる場合もあるため、各自データ保存やバックアップに留意して作業を行うこと。受検中、受検PCがフリーズするなど、機器にトラブルが発生し作業が中断した場合は、作業再開までの時間を技能検定委員が記録し、規定試験時間終了後も受検者は記録された時間を追加して作業の継続ができる。
9. 制作した課題の著作権は試験主催者である、特定非営利活動法人インターネットスキル認定普及協会に帰属する。
10. その他、いかなる場合にも技能検定委員の指示に従って、受検すること。

◇解答にあたっての注意◇

1. 『試験設備点検表および実技試験課題選択表』の記入にあたり、次の指示に従うこと。指示に従わない場合には採点されない場合があるので注意すること。
   (1) 受検番号欄には、必ず受検票に記載されている実技試験受検番号を記入すること。
   (2) 氏名欄には、必ず受検票に記載されている氏名を記入すること。
   (3) HB程度の鉛筆またはシャープペンシルを使用し、解答を訂正する場合は消しゴムできれいに消し、消しくずを残さないようにすること。
   (4) 『実技試験課題選択表』に選択した作業番号を必ず記入すること。
2. 受検票は、試験時間中は必ず技能検定委員が見やすい机上の、通路側の位置に提示しておくこと。
3. 試験時間終了時に、『試験設備点検表』および『実技試験課題選択表』を回収する。
4. 試験問題は持ち帰ること。
5. 作業を実施するにあたり、ソースなどをウェブブラウザで正しく表示されるように修正することが必要な場合がある。
6. 受検者は6課題より、5課題を選択し、60分間で作業を完了させること。
7. 作業で利用する素材は、デスクトップのdata3フォルダにて配布している。また、受検者はデスクトップ(または技能検定委員に指示された場所)のwd3フォルダに、課題に従いフォルダ、ソースファイルなどを配置し提出すること(wd3フォルダが作成されていない場合は受検者が作成すること)。なお、保存するデータは5課題分のみとし、不適切なデータの保存や不要なファイルがある場合は減点の対象となる。
8. 作成するページファイル名には2バイト文字は使用せず、半角英字のみとして、スペースなどをいれずに作成すること。またファイルのデータ形式、拡張子等にも留意すること。データの保存は問題で作成を指示されたフォルダに保存すること。
9. 本検定試験では、ハイパテキストマーク付け言語(HTML)についてはJIS X 4156:2000 (ISO/IEC15445:2000)、W3C(ワールドワイドウェブコンソーシアム)HTML4.01および拡張可能なハイパテキストマーク付け言語(XHTML)はW3C XHTML 1.0以降を推奨する。段階スタイルシート(CSS)についてはJIS X4168:2004、W3C CSS level1以降を推奨する。設問中、(X)HTMLファイルとある場合はHTMLとXHTMLどちらを選んでもよい。しかし、HTML、XHTMLと明記し記述している場合はそれに従うこと。また、作成するHTMLファイルの文字コードはUTF-8にすること。

ウェブデザイン技能検定 実技試験 3級

作業1～6の中から5問を選択し、各設問の文章に従い作業を行うこと。
作業で利用する素材は、デスクトップ上のdata3フォルダのものを使用すること。また、各設問の指示に従い、デスクトップ上のwd3フォルダにフォルダ、ソースファイルなどを配置し提出すること。wd3フォルダが作成されていない場合は受検者が作成すること。すべての課題提出データは検定指定ウェブブラウザで正しく表示されること。

作業1：次の(1)～(2)の作業を行いなさい。

(1) デスクトップ上のdata3フォルダのq1フォルダ内にあるfs.jpgに従い、index.html、CSSファイル、画像等のソースファイルおよびディレクトリ構成を適切に訂正し完成させなさい。その際、必要に応じフォルダ等は作成し、CSSファイル、画像等が正しく適用されるよう、index.htmlおよびCSSファイルを編集すること。

(2) デスクトップ上のwd3フォルダ内にa1という名前でフォルダを作成し、必要なフォルダおよびソースファイルを構成に留意して保存しなさい。

作業2：次の(1)～(4)の作業を行いなさい。なお、次の(1)～(4)で指示された箇所以外については変更する必要はない。

(1) デスクトップ上のdata3フォルダのq2フォルダ内にあるindex.html、info.html、app.html、form.htmlの「global_navi」で指定されたエリアにあるグローバルナビゲーションの各画像に対して、対応する各ページへのリンクが正常に行われるようにしなさい。

(2) 「Home」はindex.htmlに、「協会情報」はinfo.htmlに、「ウェブデザイン技能検定」はapp.htmlに、「受検申請」はform.htmlにそれぞれリンクを設定しなさい。その他は無視してよい。

(3) info.html、app.html、form.htmlの「main_content」内にある「A」、「B」、「C」の箇所をそれぞれのページタイトルと同じテキストに修正しなさい。

(4) 修正したファイルおよび表示に必要な関連するファイルを、デスクトップ上のwd3フォルダ内にa2という名前でフォルダを作成し保存しなさい。

作業3：次の(1)～(2)の作業を行いなさい。

(1) デスクトップ上のdata3フォルダのq3フォルダ内にあるindex.htmlを編集し、次に示す各ウェブブラウザでの表示結果と同じとなるように1.css、2.css、3.cssの3つのCSSファイルより正しいものを選択し適用させなさい。なお、表示結果のファイルは次のとおりとする。

　(a) Internet Explorer6がインストールされている場合は、ie6_1.jpg。
　(b) Internet Explorer7または8がインストールされている場合は、ie7_8_1.jpg。
　(c) Internet Explorer9がインストールされている場合は、ie9_1.jpg。
　(d) Firefoxの場合は、ff_1.jpg。

(2) 修正したファイルおよび表示に必要な関連するファイルを、デスクトップのwd3フォルダ内にa3という名前でフォルダを作成し保存しなさい。

作業4：次の(1)～(2)の作業を行いなさい。

(1) デスクトップ上の data3 フォルダの q4 フォルダ内にある design.css を編集して、h1 要素に関連する背景の色を #663366、文字の色を #ffffff に変更しなさい。指定以外の要素は特に変更する必要はない。

(2) 修正したファイルおよび表示に必要な関連するファイルを、デスクトップ上の wd3 フォルダ内に a4 という名前でフォルダを作成し保存しなさい。

作業5：次の(1)～(2)の作業を行いなさい。

(1) デスクトップ上の data3 フォルダの q5 フォルダ内にある index.html の body 要素および wrap 要素に、design.css を編集して、次に示す各ウェブブラウザでの表示結果と同じとなるように背景画像を適用しなさい。背景画像は q5 フォルダ内の img フォルダより適切なものを選択し適用すること。なお、表示結果のファイルは次のとおりとする。

　　(a) Internet Explorer6 がインストールされている場合は、ie6_2.jpg。
　　(b) Internet Explorer7 または 8 がインストールされている場合は、ie7_8_2.jpg。
　　(c) Internet Explorer9 がインストールされている場合は、ie9_2.jpg。
　　(d) Firefox の場合は、ff_2.jpg。

(2) 修正したファイルおよび表示に必要な関連するファイルを、デスクトップ上の wd3 フォルダ内に a5 という名前でフォルダを作成し保存しなさい。

作業6：次の(1)～(2)の作業を行いなさい。

(1) デスクトップ上の data3 フォルダの q6 フォルダ内にある index.html の「main_content」で指定されたエリアに、現在配置されているテキストを削除して、sample.txt に記載されている文章を配置し、ウェブページを更新しなさい。その際は文章をよく読み、h1 要素、h2 要素、p 要素、ol 要素、ul 要素のすべてをもれなく使用し構造化を行うこと。

(2) 修正したファイルおよび表示に必要な関連するファイルを、デスクトップ上の wd3 フォルダ内に a6 という名前でフォルダを作成し保存しなさい。

◇免責事項◇

本検定試験において記載されている会社名、製品名は、それぞれの会社の商標又は登録商標である。
受検上の留意事項、設問内等では®、TM マークを明記しない。

平成24年度
第2回
ウェブデザイン技能検定

3 級

学科試験問題

◇受検上の注意◇
1. 試験会場では、技能検定委員の指示に従うこと。
2. 他受検者の受検を妨害する行為はしてはならない。
3. 受検中に不正があった場合、また、技能検定委員に不正を指摘された場合、受検者は作業を中止して退場すること。
4. 受検の際、机上には受検票、筆記用具のみ置くことができる。携帯電話などの通信機器は試験中に使用、または机上に置くことはできない。また、携帯電話を時計の代わりに利用することはできない。
5. 計時は、技能検定委員に説明された時計を利用すること。受検の際には、30分経過、受検終了10分前に技能検定委員からアナウンスを行う。
6. 受検中のトイレは必ず技能検定委員に申し出ること。所要時間については受検時間に含まれる。
7. 開始より30分を超え、制限時間内に試験を終了した場合、技能検定委員に試験終了の意思表示を行い、試験会場より退出することができる。ただし、再入場は認めない。
8. 退室は技能検定委員の指示に従うこと。
9. 解答用紙を試験会場から持ち出した場合は、無効となり不合格とする。
10. 試験問題は持ち帰ること。
11. その他、いかなる場合にも技能検定委員の指示に従って受検すること。

◇解答にあたっての注意◇
解答用紙の記入にあたり、次の指示に従うこと。指示に従わない場合には採点がされない場合があるので注意すること。
(1) 解答用紙はマークシート方式のため解答用紙に記された記入方法に従って記入すること。
(2) 問題用紙の第X問は解答用紙の問Xの欄にマークすること。
(3) 受検番号欄には、必ず受検票に記載されている学科用の受検番号を記入すること。
(4) 氏名欄には、必ず受検票に記載されている氏名を記入すること。
(5) 解答は濃度HB程度の鉛筆またはシャープペンシルを使用すること。解答を訂正する場合は消しゴムできれいに消し、消しくずを残さないようにすること。

◇学科試験 留意事項◇
1. Windows Internet Explorer6 以降および、Mozilla Firefox3.0 以降を指定ブラウザとする。
2. ハイパテキストタグ付け言語(HTML)については JIS X 4156:2000 (ISO/IEC15445:2000) および W3C(ワールドワイドウェブコンソーシアム)HTML4.01 とし、拡張可能なハイパテキストマーク付け言語(XHTML)はW3C XHTML 1.0 以降とする。
3. 段階スタイルシート(CSS)については JIS X4168:2004 および W3C CSS level1 以降とする。
4. 問題文の中では(X)HTMLファイルとある場合はHTMLとXHTMLどちらを選んでもよい。また、HTML、XHTMLと明記し記述している場合はそれに従うこと。

1. 各設問において、正しいと思われるものは1を、間違っていると思われるものは2を、該当設問の解答欄に記せ。

第1問
IPv4 の場合、DHCP サーバに異常があれば、IP アドレスやデフォルトゲートウェイなどの自動取得ができない。

第2問
HTML 4.01 Strict では、XML 宣言を記述する必要がある。

第3問
ウェブブラウザでウェブサーバにアクセスする際に、そのウェブサーバが見つからない場合は「404 Not Found」というエラーが表示される。

第4問
TCP/IP におけるクライアントサーバモデルは、ウェブブラウザ/ウェブサーバのようにソフトウェアで構成される。

第5問
特許権は登録なくして権利を行使できるが、著作権は登録がなければ権利を行使できない。

第6問
VDT 作業時に、作業環境におけるグレアの防止を図る事は有効である。

第7問
グローバルナビゲーションは、検索エンジンなどを利用してトップページ以外のページにアクセスしてきた初めての訪問者に対して、そのサイトの構造を知らせる役割も持つ。

第8問
WCAG2.0 とは、ウェブのアクセシビリティに関するガイドラインである。

第9問
独自に開発されたアプリケーションの使用や付加機能の適用がない限り、Flash コンテンツ(SWF)を iOS の標準ブラウザ(Safari)で閲覧することはできない。

第10問

blockquote 要素はインデントのために使用する。

---

2. 以下の設問に答えよ。

第11問

DNS の正式名称はどれか。適切なものを以下より1つ選択しなさい。

1. Domain Name System
2. Domain Name Server
3. Dynamic Name System
4. Dynamic Name Server

第12問

コンピュータグラフィックスとマウスなどのポインティングデバイスを使って、直感的な操作を提供するユーザインタフェースを示すものはどれか。適切なものを以下より1つ選択しなさい。

1. PUI
2. TUI
3. CUI
4. GUI

第13問

XHTML 1.1 において、li 要素の親要素となるのはどれか。適切なものを以下より1つ選択しなさい。

1. ul
2. p
3. div
4. span

第 14 問

OSI 参照モデルにおいて、第 3 層はどれか。適切なものを以下より 1 つ選択しなさい。

1. トランスポート層
2. データリンク層
3. 物理層
4. ネットワーク層

第 15 問

HTTP のメソッドはどれか。適切なものを以下より 1 つ選択しなさい。

1. GIVE
2. POST
3. TAKE
4. DASH

第 16 問

HTML 4.01 Strict において使用できる要素はどれか。適切なものを以下より 1 つ選択しなさい。

1. LO
2. INPUT
3. FIELD
4. LEVEL

第 17 問

1 つの IP アドレスで複数のドメインを管理することを何と言うか。最も適切なものを以下より 1 つ選択しなさい。

1. バーチャルドメイン
2. バーチャルアドレス
3. ダブルドメイン
4. ダブルアドレス

第18問

HTML 4.01 Strict において、P 要素で使用できる属性はどれか。適切なものを以下より1つ選択しなさい。

1. SRC
2. ALT
3. STYLE
4. GROUP

第19問

CSS において、要素名セレクタを表す形式として適切なものはどれか。以下より1つ選択しなさい。

1. p
2. #p
3. .p
4. <p>

第20問

ISO/IEC 10918 により標準規格とされる画像符号化方式はどれか。適切なものを以下より1つ選択しなさい。

1. GIF
2. JPEG
3. TIFF
4. SVG

第21問

HTML の MIME タイプはどれか。適切なものを以下より1つ選択しなさい。

1. html/4.01
2. application/html
3. text/html
4. html/strict

第 22 問

公開鍵暗号基盤の略称はどれか。適切なものを以下より1つ選択しなさい。

1. CGI
2. GUI
3. CUI
4. PKI

第 23 問

次のアイコンが示すものは何か。適切なものを以下より1つ選択しなさい。

[W3C CSS level 2 アイコン]

1. XHTML 1.0 の標準に準拠している。
2. CSS level 2 の標準に準拠している。
3. RSS の標準に準拠している。
4. HTML 4.01 の標準に準拠している。

第 24 問

W3C 標準に準拠する(X)HTML において、h1 要素はどのような役割を持つものか。最も適切なものを以下より1つ選択しなさい。

1. 見出し
2. 文字を大きくする
3. 引用
4. 段落

第25問

次の記述中の A に当てはまる語句として適切なものを、以下より1つ選択しなさい。

リチャード・ワーマンは情報を A 基準として、「カテゴリー」「時間」「位置」「アルファベット」「階層（連続量）」の5つの基準を提唱した。

1. 組織化する
2. 可視化する
3. 専門化する
4. 冗長化する

※注意
マークシートに記載した氏名・受検番号を再度確認してください。学科試験と実技試験の受検番号は異なりますので、必ず学科用の受検番号を記入・マークしてください。間違いがある場合、採点されません。

◇免責事項◇
本検定試験において記載されている会社名、製品名は、それぞれの会社の商標もしくは登録商標である。設問内では®、TMマークを明記しない。

平成24年度
第2回
ウェブデザイン技能検定
3 級
実技試験問題

◇受検上の留意事項◇

1. 試験会場では、技能検定委員の指示に従うこと。
2. 実技試験用PCのOSはMicrosoft Windows XP SP2以降、またはMicrosoft Windows Vista、Microsoft Windows 7である。OSやアプリケーションソフトの操作方法等についての質問への回答や補助など一切応じない。
3. 本検定試験では、Microsoft Internet Explorer6 SP2以降(ただしバージョンは7、8または9の場合がある)および、Mozilla Firefox3.0以降の安定版を指定ウェブブラウザとする。検定用PCにインストールされた本検定試験指定ソフトウェアは、OSに標準で備えられているアクセサリソフトウェア(メモ帳等)、TeraPad、サクラエディタとし、各データを処理するために適切なものを受検者各自で判断し使用すること。指定されたソフトウェア以外を利用して作業を行うことはできない。指定ソフトウェア以外を使用して作業を行った場合、不合格とする。
4. 受検中は、用具の貸し借り、PCおよびデータの交換、不正に持ち込んだデータの利用、検定用PCからインターネットへのアクセス、他受検者への妨害行為等を禁止する。受検中に不正があった場合や技能検定委員に不正を指摘された場合、受検者は作業を中止して退場すること。なお、不正行為があった場合は、不合格とする。
5. 受検の際、机上には受検票、身分証明書類、筆記用具のみ置くことができる。携帯電話などの通信機器は受検中には必ず電源を切っておくこと。携帯電話を時計の代わりに利用することはできない。
6. 計時は、技能検定委員に説明された時計を利用すること。受検の際には、30分経過、受検終了10分前に技能検定委員からアナウンスを行う。開始より30分を超え、制限時間内に試験を終了した場合、技能検定委員に試験終了の意思表示を行い、試験会場より退出することができる。ただし、再入場は認めない。退室は技能検定委員の指示に従うこと。
7. 受検中のトイレは必ず技能検定委員に申し出ること。所要時間については受検時間に含まれる。また、座席などを離れる場合、アプリケーション等の操作画面、ブラウザ画面などが表示されないよう留意すること。
8. 検定用PCのトラブル等により作成中のデータが失われる場合もあるため、各自データ保存やバックアップに留意して作業を行うこと。受検中、受検PCがフリーズするなど、機器にトラブルが発生し作業が中断した場合は、作業再開までの時間を技能検定委員が記録し、規定試験時間終了後も受検者は記録された時間を追加して作業の継続ができる。
9. 制作した課題の著作権は試験主催者である、特定非営利活動法人インターネットスキル認定普及協会に帰属する。
10. その他、いかなる場合にも技能検定委員の指示に従って、受検すること。

◇解答にあたっての注意◇

1. 『試験設備点検表および実技試験課題選択表』の記入にあたり、次の指示に従うこと。指示に従わない場合には採点されない場合があるので注意すること。
    (1) 受検番号欄には、必ず受検票に記載されている実技試験受検番号を記入すること。
    (2) 氏名欄には、必ず受検票に記載されている氏名を記入すること。
    (3) HB程度の鉛筆またはシャープペンシルを使用し、解答を訂正する場合は消しゴムできれいに消し、消しくずを残さないようにすること。
    (4) 『実技試験課題選択表』に選択した作業番号を必ず記入すること。
2. 受検票は、試験時間中は必ず技能検定委員が見やすい机上の、通路側の位置に提示しておくこと。
3. 試験時間終了時に、『試験設備点検表』および『実技試験課題選択表』を回収する。
4. 試験問題は持ち帰ること。
5. 作業を実施するにあたり、ソースなどをウェブブラウザで正しく表示されるように修正することが必要な場合がある。
6. 受検者は全6課題より、5課題を選択し、60分間で作業を完了させること。
7. 作業で利用する素材は、デスクトップのフォルダ、data3フォルダに配布している。また、受検者はデスクトップ(または技能検定委員に指示された場所)のwd3フォルダに、課題に従いフォルダ、ソースファイルなどを配置し提出すること(wd3フォルダが作成されていない場合は受検者が作成すること)。なお、保存するデータは5課題分のみとし、不適切なデータの保存や不要なファイルがある場合は減点の対象となる。
8. 作成するページファイル名には2バイト文字は使用せず、半角英字のみとして、スペースなどをいれずに作成すること。またファイルのデータ形式、拡張子等にも留意すること。データの保存は問題で作成を指示されたフォルダに保存すること。
9. 本検定試験では、ハイパテキストマーク付け言語(HTML)についてはJIS X 4156:2000 (ISO/IEC15445:2000)、W3C(ワールドワイドウェブコンソーシアム)HTML4.01および拡張可能なハイパテキストマーク付け言語(XHTML)はW3C XHTML 1.0以降を推奨する。段階スタイルシート(CSS)についてはJIS X4168:2004, W3C CSS level1以降を推奨する。設問中、(X)HTMLファイルとある場合はHTMLとXHTMLどちらを選んでもよい。しかし、HTML、XHTMLと明記記述している場合はそれに従うこと。また、作成するHTMLファイルの文字コードはUTF-8にすること。

作業1～6の中から5問を選択し、各設問の文章に従い作業を行うこと。
作業で利用する素材は、デスクトップ上のdata3フォルダのものを使用すること。
また、各設問の指示に従い、デスクトップ上のwd3フォルダにフォルダ、ソースファイルなどを配置し提出すること。wd3フォルダが作成されていない場合は受検者が作成すること。
すべての課題提出データは検定指定ウェブブラウザで正しく表示されること。

作業1：次の(1)～(2)の作業を行いなさい。

(1) デスクトップ上のdata3フォルダのq1フォルダ内にある fs.jpg に従い、index.html、CSSファイル、画像等のソースファイルおよびディレクトリ構成を適切に訂正し完成させなさい。その際、必要に応じフォルダ等は作成し、CSSファイル、画像等が正しく適用されるよう、index.htmlおよびCSSファイルを編集すること。

(2) デスクトップ上のwd3フォルダ内にa1という名前でフォルダを作成し、フォルダおよびソースファイルを構成に留意して保存しなさい。

作業2：次の(1)～(4)の作業を行いなさい。なお、次の(1)～(4)で指示された箇所以外については変更する必要はない。

(1) デスクトップ上のdata3フォルダのq2フォルダ内にあるindex.html、info.html、comp.html、form.htmlの「global_navi」で指定されたエリアにあるグローバルナビゲーションの各画像に対して、対応する各ページへのリンクが正常に行われるようにしなさい。

(2) 「HOME」はindex.htmlに、「競技情報」はinfo.htmlに、「ウェブデザイン技能競技」は comp.htmlに、「参加申し込み」はform.htmlにそれぞれリンクを設定しなさい。その他は無視してよい。

(3) info.html、comp.html、form.htmlの「main_content」内にある「A」、「B」、「C」の箇所をそれぞれのページタイトルと同じテキストに修正しなさい。

(4) 修正したindex.htmlおよび表示に必要な他のファイル等とともに、デスクトップ上のwd3フォルダ内にa2という名前でフォルダを作成し保存しなさい。

作業3：次の(1)～(2)の作業を行いなさい。

(1) デスクトップ上のdata3フォルダのq3フォルダ内にあるindex.htmlを編集し、次に示す各ウェブブラウザでの表示結果と同じとなるように1.css、2.css、3.cssの3つのCSSファイルより正しいものを選択し適用させなさい。なお、表示結果のファイルは次のとおりとする。

 (a) Internet Explorer6がインストールされている場合は、ie6_1.jpg。
 (b) Internet Explorer7または8がインストールされている場合は、ie7_8_1.jpg。
 (c) Internet Explorer9がインストールされている場合は、ie9_1.jpg。
 (d) Firefoxの場合は、ff_1.jpg。

(2) 修正したindex.htmlおよび表示に必要な他のファイル等とともに、デスクトップのwd3フォルダ内にa3という名前でフォルダを作成し保存しなさい。

作業 4：次の(1)〜(2)の作業を行いなさい。

(1) デスクトップ上の data3 フォルダの q4 フォルダ内にある design.css を編集して、h1 要素に関連する背景の色を #009900、文字の色を #ffffff に変更しなさい。指定以外の要素は特に変更する必要はない。

(2) 修正した index.html、design.css ファイルおよび表示に必要な他のファイル等とともに、デスクトップ上の wd3 フォルダ内に a4 という名前でフォルダを作成し保存しなさい。

作業 5：次の(1)〜(2)の作業を行いなさい。

(1) デスクトップ上の data3 フォルダの q5 フォルダ内にある index.html の body 要素および wrap 要素に、design.css を編集して、次に示す各ウェブブラウザでの表示結果と同じとなるように背景画像を適用しなさい。背景画像は q5 フォルダ内の img フォルダより適切なものを選択し適用すること。なお、表示結果のファイルは次のとおりとする。
   (a) Internet Explorer6 がインストールされている場合は、ie6_2.jpg。
   (b) Internet Explorer7 または 8 がインストールされている場合は、ie7_8_2.jpg。
   (c) Internet Explorer9 がインストールされている場合は、ie9_2.jpg。
   (d) Firefox の場合は、ff_2.jpg。

(2) 修正した index.html、design.css ファイルおよび表示に必要な他のファイル等とともに、デスクトップ上の wd3 フォルダ内に a5 という名前でフォルダを作成し保存しなさい。

作業 6：次の(1)〜(2)の作業を行いなさい。

(1) デスクトップ上の data3 フォルダの q6 フォルダ内にある index.html の「main_content」で指定されたエリアに、現在配置されているテキストを削除して、sample.txt に記載されている文章を配置し、ウェブページを更新しなさい。その際は文章をよく読み、h1 要素、h2 要素、p 要素、ol 要素、ul 要素のすべてをもれなく使用し構造化を行うこと。

(2) 修正した index.html および表示に必要な他のファイル等とともに、デスクトップ上の wd3 フォルダ内に a6 という名前でフォルダを作成し保存しなさい。

◇免責事項◇
本検定試験において記載されている会社名、製品名は、それぞれの会社の商標又は登録商標である。
受検上の留意事項、設問内等では®、TM マークを明記しない。

平成24年度
第3回
ウェブデザイン技能検定

3級

学科試験問題

◇受検上の注意◇
1. 試験会場では、技能検定委員の指示に従うこと。
2. 他受検者の受検を妨害する行為はしてはならない。
3. 受検中に不正があった場合、また、技能検定委員に不正を指摘された場合、受検者は作業を中止して退場すること。
4. 受検の際、机上には受検票、筆記用具のみ置くことができる。携帯電話・PHSなどの通信機器は試験中に使用、または机上に置くことはできない。また、携帯電話を時計の代わりに利用することはできない。
5. 計時は、技能検定委員に説明された時計を利用すること。受検の際には、30分経過、受検終了10分前に技能検定委員からアナウンスを行う。
6. 受検中のトイレは必ず技能検定委員に申し出ること。所要時間については受検時間に含まれる。
7. 開始より30分を超え、制限時間内に試験を終了した場合、技能検定委員に試験終了の意思表示を行い、試験会場より退出することができる。ただし、再入場は認めない。
8. 退室は技能検定委員の指示に従うこと。
9. 解答用紙を試験会場から持ち出した場合は、無効となり不合格とする。
10. 試験問題は持ち帰ること。
11. その他、いかなる場合にも技能検定委員の指示に従って受検すること。

◇解答にあたっての注意◇
解答用紙の記入にあたり、次の指示に従うこと。指示に従わない場合には採点がされない場合があるので注意すること。
(1) 解答用紙はマークシート方式のため解答用紙に記された記入方法に従って記入すること。
(2) 問題用紙の第X問は解答用紙の問Xの欄にマークすること。
(3) 受検番号欄には、必ず受検票に記載されている学科用の受検番号を記入すること。
(4) 氏名欄には、必ず受検票に記載されている氏名を記入すること。
(5) 解答は濃度HB程度の鉛筆またはシャープペンシルを使用すること。解答を訂正する場合は消しゴムできれいに消し、消しくずを残さないようにすること。

◇学科試験　留意事項◇
1. Windows Internet Explorer6以降および、Mozilla Firefox3.0以降を指定ブラウザとする。
2. ハイパテキストタグ付け言語(HTML)についてはJIS X 4156:2000 (ISO/IEC15445:2000) およびW3C(ワールドワイドウェブコンソーシアム)HTML4.01とし、拡張可能なハイパテキストマーク付け言語(XHTML)はW3C XHTML 1.0以降とする。
3. 段階スタイルシート(CSS)についてはJIS X4168:2004 およびW3C CSS level1以降とする。
4. 問題文の中では(X)HTMLファイルとある場合はHTMLとXHTMLどちらを選んでもよい。また、HTML、XHTMLと記し記述している場合はそれに従うこと。

1. 各設問において、正しいと思われるものは1を、間違っていると思われるものは2を、該当設問の解答欄に記せ。

第1問
W3Cによると、シフトJISを用いてXHTML文書を作成する場合は、XML宣言をする必要がある。

第2問
ペルソナ・シナリオ法におけるペルソナとは、ある実在する特定の1人の人物のことである。

第3問
IPアドレスから、そのIPアドレスを使用している個人を、即座にかつ確実に特定することができる。

第4問
HTTPSでは平文で通信を行う。

第5問
チェックボックスは、いくつかの選択肢から複数の項目を選択する場合にも用いられる。

第6問
AdministratorなどのOSで標準的に用いられる管理者アカウント名は、推測し難い任意の別名に変更することで、セキュリティの向上を図ることができる。

第7問
あらゆるコンピュータ・プログラムは、特許法による保護の対象とはならない。

第8問
ユニバーサルデザインとは、障害者に限定して配慮されたデザイン手法のことをいう。

第9問
ユーザインタフェースの分野でのGUIとは、ジオグラフィック・ユーザ・インタフェースの略称である。

第10問

厚生労働省の新しい「VDT 作業における労働衛生管理のためのガイドライン」では、換気、温度及び湿度の調整、空気調和、静電気除去、休憩等のための設備等について事務所衛生基準規則に定める措置等を講じることとされている。

---

2. 以下の設問に答えよ。

第11問

背景色を青色とする CSS の記述として正しいものはどれか。適切なものを以下より 1 つ選択しなさい。

1. bgColor:#0000ff;
2. backgroundColor:#0000ff;
3. bg-color:#0000ff;
4. background-color:#0000ff;

第12問

localhost を IPv4 で表記したときのアドレスはどれか。適切なものを以下より 1 つ選択しなさい。

1. 1.1.1.1
2. 127.0.0.1
3. 192.168.1.1
4. 255.255.255.255

第13問

GIF 形式の画像でサポートされている最大色数は何色か。適切なものを以下より 1 つ選択しなさい。

1. 16
2. 256
3. 65,536
4. 16,777,216

第 14 問

印刷用のスタイルシートの指定として正しいコードはどれか。適切なものを以下より 1 つ選択しなさい。

1. `<link rel="stylesheet" href="design.css" type="text/css" media="screen" />`
2. `<link rel="stylesheet" href="design.css" type="text/css" media="print" />`
3. `<link rel="stylesheet" href="design.css" type="text/css" media="tv" />`
4. `<link rel="stylesheet" href="design.css" type="text/css" media="mobile" />`

第 15 問

ブロックレベルでの引用を表しているコードとして適切なものを、以下より 1 つ選択しなさい。

1. `<p>港から海に向けて白い帆船が出航した。</p>`
   `<p>と、テレビで見たのを思い出した。</p>`
2. `<blockquote><p>港から海に向けて白い帆船が出航した。</p></blockquote>`
   `<p>と、テレビで見たのを思い出した。</p>`
3. `<blockquote>港から海に向けて白い帆船が出航した。</blockquote>`
   `<p>と、テレビで見たのを思い出した。</p>`
4. `<dfn>港から海に向けて白い帆船が出航した。</dfn>`
   `<p>と、テレビで見たのを思い出した。</p>`

第 16 問

RGB 16 進数にて黒を示す表記はどれか。適切なものを以下より 1 つ選択しなさい。

1. #ffffff
2. #ffff00
3. #00ff00
4. #000000

第17問

次のアクセスログから分かることは何か。適切なものを以下より1つ選択しなさい。

192.168.3.5 - - [24/Oct/2012:22:47:33 +0900] "GET / HTTP/1.1" 200 2436 "-" "Mozilla/5.0 (Windows NT 6.0) AppleWebKit/537.1 (KHTML, like Gecko) Chrome/21.0.1180.83 Safari/537.1"

1. ユーザは検索エンジンに Google を使っている。
2. ユーザのブラウザは Firefox である。
3. ユーザの IP アドレスは 192.168.3.5 である。
4. ユーザは 2011 年にアクセスしたことがある。

第18問

W3C で規定される DOM とは何の略称か。適切なものを以下より1つ選択しなさい。

1. Digital Order Model
2. Document Order Model
3. Digital Object Model
4. Document Object Model

第19問

インターネットでの通信において、接続先や接続元を示すために用いられるものはどれか。適切なものを以下より1つ選択しなさい。

1. IP アドレス
2. TCP アドレス
3. URL
4. URI

第20問

次の画像はInternet Explorer 9の操作画面であるが、A及びBの名称の組み合わせとして適切なものを、以下より1つ選択しなさい。

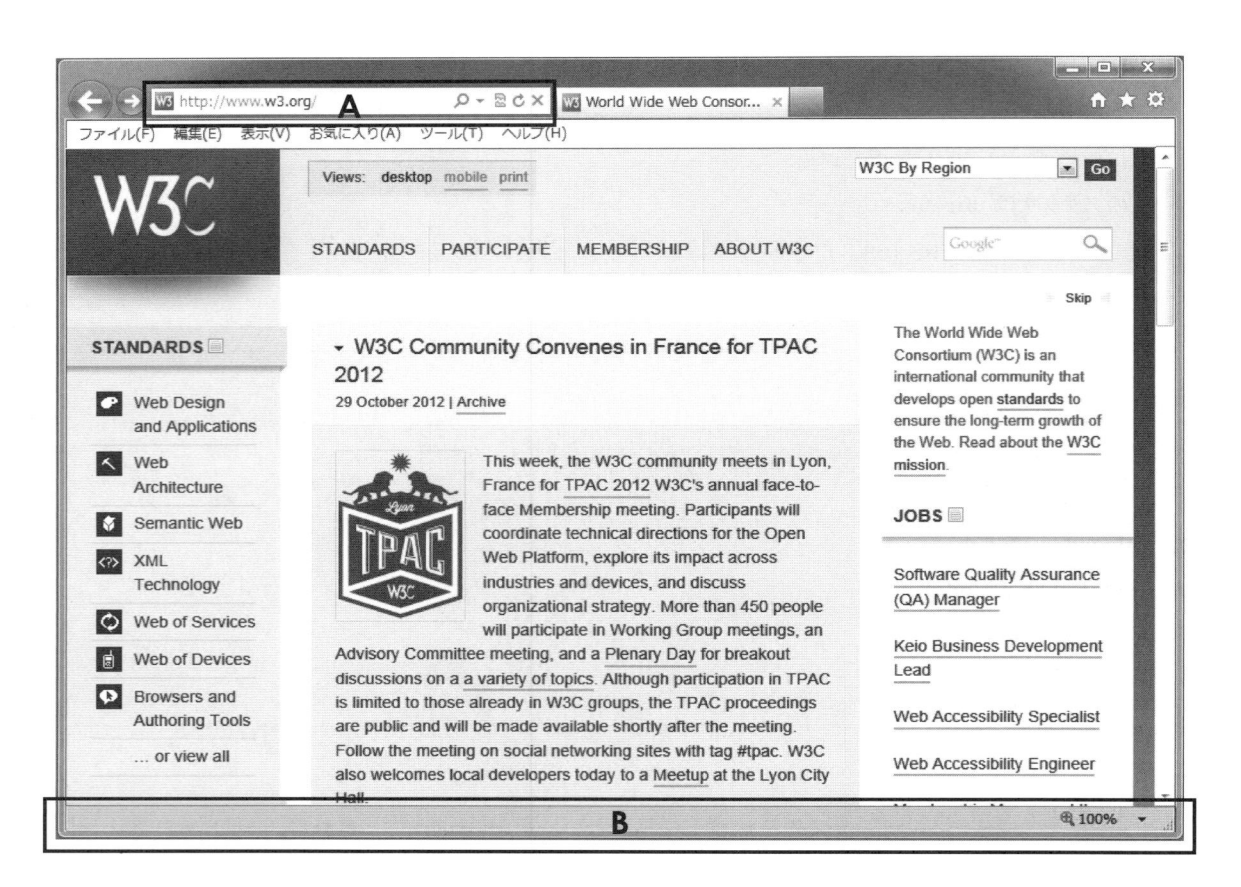

1. A:アドレスバー　　　B:ステータスバー
2. A:アクセスバー　　　B:インフォメーションバー
3. A:wwwバー　　　　B:セキュリティバー
4. A:タイトルバー　　　B:アクセスバー

第21問

ブロックレベル要素であるものはどれか。適切なものを以下より1つ選択しなさい。

1. a
2. img
3. p
4. span

第22問

次の記述の　A　に入る語句として最も適切なものを、以下より1つ選択しなさい。

　　A　属性の属性値は、あるウェブページの中で同一のものを重複して用いてはならない。

1. src
2. alt
3. id
4. class

第23問

HTML 4.01 Strict において定義されている要素はどれか。適切なものを以下より1つ選択しなさい。

1. Q
2. MARQUEE
3. EMBED
4. S

第24問

HTTP 通信において、GET の要求が正常に終了した際のステータスコードはどれか。適切なものを以下より1つ選択しなさい。

1. 100
2. 200
3. 300
4. 400

第25問

ネットワークに接続しているコンピュータに、IP アドレスなどを自動で割り当てるためのプロトコルはどれか。適切なものを以下より1つ選択しなさい。

1. DHCP
2. DNS
3. FTP
4. HTTP

※注意

マークシートに記載した氏名・受検番号を再度確認してください。学科試験と実技試験の受検番号は異なりますので、必ず学科用の受検番号を記入・マークしてください。間違いがある場合、採点されません。

◇免責事項◇

　本検定試験において記載されている会社名、製品名は、それぞれの会社の商標もしくは登録商標である。設問内では®、TM マークを明記しない。

平成24年度
第3回
ウェブデザイン技能検定
3級
実技試験問題

◇受検上の留意事項◇

1. 試験会場では、技能検定委員の指示に従うこと。
2. 実技試験用PCのOSはMicrosoft Windows XP SP2以降、またはMicrosoft Windows Vista、Microsoft Windows 7である。OSやアプリケーションソフトの操作方法等についての質問への回答や補助など一切応じない。
3. 本検定試験では、Windows Internet Explorer6 SP2以降(ただしバージョンは7、8または9の場合がある)および、Mozilla Firefox3.0以降の安定版を指定ウェブブラウザとする。検定用PCにインストールされた本検定試験指定ソフトウェアは、OSに標準で備えられているアクセサリソフトウェア(メモ帳等)、TeraPad、サクラエディタとし、各データを処理するために適切なものを受検者各自で判断し使用すること。指定されたソフトウェア以外を利用して作業を行うことはできない。指定ソフトウェア以外を使用して作業を行った場合、不合格とする。
4. 受検中は、用具の貸し借り、PCおよびデータの交換、不正に持ち込んだデータの利用、検定用PCからインターネットへのアクセス、他受検者への妨害行為等を禁止する。受検中に不正があった場合や技能検定委員に不正を指摘された場合、受検者は作業を中止して退場すること。なお、不正行為があった場合は、不合格とする。
5. 受検の際、机上には受検票、身分証明書類、筆記用具のみ置くことができる。携帯電話などの通信機器は受検中には必ず電源を切っておくこと。携帯電話を時計の代わりに利用することはできない。
6. 計時は、技能検定委員に説明された時計を利用すること。受検の際には、30分経過、受検終了10分前に技能検定委員からアナウンスを行う。開始より30分を超え、制限時間内に試験を終了した場合、技能検定委員に試験終了の意思表示を行い、試験会場より退出することができる。ただし、再入場は認めない。退室は技能検定委員の指示に従うこと。
7. 受検中のトイレは必ず技能検定委員に申し出ること。所要時間については受検時間に含まれる。また、座席などを離れる場合、アプリケーション等の操作画面、ブラウザ画面などが表示されないよう留意すること。
8. 検定用PCのトラブル等により作成中のデータが失われる場合もあるため、各自データ保存やバックアップに留意して作業を行うこと。受検中、受検PCがフリーズするなど、機器にトラブルが発生し作業が中断した場合は、作業再開までの時間を技能検定委員が記録し、規定試験時間終了後も受検者は記録された時間を追加して作業の継続ができる。
9. 制作した課題の著作権は試験主催者である、特定非営利活動法人インターネットスキル認定普及協会に帰属する。
10. その他、いかなる場合にも技能検定委員の指示に従って、受検すること。

◇解答にあたっての注意◇

1. 『試験設備点検表および実技試験課題選択表』の記入にあたり、次の指示に従うこと。指示に従わない場合には採点されない場合があるので注意すること。
   (1) 受検番号欄には、必ず受検票に記載されている実技試験受検番号を記入すること。
   (2) 氏名欄には、必ず受検票に記載されている氏名を記入すること。
   (3) HB程度の鉛筆またはシャープペンシルを使用し、解答を訂正する場合は消しゴムできれいに消し、消しくずを残さないようにすること。
   (4) 『実技試験課題選択表』に選択した作業番号を必ず記入すること。
2. 受検票は、試験時間中は必ず技能検定委員が見やすい机上の、通路側の位置に提示しておくこと。
3. 試験時間終了時に、『試験設備点検表』および『実技試験課題選択表』を回収する。
4. 試験問題は持ち帰ること。
5. 作業を実施するにあたり、ソースなどをウェブブラウザで正しく表示されるように修正することが必要な場合がある。
6. 受検者は全6課題より、5課題を選択し、60分間で作業を完了させること。
7. 作業で利用する素材は、デスクトップのフォルダ、data3フォルダに配布している。また、受検者はデスクトップ(または技能検定委員に指示された場所)のwd3フォルダに、課題に従いフォルダ、ソースファイルなどを配置し提出すること(wd3フォルダが作成されていない場合は受検者が作成すること)。なお、保存するデータは5課題分のみとし、不適切なデータの保存や不要なファイルがある場合は減点の対象となる。
8. 作成するページファイル名には2バイト文字は使用せず、半角英字のみとして、スペースなどをいれずに作成すること。またファイルのデータ形式、拡張子等にも留意すること。データの保存は問題で作成を指示されたフォルダに保存すること。
9. 本検定試験では、ハイパテキストマーク付け言語(HTML)についてはJIS X 4156:2000 (ISO/IEC15445:2000)、W3C(ワールドワイドウェブコンソーシアム)HTML4.01および拡張可能なハイパテキストマーク付け言語(XHTML)はW3C XHTML 1.0以降を推奨する。段階スタイルシート(CSS)についてはJIS X 4168:2004, W3C CSS level1以降を推奨する。設問中、(X)HTMLファイルとある場合はHTMLとXHTMLどちらを選んでもよい。しかし、HTML、XHTMLと明記し記述している場合はそれに従うこと。また、作成するHTMLファイルの文字コードはUTF-8にすること。

作業1～6の中から5問を選択し、各設問の文章に従い作業を行うこと。
作業で利用する素材は、デスクトップ上のdata3フォルダのものを使用すること。
また、各設問の指示に従い、デスクトップ上のwd3フォルダにフォルダ、ソースファイルなどを配置し提出すること。wd3フォルダが作成されていない場合は受検者が作成すること。
すべての課題提出データは検定指定ウェブブラウザで正しく表示されること。

作業1：次の(1)～(2)の作業を行いなさい。

(1) デスクトップ上のdata3フォルダのq1フォルダ内にある fs.jpg に従い、index.html、CSSファイル、画像等のソースファイルおよびディレクトリ構成を適切に訂正し完成させなさい。その際、必要に応じフォルダ等は作成し、CSSファイル、画像等が正しく適用されるよう、index.htmlおよびCSSファイルを編集すること。

(2) デスクトップ上のwd3フォルダ内にa1という名前でフォルダを作成し、フォルダおよびソースファイルを構成に留意して保存しなさい。

作業2：次の(1)～(4)の作業を行いなさい。なお、次の(1)～(4)で指示された箇所以外については変更する必要はない。

(1) デスクトップ上の data3 フォルダの q2 フォルダ内にある index.html、info.html、skilltest.html、form.html の「global_navi」で指定されたエリアにあるグローバルナビゲーションの各画像に対して、対応する各ページへのリンクが正常に行われるようにしなさい。

(2) 「HOME」はindex.htmlに、「協会情報」はinfo.htmlに、「ウェブデザイン技能検定」は skilltest.htmlに、「問い合わせ」は form.html にそれぞれリンクを設定しなさい。その他は無視してよい。

(3) info.html、skilltest.html、form.html の「main_content」内にある「A」、「B」、「C」の箇所をそれぞれのページタイトルと同じテキストに修正しなさい。

(4) 修正した index.html および表示に必要な他のファイル等とともに、デスクトップ上の wd3 フォルダ内にa2という名前でフォルダを作成し保存しなさい。

作業3：次の(1)～(2)の作業を行いなさい。

(1) デスクトップ上の data3 フォルダの q3 フォルダ内にある index.html を編集し、次に示す各ウェブブラウザでの表示結果と同じとなるように 1.css、2.css、3.css の3つの CSS ファイルより正しいものを選択し適用させなさい。なお、表示結果のファイルは次のとおりとする。

 (a) Internet Explorer6 がインストールされている場合は、ie6_1.jpg。
 (b) Internet Explorer7 または 8 がインストールされている場合は、ie7_8_1.jpg。
 (c) Internet Explorer9 がインストールされている場合は、ie9_1.jpg。
 (d) Firefox の場合は、ff_1.jpg。

(2) 修正した index.html および表示に必要な他のファイル等とともに、デスクトップの wd3 フォルダ内にa3という名前でフォルダを作成し保存しなさい。

作業 4：次の(1)〜(2)の作業を行いなさい。

(1) デスクトップ上の data3 フォルダの q4 フォルダ内にある style.css を編集して、h1 要素に関連する背景の色を #00590e、文字の色を #ffffff に変更しなさい。指定以外の要素は特に変更する必要はない。

(2) 修正した index.html、style.css ファイルおよび表示に必要な他のファイル等とともに、デスクトップ上の wd3 フォルダ内に a4 という名前でフォルダを作成し保存しなさい。

作業 5：次の(1)〜(2)の作業を行いなさい。

(1) デスクトップ上の data3 フォルダの q5 フォルダ内にある index.html の body 要素および wrap 要素に、style.css を編集して、次に示す各ウェブブラウザでの表示結果と同じとなるように背景画像を適用しなさい。背景画像は q5 フォルダ内の img フォルダより適切なものを選択し適用すること。なお、表示結果のファイルは次のとおりとする。
   (a) Internet Explorer6 がインストールされている場合は、ie6_2.jpg。
   (b) Internet Explorer7 または 8 がインストールされている場合は、ie7_8_2.jpg。
   (c) Internet Explorer9 がインストールされている場合は、ie9_2.jpg。
   (d) Firefox の場合は、ff_2.jpg。

(2) 修正した index.html、design.css ファイルおよび表示に必要な他のファイル等とともに、デスクトップ上の wd3 フォルダ内に a5 という名前でフォルダを作成し保存しなさい。

作業 6：次の(1)〜(2)の作業を行いなさい。

(1) デスクトップ上の data3 フォルダの q6 フォルダ内にある index.html の「main_content」で指定されたエリアに、現在配置されているテキストを削除して、sample.txt に記載されている文章を配置し、ウェブページを更新しなさい。その際は文章をよく読み、h1 要素、h2 要素、p 要素、ol 要素、ul 要素のすべてをもれなく使用し構造化を行うこと。

(2) 修正した index.html および表示に必要な他のファイル等とともに、デスクトップ上の wd3 フォルダ内に a6 という名前でフォルダを作成し保存しなさい。

◇免責事項◇
本検定試験において記載されている会社名、製品名は、それぞれの会社の商標又は登録商標である。
受検上の留意事項、設問内等では®、TM マークを明記しない。

平成24年度
第4回
ウェブデザイン技能検定

3級

学科試験問題

◇受検上の注意◇
1. 試験会場では、技能検定委員の指示に従うこと。
2. 他受検者の受検を妨害する行為はしてはならない。
3. 受検中に不正があった場合、また、技能検定委員に不正を指摘された場合、受検者は作業を中止して退場すること。
4. 受検の際、机上には受検票、筆記用具のみ置くことができる。携帯電話・PHSなどの通信機器は試験中に使用、または机上に置くことはできない。また、携帯電話を時計の代わりに利用することはできない。
5. 計時は、技能検定委員に説明された時計を利用すること。受検の際には、30分経過、受検終了10分前に技能検定委員からアナウンスを行う。
6. 受検中のトイレは必ず技能検定委員に申し出ること。所要時間については受検時間に含まれる。
7. 開始より30分を超え、制限時間内に試験を終了した場合、技能検定委員に試験終了の意思表示を行い、試験会場より退出することができる。ただし、再入場は認めない。
8. 退室は技能検定委員の指示に従うこと。
9. 解答用紙を試験会場から持ち出した場合は、無効となり不合格とする。
10. 試験問題は持ち帰ること。
11. その他、いかなる場合にも技能検定委員の指示に従って受検すること。

◇解答にあたっての注意◇
解答用紙の記入にあたり、次の指示に従うこと。指示に従わない場合には採点がされない場合があるので注意すること。
(1) 解答用紙はマークシート方式のため解答用紙に記された記入方法に従って記入すること。
(2) 問題用紙の第 X 問は解答用紙の問 X の欄にマークすること。
(3) 受検番号欄には、必ず受検票に記載されている学科用の受検番号を記入すること。
(4) 氏名欄には、必ず受検票に記載されている氏名を記入すること。
(5) 解答は濃度HB程度の鉛筆またはシャープペンシルを使用すること。解答を訂正する場合は消しゴムできれいに消し、消しくずを残さないようにすること。

◇学科試験 留意事項◇
1. Windows Internet Explorer6 以降および、Mozilla Firefox3.0 以降を指定ブラウザとする。
2. ハイパーテキストタグ付け言語(HTML)については JIS X 4156:2000 (ISO/IEC15445:2000) および W3C(ワールドワイドウェブコンソーシアム)HTML4.01 とし、拡張可能なハイパーテキストマーク付け言語(XHTML)はW3C XHTML 1.0 以降とする。
3. 段階スタイルシート(CSS)については JIS X4168:2004 および W3C CSS level1 以降とする。
4. 問題文の中では(X)HTMLファイルとある場合はHTMLとXHTMLどちらを選んでもよい。また、HTML、XHTMLと明記し記述している場合はそれに従うこと。

1. 各設問において、正しいと思われるものは1を、間違っていると思われるものは2を、該当設問の解答欄に記せ。

第1問
ウェブサーバなど、1台のサーバにプロセッサやメモリなどを追加して性能を向上させることを、スケールアウトと呼ぶ。

第2問
XHTMLでは、全ての要素名を小文字で記述しなければならない。

第3問
平文とは、暗号化されていない文字列のことである。

第4問
OSI参照モデルにおいて、HTTPはネットワーク層である。

第5問
CSS2.1にはdivというプロパティが存在する。

第6問
ウェブコンテンツにアニメーションや画像などの要素を含める場合は、アクセシビリティに配慮して、その表現内容と同等の役割を果たすテキストをつけるべきである。

第7問
企業がインターネット上で電子メールによって商業広告を送るときは、企業の住所、電話番号、電子メールアドレスのほか、広告である旨、消費者がメールの受け取りを希望しない場合の連絡方法も表示しなければならない。

第8問
ネットワーク上でウェブサーバを稼動させるには、IPアドレスが必要である。

第9問
AがB社にウェブページデザインの制作委託をした場合、当該デザインについての著作権は、何ら契約をしなくてもAに帰属する。

第10問
XHTML1.1には、Strict、Transitional、Framesetの3種類の文書型がある。

2. 以下の設問に答えよ。

第11問

新しい「VDT作業における労働衛生管理のためのガイドライン」における作業管理について、誤っているものはどれか。以下より1つ選択しなさい。

1. 一日の作業時間については、他の作業を組み込むこと又は他の作業とのローテーションを実施することなどにより、一日の連続VDT作業時間が短くなるように配慮すること
2. 一連続作業時間については、5時間を超えないようにすること
3. 作業休止時間については、連続作業と連続作業の間に10～15分の作業休止時間を設けること
4. 小休止については、一連続作業時間内において1～2回程度の小休止を設けること

第12問

CSSにおいて、全ての要素を指定するセレクタはどれか。適切なものを以下より1つ選択しなさい。

1. all
2. *
3. body
4. div

第13問

次の記述中の　A　に当てはまる語句として適切なものを、以下より1つ選択しなさい。

ヤコブ・ニールセンは、インタフェースの　A　は、①学習しやすさ、②効率、③記憶しやすさ、④エラー、⑤主観的満足度の5つの　A　特性からなる多角的な構成要素を持つとしている。

1. ファインダビリティ
2. ユーザビリティ
3. フレキシビリティ
4. アクセシビリティ

第14問

CSSで色の指定をする場合、赤以外の色になる記述はどれか。適切なものを以下より1つ選択しなさい。

1. red
2. #f00
3. #ff0
4. #ff0000

第 15 問

XHTML1.0 において、順序なしリスト（箇条書きリスト）を意味する要素はどれか。適切なものを以下より 1 つ選択しなさい。

1. list
2. dl
3. ol
4. ul

第 16 問

写真などの色相、明度、彩度それぞれの階調による変化が多く含まれる静止画像をウェブサイトに用いる場合、最も適切なものはどれか。以下より 1 つ選択しなさい。

1. JPEG 形式
2. PSD 形式
3. FLV 形式
4. BMP 形式

第 17 問

W3C が勧告しているアクセシビリティのガイドラインはどれか。適切なものを以下より 1 つ選択しなさい。

1. WCAG1.0
2. ISO/IEC 15948
3. SMIL
4. JIS X8341-3

第 18 問

次の HTML コードにおいて、div 要素の子要素であるものはどれか。適切なものを以下より 1 つ選択しなさい。

HTML コード
```
<h3>あいさつ</h3>

<img src="images/icon.png" alt="おはよう" />
<div>
<p>おはよう</p>
</div>
```

1. h3 要素
2. img 要素
3. p 要素
4. div 要素

第19問

Ajax は何の略称か。適切なものを以下より1つ選択しなさい。

1. Asynchronous Java And XHTML
2. Asynchronous JavaScript And XHTML
3. Asynchronous Java And Xml
4. Asynchronous JavaScript And Xml

第20問

次のHTMLおよび外部CSSファイル「design.css」のコードがある場合、h3要素で記述された「見出し」は何色になるか。適切なものを以下より1つ選びなさい。

外部CSSファイル「design.css」のコード

```
h3 {color: #00f;}
```

HTMLコード

```
<!DOCTYPE HTML PUBLIC "-//W3C//DTD HTML 4.01//EN">
<html lang="ja">
<head>
<meta http-equiv="Content-Type" Content="text/html; charset=UTF-8">
<title>タイトル</title>
<link rel="stylesheet" type="text/css" href="design.css">
<style type="text/css">
  h3 {color: #fff;}
</style>
</head>
<body>
・・・・・
<h3 style="color: #f00;">見出し</h3>
</body>
</html>
```

1. 赤
2. 白
3. 青
4. 黒

第21問

Apacheなどのウェブサーバにおいて、サーバの動作をディレクトリ単位で制御するために配置する分散設定ファイルのデフォルトのファイル名は何か。適切なものを以下より1つ選択しなさい。

1. httpd.conf
2. robots.txt
3. .htaccess
4. htaccess

第22問

HTTP通信に用いられる標準的なポートはどれか。最も適切なものを以下より1つ選択しなさい。

1. TCP/80
2. UDP/68
3. TCP/20
4. UDP/123

第23問

img 要素にその画像の説明を補足する場合、指定すべき属性として適切なものを、以下より1つ選択しなさい。

1. text
2. label
3. title
4. id

第24問

strong 要素に内包された文字列に、赤い下線を引きまた文字色を赤にする指定をしている CSS の記述として正しいものはどれか。適切なものを以下より1つ選択しなさい。

1. strong { font-size: 1.1em; font-color: #FF0000; text-decoration: red-line; }
2. strong { font-size: 1.1em; color: #FF0000; text-decoration: underline; }
3. strong { font-size: 1.1em; color: #FF0000; text-decoration: underline #FF0000; }
4. strong { font-size: 1.1em; font-color: #FF0000; text-underline: #FF0000; }

第25問

ウェブページに次のアイコンが評された場合、それが意味することは何か。適切なものを以下より1つ選択しなさい。

1. XHTML1.0 の標準に準拠している。
2. CSS の標準に準拠している。
3. RSS の標準に準拠している。
4. HTML4.01 の標準に準拠している。

※注意　マークシートに記載した氏名・受検番号を再度確認してください。学科試験と実技試験の受検番号は異なりますので、必ず学科用の受検番号を記入・マークしてください。間違いがある場合、採点されません。

◇免責事項◇　本検定試験において記載されている会社名、製品名は、それぞれの会社の商標もしくは登録商標である。設問内では®、TM マークを明記しない。

平成 24 年度
第 4 回
ウェブデザイン技能検定
3 級
実技試験問題

◇受検上の留意事項◇

1. 試験会場では、技能検定委員の指示に従うこと。
2. 実技試験用 PC の OS は Microsoft Windows XP SP2 以降、または Microsoft Windows Vista、Microsoft Windows 7 である。OS やアプリケーションソフトの操作方法等についての質問への回答や補助など一切応じない。
3. 本検定試験では、Windows Internet Explorer6 SP2 以降(ただしバージョンは 7 、8 または 9 の場合がある)および、Mozilla Firefox 3.0 以降の安定版を指定ウェブブラウザとする。検定用 PC にインストールされた本検定試験指定ソフトウェアは、OS に標準で備えられているアクセサリソフトウェア(メモ帳等)、TeraPad、サクラエディタとし、各データを処理するために適切なものを受検者各自で判断し使用すること。指定されたソフトウェア以外を利用して作業を行うことはできない。指定ソフトウェア以外を使用して作業を行った場合、不合格とする。
4. 受検中は、用具の貸し借り、PC およびデータの交換、不正に持ち込んだデータの利用、検定用 PC からインターネットへのアクセス、他受検者への妨害行為等を禁止する。受検中に不正があった場合や技能検定委員に不正を指摘された場合、受検者は作業を中止して退場すること。なお、不正行為があった場合は、不合格とする。
5. 受検の際、机上には受検票、身分証明書類、筆記用具のみ置くことができる。携帯電話などの通信機器は受検中には必ず電源を切っておくこと。携帯電話を時計の代わりに利用することはできない。
6. 計時は、技能検定委員に説明された時計を利用すること。受検の際には、30 分経過、受検終了 10 分前に技能検定委員からアナウンスを行う。開始より 30 分を超え、制限時間内に試験を終了した場合、技能検定委員に試験終了の意思表示を行い、試験会場より退出することができる。ただし、再入場は認めない。退室は技能検定委員の指示に従うこと。
7. 受検中のトイレは必ず技能検定委員に申し出ること。所要時間については受検時間に含まれる。また、座席などを離れる場合、アプリケーション等の操作画面、ブラウザ画面などが表示されないよう留意すること。
8. 検定用 PC のトラブル等により作成中のデータが失われる場合もあるため、各自データ保存やバックアップに留意して作業を行うこと。受検中、検定用 PC がフリーズするなど、機器にトラブルが発生し作業が中断した場合は、作業再開までの時間を技能検定委員が記録し、規定試験時間終了後も受検者は記録された時間を追加して作業の継続ができる。
9. 制作した課題の著作権は試験主催者である、特定非営利活動法人インターネットスキル認定普及協会に帰属する。
10. その他、いかなる場合にも技能検定委員の指示に従って、受検すること。

◇解答にあたっての注意◇

1. 『試験設備点検表および実技試験課題選択表』の記入にあたり、次の指示に従うこと。指示に従わない場合には採点されない場合があるので注意すること。
    (1) 受検番号欄には、必ず受検票に記載されている実技試験受検番号を記入すること。
    (2) 氏名欄には、必ず受検票に記載されている氏名を記入すること。
    (3) HB 程度の鉛筆またはシャープペンシルを使用し、解答を訂正する場合は消しゴムできれいに消し、消しくずを残さないようにすること。
    (4) 『実技試験課題選択表』に選択した作業番号を必ず記入すること。
2. 受検票は、試験時間中は必ず技能検定委員が見やすい机上の、通路側の位置に提示しておくこと。
3. 試験時間終了時に、『試験設備点検表』および『実技試験課題選択表』を回収する。
4. 試験問題は持ち帰ること。
5. 作業を実施するにあたり、ソースなどをウェブブラウザで正しく表示されるように修正することが必要な場合がある。
6. 受検者は全 6 課題より、5 課題を選択し、60 分間で作業を完了させること。
7. 作業で利用する素材は、デスクトップ上の data3 フォルダで配布している。また、受検者はデスクトップ(または技能検定委員に指示された場所)の wd3 フォルダに、課題に従いフォルダ、ソースファイルなどを配置し提出すること(wd3 フォルダが作成されていない場合は受検者が作成すること)。なお、保存するデータは 5 課題分のみとし、不適切なデータの保存や不要なファイルがある場合は減点の対象となる。
8. 作成するページファイル名には 2 バイト文字は使用せず、半角英字のみとして、スペースなどをいれずに作成すること。またファイルのデータ形式、拡張子等にも留意すること。データの保存は問題で作成を指示されたフォルダに保存すること。
9. 本検定試験では、ハイパテキストマーク付け言語(HTML)については JIS X 4156:2000 (ISO/IEC15445:2000)、W3C(ワールドワイドウェブコンソーシアム)HTML4.01 および拡張可能なハイパテキストマーク付け言語(XHTML)は W3C XHTML 1.0 以降を推奨する。段階スタイルシート(CSS)については JIS X4168:2004、W3C CSS level1 以降を推奨する。設問中、(X)HTML ファイルとある場合は HTML と XHTML どちらを選んでもよい。しかし、HTML、XHTML と明記記述している場合はそれに従うこと。また、作成する HTML ファイルの文字コードは UTF-8 にすること。

作業1～6の中から5問を選択し、各設問の文章に従い作業を行うこと。
作業で利用する素材は、デスクトップ上のdata3フォルダのものを使用すること。
また、各設問の指示に従い、デスクトップ上のwd3フォルダにフォルダ、ソースファイルなどを配置し提出すること。wd3フォルダが作成されていない場合は受検者が作成すること。
すべての課題提出データは検定指定ウェブブラウザで正しく表示されること。

作業1：次の(1)～(2)の作業を行いなさい。
(1) デスクトップ上のdata3フォルダのq1フォルダ内にある fs.jpg に従い、index.html、CSSファイル、画像等のソースファイルおよびディレクトリ構成を適切に訂正し完成させなさい。その際、必要に応じフォルダ等は作成し、CSSファイル、画像等が正しく適用されるよう、index.htmlおよびCSSファイルを編集すること。
(2) デスクトップ上のwd3フォルダ内にa1という名前でフォルダを作成し、フォルダおよびソースファイルを構成に留意して保存しなさい。

作業2：次の(1)～(4)の作業を行いなさい。なお、次の(1)～(4)で指示された箇所以外については変更する必要はない。
(1) デスクトップ上のdata3フォルダのq2フォルダ内にあるindex.html、info.html、comp.html、form.htmlの「global_navi」で指定されたエリアにあるグローバルナビゲーションの各画像に対して、対応する各ページへのリンクが正常に行われるようにしなさい。
(2) 「HOME」は index.html に、「競技情報」は info.html に、「ウェブデザイン技能競技」は comp.html に、「参加申し込み」は form.html にそれぞれリンクを設定しなさい。その他は無視してよい。
(3) info.html、comp.html、form.htmlの「main_content」内にある「A」、「B」、「C」の箇所をそれぞれのページタイトルと同じテキストに修正しなさい。
(4) 修正したHTMLファイルおよび表示に必要な他のファイル等とともに、デスクトップ上のwd3フォルダ内にa2という名前でフォルダを作成し保存しなさい。

作業3：次の(1)～(2)の作業を行いなさい。
(1) デスクトップ上のdata3フォルダのq3フォルダ内にあるindex.htmlを編集し、次に示す各ウェブブラウザでの表示結果と同じとなるように1.css、2.css、3.cssの3つのCSSファイルより正しいものを選択し適用させなさい。なお、表示結果のファイルは次のとおりとする。
　(a) Internet Explorer6がインストールされている場合は、ie6_1.jpg。
　(b) Internet Explorer7または8がインストールされている場合は、ie7_8_1.jpg。
　(c) Internet Explorer9がインストールされている場合は、ie9_1.jpg。
　(d) Firefoxの場合は、ff_1.jpg。
(2) 修正したindex.htmlおよび表示に必要な他のファイル等とともに、デスクトップのwd3フォルダ内にa3という名前でフォルダを作成し保存しなさい。

作業4：次の(1)～(2)の作業を行いなさい。

(1) デスクトップ上のdata3フォルダのq4フォルダ内にあるdesign.cssを編集して、h1要素に関連する背景の色を #993333、文字の色を #ffffff に変更しなさい。指定以外の要素は特に変更する必要はない。

(2) 修正したdesign.cssやindex.htmlファイルおよび表示に必要な他のファイル等とともに、デスクトップ上のwd3フォルダ内にa4という名前でフォルダを作成し保存しなさい。

作業5：次の(1)～(2)の作業を行いなさい。

(1) デスクトップ上のdata3フォルダのq5フォルダ内にあるindex.htmlのbody要素およびwrap要素に、design.cssを編集して、次に示す各ウェブブラウザでの表示結果と同じとなるように背景画像を適用しなさい。背景画像はq5フォルダ内のimgフォルダより適切なものを選択し適用すること。なお、表示結果のファイルは次のとおりとする。

    (a) Internet Explorer6 がインストールされている場合は、ie6_2.jpg。
    (b) Internet Explorer7 または 8 がインストールされている場合は、ie7_8_2.jpg。
    (c) Internet Explorer9 がインストールされている場合は、ie9_2.jpg。
    (d) Firefox の場合は、ff_2.jpg。

(2) 修正したdesign.cssやindex.htmlファイルおよび表示に必要な他のファイル等とともに、デスクトップ上のwd3フォルダ内にa5という名前でフォルダを作成し保存しなさい。

作業6：次の(1)～(2)の作業を行いなさい。

(1) デスクトップ上のdata3フォルダのq6フォルダ内にあるindex.htmlの「main_content」で指定されたエリアに、現在配置されているテキストを削除して、sample.txtに記載されている文章を配置し、ウェブページを更新しなさい。その際は文章をよく読み、h1要素、h2要素、p要素、ol要素、ul要素のすべてをもれなく使用し構造化を行うこと。なお、各リスト項目の文頭につくマーカーについては、ol要素、ul要素のデフォルトのスタイルを適用させ実現すること。

(2) 修正したindex.htmlおよび表示に必要な他のファイル等とともに、デスクトップ上のwd3フォルダ内にa6という名前でフォルダを作成し保存しなさい。

◇免責事項◇
本検定試験において記載されている会社名、製品名は、それぞれの会社の商標又は登録商標である。
受検上の留意事項、設問内等では®、TMマークを明記しない。

はじめに

「ウェブデザイン技能検定」は、厚生労働省から指定試験機関の指定を受けて、「特定非営利活動法人インターネットスキル認定普及協会」（以下、インターネットスキル認定普及協会）が実施する国家検定です。

本書は、インターネットスキル認定普及協会から認定された公認の過去問題集で、「ウェブデザイン技能検定3級」の平成25年度3回分、平成24年度4回分の計7回分を収録しています。
過去に出題された問題を繰り返し学習することで、実戦力を養い、受検に備えることができます。

本書をご活用いただき、ウェブデザイン技能検定に合格されますことを心からお祈り申し上げます。

2014年3月30日
特定非営利活動法人インターネットスキル認定普及協会

◆インターネットスキル認定普及協会および富士通エフ・オー・エム株式会社は、当該教材の使用によるウェブデザイン技能検定試験の合格を一切保証しません。
◆過去問題に関するご質問には、インターネットスキル認定普及協会および富士通エフ・オー・エム株式会社では、一切お答えできません。
◆Microsoft Corporationのガイドラインに従って画面写真を使用しています。
◆Microsoft、Windows、Internet Explorerは、米国Microsoft Corporationの米国およびその他の国における登録商標または商標です。
◆Mozilla、Firefoxは、Mozilla Foundationの登録商標または商標です。
◆その他、記載されている会社および製品などの名称は、各社の登録商標または商標です。
◆本文中では、TM、®は省略しています。
◆本文および添付のデータファイルで題材として使用している個人名、団体名、商品名、ロゴ、連絡先、メールアドレス、場所、出来事などは、すべて架空のものです。実在するものとは一切関係ありません。
◆本書に掲載されている試験概要やホームページなどの情報は、2014年2月現在のもので、予告なく変更される可能性があります。

Contents

■ 小冊子

本書の巻頭に添付されている小冊子に、過去の問題一式を収録しています。切り離してご活用ください。

平成 25 年度 第 1 回
学科試験問題 …………………………………………………………… 3
実技試験問題 …………………………………………………………… 11

平成 25 年度 第 2 回
学科試験問題 …………………………………………………………… 14
実技試験問題 …………………………………………………………… 20

平成 25 年度 第 3 回
学科試験問題 …………………………………………………………… 23
実技試験問題 …………………………………………………………… 30

平成 24 年度 第 1 回
学科試験問題 …………………………………………………………… 33
実技試験問題 …………………………………………………………… 40

平成 24 年度 第 2 回
学科試験問題 …………………………………………………………… 43
実技試験問題 …………………………………………………………… 50

平成 24 年度 第 3 回
学科試験問題 …………………………………………………………… 53
実技試験問題 …………………………………………………………… 61

平成 24 年度 第 4 回
学科試験問題 …………………………………………………………… 64
実技試験問題 …………………………………………………………… 70

もくじ

本書をご利用いただく前に 1

ウェブデザイン技能検定の概要 4

- 試験概要 5
- 受検案内 8
- 合格発表 9
- 出題範囲 10
- 受検にあたっての注意事項 14

平成25年度 第1回試験　解答と解説 16

- 学科試験 17
- 実技試験 23

平成25年度 第2回試験　解答と解説 36

- 学科試験 37
- 実技試験 43

平成25年度 第3回試験　解答と解説 56

- 学科試験 57
- 実技試験 63

平成24年度 第1回試験　解答と解説 76

- 学科試験 77
- 実技試験 83

平成24年度 第2回試験　解答と解説 96

- 学科試験 97
- 実技試験 101

平成24年度 第3回試験　解答と解説 114

- 学科試験 115
- 実技試験 121

平成24年度 第4回試験　解答と解説 134

- 学科試験 135
- 実技試験 141

本書をご利用いただく前に

本書で学習を進める前に、ご一読ください。

1 本書の位置付けについて

本書は、ウェブデザイン技能検定3級の試験範囲をひととおり学習された方のための問題集で、HTMLやCSSについて一般的な知識を有している方を前提に解説しています。そのため、HTMLやCSSについての解説は含まれていません。ご了承ください。

2 本書の記述について

解説の説明のために使用している記号には、次のような意味があります。

記述	意味	例
《　》	メニューやコマンドを示します。	《次へ》をクリックします。
「　」	重要な語句や入力する文字を示します。	「：hover」で記述します。

3 製品名の記載について

本書では、次の名称を使用しています。

正式名称	本書で使用している名称
Microsoft Windows XP	Windows XP または Windows
Microsoft Windows Vista	Windows Vista または Windows
Windows 7	Windows 7 または Windows
Microsoft Internet Explorer 6	Internet Explorer 6 または Internet Explorer
Internet Explorer 10	Internet Explorer 10 または Internet Explorer
Mozilla Firefox 3.0	Firefox 3.0 または Firefox
Mozilla Firefox 25.0	Firefox 25.0 または Firefox

※主な製品を挙げています。その他の製品も略称を使用している場合があります。

4 学習環境について

本書を学習するには、次のソフトウェアが必要です。

●Internet Explorer 6 SP2以降（Internet Explorer 10を推奨）
●Firefox 3.0以降（25.0以降の安定版を推奨）

本書を開発した環境は、次のとおりです。

●OS　　　　　　：Windows 7 SP1
●ブラウザ　　　：Internet Explorer 10
　　　　　　　　　Firefox 25.0
●テキストエディタ：TeraPad

※環境によっては、画面の表示が異なる場合や記載の機能が操作できない場合があります。

5 添付「データCD-ROM」について

本書には、「データCD-ROM」を添付しています。
過去に出題された試験問題のデータファイルが収録されています。

◆セットアップ方法

学習の前に、セットアップを実行し、パソコンにファイルをコピーしてください。

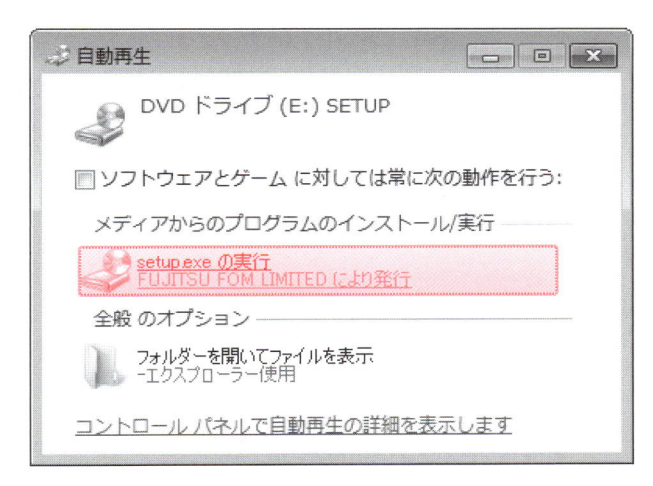

①データCD-ROMをドライブにセットします。
《**自動再生**》ダイアログボックスが表示されます。
②《**setup.exeの実行**》をクリックします。
※《**ユーザーアカウント制御**》ダイアログボックスが表示される場合は、《はい》をクリックします。

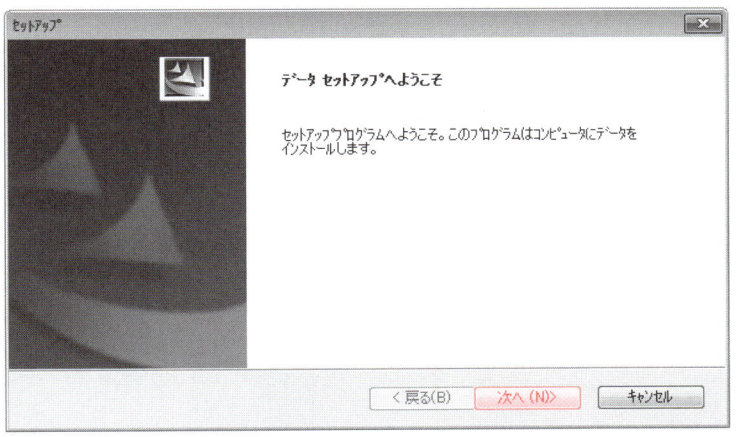

セットアッププログラムが起動し、《**セットアップ**》ダイアログボックスが表示されます。
③《**次へ**》をクリックします。

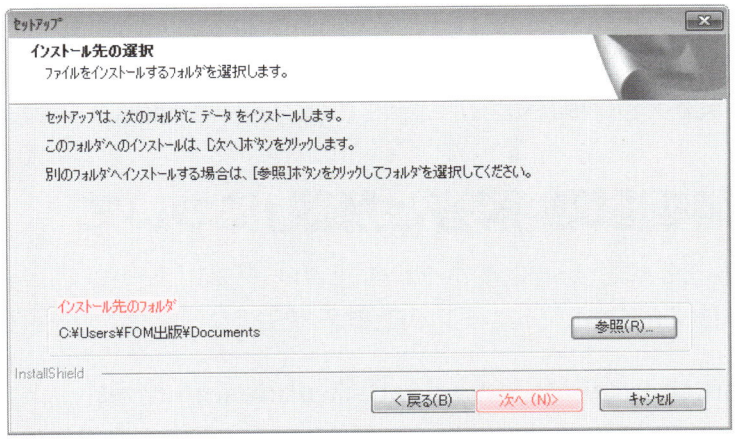

④《**インストール先のフォルダ**》を確認します。
※初期の設定では、「**Documents**」になります。
※ほかの場所にコピーする場合は、《参照》をクリックします。
⑤《**次へ**》をクリックします。
コピーが開始されます。

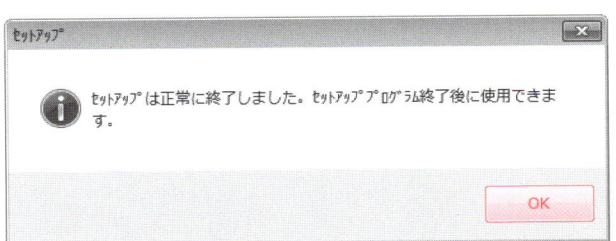

コピーが終了すると、図のようなメッセージが表示されます。
⑥《**OK**》をクリックします。
※データCD-ROMをドライブから取り出しておきましょう。

◆コピー内容の一覧

セットアップが完了すると、《ドキュメント》にフォルダ「ウェブデザイン技能検定過去問題集3級」が作成されます。
フォルダ「ウェブデザイン技能検定過去問題集3級」には、次のようなファイルが収録されています。フォルダを開いて確認してください。

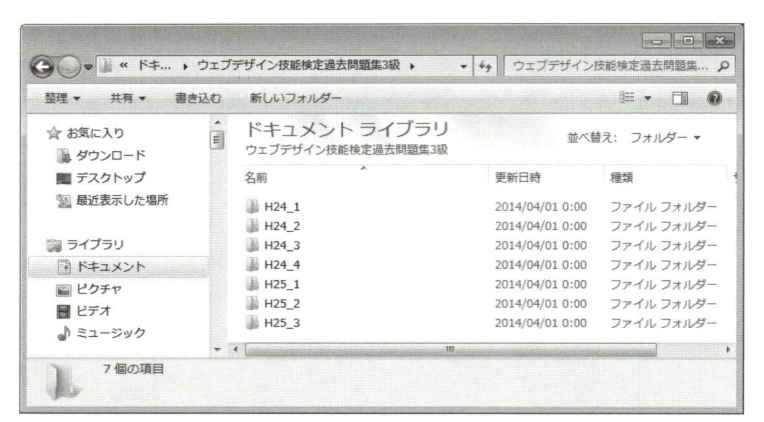

①　(スタート)をクリックします。
②《ドキュメント》をクリックします。

■セットアッププログラムが起動しない
セットアッププログラムが自動的に起動しない場合は、次の手順でセットアップを行います。

① (スタート)をクリックします。
②《コンピューター》をクリックします。
③《SETUP》ドライブを右クリックします。
④《開く》をクリックします。
⑤ (setup)を右クリックします。
⑥《開く》をクリックします。
⑦指示に従って、セットアップを行います。

■再セットアップの留意点
本書を一度学習したあとに再度学習するときは、フォルダ「ウェブデザイン技能検定過去問題集3級」を削除してから、再度データCD-ROMのセットアップを実行します。
フォルダ「ウェブデザイン技能検定過去問題集3級」を削除する方法は、次のとおりです。

① (スタート)をクリックします。
②《ドキュメント》をクリックします。
③フォルダ「ウェブデザイン技能検定過去問題集3級」を選択します。
④ Delete を押します。
⑤《はい》をクリックします。

6 小冊子「問題編」について

本書の巻頭には、過去に実施された本試験の問題を小冊子として添付しています。
※収録している過去問題は、インターネットスキル認定普及協会から提供されたものをそのまま掲載しています。

7 「平成25年度 第4回試験 解答と解説」について

「平成25年度 第4回試験」の解答と解説は、当社のホームページからダウンロードしてご利用ください。ダウンロードの方法は、当社ホームページでご確認ください。

http://www.fom.fujitsu.com/goods/downloads/webdesign.html

Outline

ウェブデザイン技能検定の概要

試験概要……………………………………………… 5
受検案内……………………………………………… 8
合格発表……………………………………………… 9
出題範囲……………………………………………… 10
受検にあたっての注意事項 ………………………… 14

ウェブデザイン技能検定
試験概要

1 技能検定とは

「技能検定制度」は、働く方々の有する技能の程度を検定し、これを公証する国家検定制度です。働く方々の技能と地位の向上を図ることを目的に、職業能力開発促進法に基づき実施されています。

技能検定制度は様々な職種で導入されており、平成25年4月時点で128職種となります。

2 ウェブデザイン技能検定とは

ウェブデザイン技能検定試験は、厚生労働省から職業能力開発促進法第47条第1項の規定に基づき、指定試験機関の指定を受けて、インターネットスキル認定普及協会が実施するものです。

試験は「1級」「2級」「3級」の3つの等級があり、各等級とも試験基準に基づき学科試験及び実技試験が行われます。1級の合格者には厚生労働大臣から、2級及び3級の合格者にはインターネットスキル認定普及協会理事長から合格証書が発行され、「1級ウェブデザイン技能士」「2級ウェブデザイン技能士」「3級ウェブデザイン技能士」を称することができます（名称独占資格）。平成25年1月現在、ウェブデザイン技能士は、約6千人以上となっています。

3 試験科目と試験時間

各等級における試験科目と試験時間は、次のとおりです。

級	試験科目	試験時間
1級	学科	90分
	実技	180分
	ペーパー実技	60分
2級	学科	60分
	実技	120分
3級	学科	45分
	実技	60分

4 受検手数料

各等級における受検手数料は、次のとおりです。

級	受検手数料
1級	学科：7,000円　実技：25,000円（合計32,000円）
2級	学科：6,000円　実技：12,500円（合計18,500円）
3級	学科：5,000円　実技：5,000円（合計10,000円）

※1級の実技試験には、ペーパー実技の受検手数料が含まれます。

5 受検資格

各等級の条件のうち、いずれかひとつに該当していれば受検できます。

級	条件
1級	【実技試験】 ・1級の技能検定において、学科試験に合格した者（※1） 【学科試験】 ・7年以上の実務経験（※2）を有する者 ・職業高校、短大、高専、高校専攻科、専修学校、各種学校卒業又は普通職業訓練修了（※3）後、5年以上の実務経験（※2）を有する者 ・大学（※3）卒業後、3年以上の実務経験（※2）を有する者 ・高度職業訓練修了（※3）後、1年以上の実務経験（※2）を有する者 ・2級の技能検定に合格した者であって、その後2年以上の実務経験（※2）を有する者
2級	・2年以上の実務経験（※2）を有する者 ・職業高校、短大、高専、高校専攻科、専修学校、各種学校卒業又は普通職業訓練修了（※3）した者 ・大学（※3）を卒業した者 ・高度職業訓練（※3）を修了した者 ・3級の技能検定に合格した者
3級	・ウェブの作成や運営に関する業務に従事している者及び従事しようとしている者

※1：当該実技試験が行われる日が、学科試験の合格日より2年以内である場合に限ります。
※2：実務経験とは、ウェブの作成や運営に関する業務に携わった経験のことです。
※3：学校卒業、訓練修了については、卒業あるいは修了した該当科にインターネットスキル認定普及協会が定めたウェブの作成や運営に関する科目等が含まれるとインターネットスキル認定普及協会が認めたものに限ります。

6 試験免除基準

ウェブデザイン技能検定は**「学科試験」**、**「実技試験」**の2部構成となっており、**「学科試験」**、**「実技試験」**両方の科目の合格のほかに、一方の科目のみの一部合格があります。
各等級における免除対象者と免除範囲は、次のとおりです。

免除対象者	免除範囲
1級の技能検定に合格した者	1級の学科試験の全部
1級又は2級の技能検定に合格した者	2級の学科試験の全部
1級、2級又は3級の技能検定に合格した者	3級の学科試験の全部
1級の技能検定において、学科試験に合格した者（※1）	1級の学科試験の全部
1級又は2級の技能検定において、学科試験に合格した者（※1）	2級の学科試験の全部
1級、2級又は3級の技能検定において、学科試験に合格した者（※1）	3級の学科試験の全部
2級の技能検定において、実技試験に合格した者（※2）	2級の実技試験の全部
3級の技能検定において、実技試験に合格した者（※2）	3級の実技試験の全部

※1：当該学科試験が行われる日が、学科試験の合格日より2年以内である場合に限ります。
※2：当該実技試験が行われる日が、実技試験の合格日より2年以内である場合に限ります。

7 試験の詳細について

試験日程や試験会場、各回の試験実施要項などの詳細については、ウェブデザイン技能検定のホームページをご覧ください。

http://www.webdesign.gr.jp/index.php

ウェブデザイン技能検定
受検案内

▶ 1 受検申請手続き

受検の申請方法には、インターネットから行う方法と郵送で行う方法の2つの種類があります。

◆インターネットによる受検申請

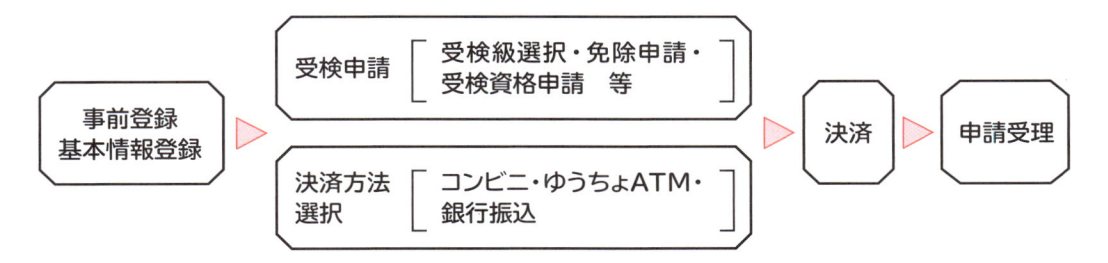

事前登録・基本情報登録 ▷ 受検申請［受検級選択・免除申請・受検資格申請　等］／決済方法選択［コンビニ・ゆうちょATM・銀行振込］ ▷ 決済 ▷ 申請受理

インターネットによる受検申請の場合は、受検申請書を送付する必要はありません。
決済確認に2、3日を要する場合があります。余裕を持って手続きを行ってください。

◆郵送による受検申請

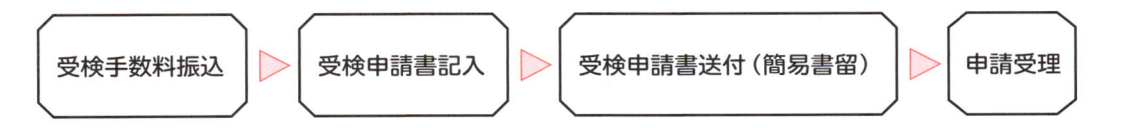

受検手数料振込 ▷ 受検申請書記入 ▷ 受検申請書送付（簡易書留）▷ 申請受理

郵送による受検申請は受検手数料の振込と受検申請書の送付をもって受検申請完了となります。受検申請書の郵送には、必ず**「簡易書留」**をご利用ください。その際、郵便局で発行される簡易書留の控えは、受検票到着まで大切に保管してください。これ以外の郵送方法にて送付された場合、インターネットスキル認定普及協会は一切の責任を負いません（到着確認のお問い合わせにはお答えできません）。
受検申請書の送付先は、次のとおりです。

〒160-0023
東京都新宿区西新宿6-2-3　新宿アイランドアネックス407
特定非営利活動法人　インターネットスキル認定普及協会　検定事務局

インターネットによる受検申請、郵送用の受検申請書のダウンロードは、受検申請期間中に、ウェブデザイン技能検定のホームページから行うことができます。

http://www.webdesign.gr.jp/index.php

ウェブデザイン技能検定
合格発表

1 合格発表

ウェブデザイン技能検定の合格発表は、試験終了後、約1か月後にウェブデザイン技能検定のホームページ及び合格者に郵送で通知されます。

技能検定は、学科試験と実技試験、両方の合格をもって合格となり、**「技能士」**として認定されます。

いずれか一方の試験に合格した場合は、**「一部合格者」**として、試験の合格日から2年以内に実施される試験を受検する場合において、合格した試験が免除となります。

※一部合格者は技能検定の合格者（技能士）とは異なります。

2 合格証書

学科試験と実技試験の両方に合格された技能士の方には、次のような合格証書がインターネットスキル認定普及協会より送付されます。

※一部合格者にも、合格した科目（学科または実技）が記された合格証書が送付されます。

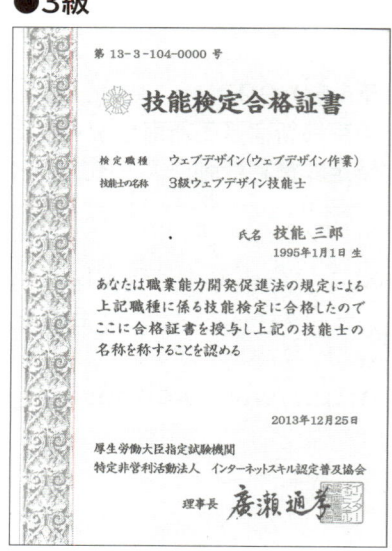

●1級

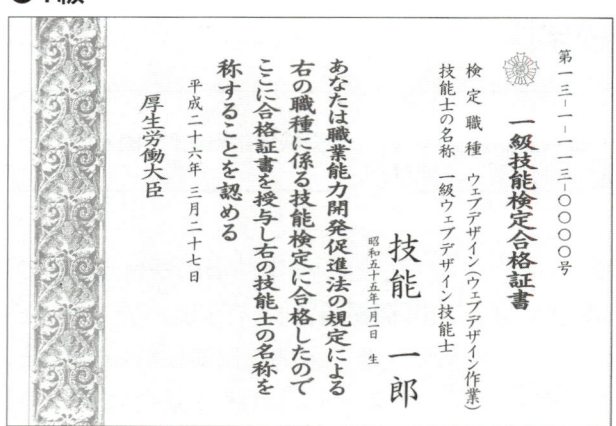

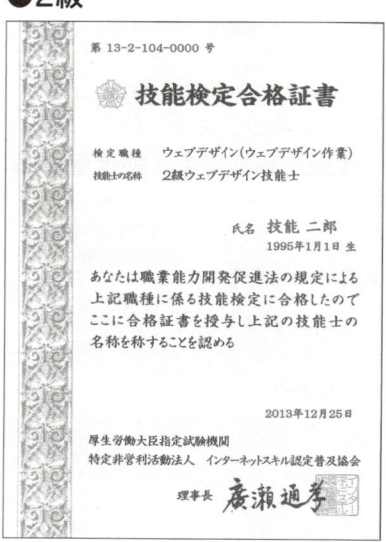

●2級　　●3級

ウェブデザイン技能検定
出題範囲

1 3級の試験科目及びその範囲ならびにその細目

3級の試験範囲とその細目は、次のとおりです。

◆学科試験

試験科目とその範囲	試験科目及びその範囲の細目
1.インターネット概論 1-1.インターネット	1. 次に掲げるインターネットの仕組みについて一般的な知識を有すること。 　1）インターネットの仕組み 　2）ワールドワイドウェブ（WWW） 　3）通信プロトコル 　4）ハイパテキスト転送プロトコル（HTTP） 2. その他インターネットについて一般的な知識を有すること。
1-2.ネットワーク技術	1. 次に掲げるインターネット接続法について一般的な知識を有すること。 　1）アクセス方式 　2）ネットワーク接続法 　3）サーバ・クライアントモデル 　4）端末と接続機器 2. その他インターネットに関わるネットワーク技術について一般的な知識を有すること。
1-3.インターネットにおける標準規格・関連規格と動向	1. 次に掲げるワールドワイドウェブ（WWW）における各種標準化団体及び標準規格及び関連規格、動向について一般的な知識を有すること。 　1）日本工業規格（JIS） 　2）国際標準化機構（ISO） 　3）ワールドワイドウェブコンソーシアム（W3C：World Wide Web Consortium） 　4）インターネット技術タスクフォース（IETF：Internet Engineering Task Force） 　5）欧州電子計算機工業会（ECMA：ECMA International） 2. その他ウェブデザインに関わる各種規格、技術動向について詳細な知識を有すること。
1-4.ウェブブラウジング	1. 次に掲げる各種ウェブブラウジング技術における一般的な知識を有すること。 　1）ブラウジング 　2）端末 　3）ウェブブラウザの種類と仕様 　4）サービス 　5）認証サービス 2. 次に掲げるウェブ表示端末について一般的な知識を有すること。 　1）携帯電話 　2）携帯端末 3. 各種端末に向けてウェブサイトを表示するための技術について一般的な知識を有すること。

ウェブデザイン技能検定の概要

試験科目とその範囲	試験科目及びその範囲の細目
1-5.ワールドワイドウェブ（WWW）セキュリティ技術	1. 次に掲げるワールドワイドウェブ（WWW）における各種セキュリティ技術について一般的な知識を有すること。 　1）ウェブブラウザの種類と各種仕様 　2）公開鍵暗号基盤（PKI） 　3）ファイル転送 2. 次に掲げる各種法令に関して一般的な知識を有すること。 　1）不正アクセス行為の禁止等に関する法律 　2）個人情報の保護に関する法律 3. 次に掲げるインターネットにおける各種セキュリティ及びマルウェア等の攻撃について一般的な知識を有すること。 　1）インターネットにおける不正アクセスの種類・方法 　2）マルウェアの攻撃方法 　3）対処・対策方法
1-6.インターネット最新動向と事例	1. インターネット及びワールドワイドウェブ（WWW）に関わる各種最新動向について一般的な知識を有すること。 2. ウェブデザインに関わる最新事例について一般的な知識を有すること。
2.ワールドワイドウェブ（WWW）法務 2-1.知的財産権とインターネット	1. 次に掲げるワールドワイドウェブ（WWW）及びウェブ構築に関わる知的財産権及び関連する権利について一般的な知識を有すること。 　1）産業財産権 　2）著作権 　3）その他の権利
3.ウェブデザイン技術 3-1.ハイパテキストマーク付け言語及び拡張可能ハイパテキストマーク付け言語（HTML・XHTML）とそのコーディング技術	1. 次に掲げる記述言語について一般的な知識を有すること。 　1）ハイパテキストマーク付け言語（HTML） 　2）拡張可能ハイパテキストマーク付け言語（XHTML） 　3）拡張可能マークアップ言語（XML） 2. 以上のハイパテキストマーク付け言語における各種タグ及びコーディングについて一般的な知識を有すること。
3-2.スタイルシート（CSS）とそのコーディング技術	1. スタイルシート（CSS）のスタイル及びコーディング、利用について一般的な知識を有すること。 2. スタイルシート（CSS）のバージョン、各ウェブブラウザの対応状況に関して一般的な知識を有すること。
3-3.スクリプト	1. エクマスクリプト（Ecma Script）のコーディング及びシステムついて一般的な知識を有すること。
4.ウェブ標準	1. ウェブ標準に基づいたウェブサイトの制作手法について一般的な知識を有すること。
5.ウェブビジュアルデザイン 5-1.ページデザイン及びレイアウト	1. 次に掲げるウェブサイトにおけるページデザインに関する要件について一般的な知識を有すること。 　1）テキストの種類と利用 　2）画像（イメージ）データの種類と加工・利用 　3）ウェブカラーデザイン 　4）構成について 　5）レイアウト手法 2. ウェブサイトのページデザイン、サイト構築について一般的な知識を有すること。

試験科目とその範囲	試験科目及びその範囲の細目
5-2.マルチメディアと動的表現	1. 次に掲げるマルチメディアデータに関わる各項目について一般的な知識を有すること。 　1）マルチメディアデータの種類（動画、音声ファイル、MIDIファイル、アニメーション（GIFアニメーション、フラッシュ：Flash）等） 　2）マルチメディアデータの作成と加工 　3）組込 　4）配信 2. マルチメディアデータを利用したウェブサイトのコンテンツデザイン、サイト構築について一般的な知識を有すること。
6.ウェブインフォメーションデザイン 6-1.インフォメーションデザイン	1. 次に掲げるウェブサイト構築を目的とした情報デザイン手法について一般的な知識を有すること。 　1）情報の構造化 　2）サイトマップの構成と設計
6-2.インタフェースデザイン	1. ユーザに配慮し目的に合致したインタフェースに関する要件について一般的な知識を有すること。 　1）ナビゲーション 　2）インタラクション 　3）グラフィカルユーザインタフェース
6-3.ユーザビリティ	1. 次に掲げるウェブサイト構築におけるユーザビリティに関するデザイン手法について一般的な知識を有すること。 　1）人間工学 　2）ISO9241-11
7.アクセシビリティ・ユニバーサルデザイン	1. 次に掲げるウェブサイト構築におけるアクセシビリティに配慮したデザイン手法及びユニバーサルデザイン手法について一般的な知識を有すること。 　1）ウェブコンテンツJIS（JIS X 8341-3） 　2）ユニバーサルデザイン 2. 以上を用いてウェブサイトの構築及びページデザインについて一般的な知識を有すること。
8.ウェブサイト設計・構築技術	1. 次に掲げる各種ウェブサイト構築に関わる一般的な知識を有すること。 　1）サービスサイト 　2）バナー広告のタイプと作成 2. 次に掲げる各種設計・構築技術において一般的な知識を有すること。 　1）コミュニケーション 　2）企画 　3）プランニング 　4）サイト設計 　5）サイト構築
9.ウェブサイト運用・管理技術	1. 次に掲げる各種ウェブサイト運用・管理技術において、一般的な知識を有すること。 　1）サイト管理 　2）システム保守

試験科目とその範囲	試験科目及びその範囲の細目
10.安全衛生・作業環境構築	1. ウェブデザイン作業に伴う安全衛生に関し、次に掲げる事項について一般的な知識を有すること。 　1）機械、器工具、原材料等の危険性又は有害性及びこれらの取扱い方法 　2）安全装置、有害物抑制装置又は保護具の性能及び取扱い方法 　3）作業手順 　4）作業開始時の点検 　5）ウェブデザイン作業に関して発生するおそれのある疾病の原因及び予防 　6）人間工学に配慮したコンテンツの設計、配信 　7）VDT作業等に適した作業環境の設定 　8）整理整頓及び清潔の保持 　9）事故時等における応急措置及び退避 　10）その他ウェブデザイン作業に関わる安全又は衛生のために必要なこと。 2. 労働安全衛生法関連法令（ウェブデザイン作業に関わる部分に限る。）について一般的な知識を有すること。

◆実技試験

試験科目とその範囲	試験科目及びその範囲の細目
ウェブサイト構築 ・ウェブサイトデザイン	1. 次に掲げるウェブサイト構築に関するデザイン作業が出来ること。 　1）ハイパテキストタグ付け言語（HTML）、拡張型ハイパテキストタグ付け言語（XHTML）、スタイルシート（CSS）によるコーディング 　2）画像の利用 　3）マルチメディアデータの利用 　4）ページデザイン・レイアウト 　5）アクセシビリティ
・ウェブサイト運用管理	1. 次に掲げるウェブサイト運用・管理に関する作業が出来ること。 　1）更新・管理

ウェブデザイン技能検定
受検にあたっての注意事項

1 学科試験における注意事項

学科試験における注意事項は、次のとおりです。

●解答方法について
学科試験の解答は、マークシート方式です。解答用紙に記された記入方法に従って丁寧にマークしてください。

●解答方式について
学科試験の試験問題数は25問です。正誤式及び多肢選択式（四者択一）となっています。

●問題用紙について
問題用紙は持ち帰ることが可能です。試験実施の翌日には正答が公開されます。問題用紙に自分の解答した内容を記入しておくと、自己採点が可能です。

2 実技試験における注意事項

実技試験における注意事項は、次のとおりです。

●課題の選択について
実技試験は、与えられた6つの課題（作業1〜作業6）から5つを選択して作業します。課題の内容をよく見て、自分の得意なものか、苦手なものかなどを見極めましょう。試験時間（60分）内に作業を終了できるように、自分の苦手な課題は避けることも必要です。

●作業用の素材について
受検用PCのデスクトップに「data3」フォルダが用意されています。このフォルダ内に実技試験で使用する素材が配布されています。受検者はこれらの素材を使い、課題で指示されるとおりに、フォルダの作成やファイルの移動、HTMLファイルの編集などを行います。

●課題の提出ついて
課題の提出は、デスクトップの「wd3」フォルダを使って行います。「wd3」フォルダがデスクトップに用意されていない場合は、受検者が作成します。「wd3」フォルダに収めるデータは、提出する5つの課題分のみとします。不要なデータがある場合は減点の対象となります。

●フォルダ名やファイル名について
作業中、作成するフォルダやファイルの名前には2バイト文字は使用しません。半角英数字のみとし、スペースなども含めません。ファイルのデータ形式、拡張子などにも留意し、課題で指示されたとおりのフォルダに保存してください。

●作業に使用するアプリケーションソフトについて
検定試験指定ブラウザは、次のとおりです。

- Internet Explorer 6 SP2以降
- Firefox 3.0以降

また、それ以外の検定試験指定ソフトウェアは、次のとおりです。

- OSに標準で備えられているアクセサリソフトウェア（メモ帳、ワードパッドなど）
- TeraPad
- サクラエディタ

以上のソフトウェアのうち、各データを処理するために適切なものを受検者自身で判断して使用します。指定されたソフトウェア以外のものを使用して作業を行った場合は不合格となります。

提出するデータは、検定試験指定ブラウザで正しく表示される必要があります。受検用PCにインストールされている2つのブラウザの双方で正しく表示されることを確認しましょう。

●試験設備点検表及び実技試験課題選択表の記入について

各受検者には「**試験設備点検表及び実技試験課題選択表**」が配布されます。各受検者は、設備点検の結果や選択した課題を記入して、試験終了時にこの表を提出する必要があります。

＜試験設備点検表及び実技試験課題選択表＞

ウェブデザイン技能検定　実技試験　3級

ウェブデザイン技能検定　3級　実技試験

試験設備　点検表　及び　実技試験課題選択表

受検番号		氏　名	

●試験設備 点検表

点検の結果、問題なければ「良」にチェックしてください。また動作不良やインストールされていない場合は「不良」にチェックし、速やかに技能検定委員に申し出てください。

No	点検内容	良	不良	特記事項
	ハードウェア(PC)の動作確認			
1	モニタに画面が表示されているか			
2	マウスが動作するか			
3	キーボードが動作するか			
4	文字入力が可能か			
	下記ソフトウェアがインストールされ、動作するか			
5	1. Windows Internet Explorer			
6	2. Firefox			
7	3. Terapad			
8	4. サクラエディタ			
9	5. メモ帳			
	課題データの確認			
10	課題データが用意されているか			
	その他（特記事項）			
11				

●実技試験課題選択表

実技試験の6課題より選択した5問について「○」をそれぞれの枠内に記入してください。
なお、課題の提出の際に6課題以上のデータを保存しないよう留意してください。

課題番号	1	2	3	4	5	6
選　択						

特定非営利活動法人 インターネットスキル認定普及協会

Answer

平成25年度 第1回試験

解答と解説

学科試験 ·················· 17
実技試験 ·················· 23

平成25年度 第1回 学科試験

第1問 解答 2

解説　「CSS（Cascading Style Sheets）」は、「W3C」が勧告しているウェブページのレイアウトを定義する仕様です。

第2問 解答 1

解説　マーケティングやインタラクションデザインにおいて、製品やサービスを考える際のターゲットとして想定する、具体的で実在していそうな架空のユーザを「ペルソナ」といいます。
これは、インタラクションデザインで使われるデザインの要件定義手法のひとつである「ペルソナ・シナリオ法」で用いられます。ペルソナ・シナリオ法は、ペルソナを登場人物とするストーリーを作ることによって、理想的なインタラクションや機能などを明確化にし、そこからデザインの要件を確定していく手法です。

第3問 解答 1

解説　img要素のalt属性には、画像が表示されない場合に代替となるテキストを記述します。画像を表示しない環境や音声出力・点字出力などの非視覚環境に配慮した設定です。

第4問 解答 2

解説　企業が不正アクセスを受けて個人情報を漏洩した場合、情報主体（本人）から責任を問われる可能性があります。
企業が保有・管理している個人情報が漏洩した場合、企業は被害者であると同時に、個人情報取扱事業者として、次のような責任を問われます。

- 個人情報保護法第20条の規定に基づく安全管理措置義務違反
- 個人情報保護法第22条の規定に基づく委託先の監督義務違反

第5問 解答 2

解説 「ウェブ標準」とは、W3Cによって勧告された標準的なウェブ関連の技術を総称したものです。ウェブ標準は、どんな環境でも同じ内容の表示・表現を行うことができるようにする技術です。このウェブ標準を守ることはアクセシビリティの向上にもつながります。

第6問 解答 2

解説 ブラウザには、多少記述に誤りがあったとしても、表示する機能が備わっているので、全くないとはいえません。

第7問 解答 1

解説 「ユーザインタフェースデザイン」とは、ユーザとウェブサイトなどのインタフェースの部分のデザインのことで、そのウェブサイトの使い易さを向上させるようなデザインを意味します。よって、問題文の画面内のナビゲーションなどをデザインすることも含まれます。

第8問 解答 2

解説 HTML 4.01やXHTML 1.0、CSS 2.1などはW3Cにより勧告されており、これらはウェブ標準とされています。

第9問 解答 1

解説 「SQLインジェクション」とは、アプリケーションが想定しないSQL文を実行させて、データベースに不正にアクセスする手法で、アプリケーションのぜい弱性をつく攻撃です。SQLインジェクションは、パラメータをSQL文に埋め込む際にチェックが適切に行われていない場合などに起こります。そのため、アンチウイルスソフトウェアを導入しても、その攻撃を防御することはできません。

SQLインジェクションへの対策として、パラメータ中にSQL構文やSQL文で特殊な意味を持つ文字が含まれていないか調べ、含まれていた場合はこれを削除したり別の文字列に変換したりするといった、「エスケープ処理」を組み込む必要があります。

第10問 解答 2

解説 2004年6月にウェブコンテンツのアクセシビリティについて、JIS（日本工業規格）化されています。

第11問 [解答] 2

[解説] 厚生労働省は平成14年にIT技術の進展に対応すべく、「VDT作業における労働衛生管理のためのガイドライン」を策定しました。このガイドラインは、VDT作業者の疲労を軽減し、支障なく作業ができるようにするため策定されたものです。

第12問 [解答] 1

[解説] HTMLにコメントを記述する場合は、「<!-- コメント -->」とします。「-(ハイフン)」は前後ともに2つ必要です。

第13問 [解答] 2

[解説] class属性で、複数のクラス名を指定する場合は、半角スペースで区切って記述します。

第14問 [解答] 4

[解説] カラーコードは0からFまでの16段階(16進数)で表現し、次のような構成になっています。

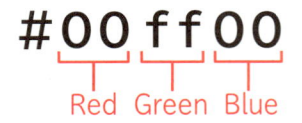

#00ff00
Red Green Blue

「#ffffff」は白、「#0000ff」は青、「#ff0000」は赤、「#00ff00」は緑となります。

第15問 [解答] 3

[解説] ウェブサイトにアクセスしてきた人が、資料請求などの目的に達することなくブラウザを閉じたり、別のサイトに移動したりしてしまう割合を、「離脱率」といいます。
「クリック率」とは、インターネット広告の効果を計る指標のひとつで、広告がクリックされた回数を広告が表示された回数で割ったものです。
「ROI」は、投資したコスト額をその投資によって得られた利益で割って算出するもので、インターネット広告の効果を計るための指標として用いられています。
「コンバージョン率(コンバージョンレート)」とは、ウェブサイトへのアクセス数やユニークユーザ数のうち、何割がコンバージョン(商品購入や資料請求などの、ウェブサイト上から獲得できる最終成果)に至るかを示す指標であり、サイトの投資対効果を計るうえで重要な指標となります。

第16問　解答 4

解説　link要素などにmedia属性を指定すると、そのメディア用のスタイルシートを準備できます。印刷用のスタイルシートの場合は、メディアタイプに**「print」**を指定します。
CSSで指定できる主なメディアタイプは、次のとおりです。

メディアタイプ	説明
all	すべてのメディア
aural	音声出力
braille	点字ディスプレイなどの点字出力
embossed	点字プリンタ
handheld	携帯用機器
print	プリンタ（印刷用）
projection	プロジェクタ
screen	コンピュータのディスプレイ
tv	テレビ

第17問　解答 3

解説　img要素においてalt属性の値として書き込むテキストのことを**「代替テキスト」**といいます。
「置換要素」とは、ウェブブラウザに表示した時に、文字列以外のものに置き換えられる要素のことです。
「置換識別子」とは、タグで指定されたパラメータのことです。
「補足テキスト」とは、title属性で指定できるimg要素の説明のことです。

第18問　解答 2

解説　コーデックについて、元データを**「符号化」**することをエンコードといい、符号化されたデータを元データに**「復号」**することをデコードといいます。

第19問　解答 4

解説　ウェブブラウザでウェブコンテンツを閲覧することを**「ブラウジング」**といいます。
「スクローリング」とは、表示画面を上下左右に動かす機能のことです。
「ユーザエクスペリエンス」とは、製品やサービスの所有・使用・消費などを通じて、人間が認知する体験のことで、ユーザが真にやりたいことを楽しく・おもしろく・心地よく実現できるかどうかを重視した概念を指すものです。
「ストリーミング」とは、ネットワークを通じて映像や音声などのマルチメディアデータを視聴する際に、データをダウンロードしながら同時に再生を行う方式のことで、これによってネットワークへの負担が軽減され、再生するまでの時間が短縮できます。

第20問　解答　3

解説　ウェブコンテンツを構成するテキストや画像、レイアウト情報などを一元的に保存・管理し、サイトを構築したり編集したりするシステムの総称は、「CMS(Contents Management System)」です。
「CVS(Concurrent Versions System)」とは、ファイルのバージョンを管理するアプリケーションソフトのことです。
「CSV(Comma Separated Values)」とは、データをカンマで区切って並べたテキストファイル形式のことで、汎用性が高いため、表計算ソフトやデータベースソフトなどのさまざまなアプリケーションで用いられています。

第21問　解答　4

解説　「OSI(Open Systems Interconnection)参照モデル」とは、ISOとCCITTによって決められた、ネットワークの階層構造のモデルのことで、次のような構造になっています。通信プロトコルを機能別に7つの階層に分け、それぞれの階層で実現する機能を定義しています。

階層	名称
第7層	アプリケーション（応用）層
第6層	プレゼンテーション層
第5層	セッション層
第4層	トランスポート層
第3層	ネットワーク層
第2層	データリンク層
第1層	物理層

第22問　解答　3

解説　サイト内の最上層から最下層のリンクまでを一覧表示したものを、「サイトマップ」といいます。
「グローバルナビゲーション」とは、ウェブデザインにおける要素のうち、ウェブサイト内の各ページに共通して設置される、サイト内の各コンテンツを案内するためのナビゲーションのことです。
「ローカルナビゲーション」とは、特定のコンテンツや特定のページのみに配置されるナビゲーションのことです。
「検索窓」とは、検索ワードを入力するためのテキストボックスのことで、「サーチボックス」ともいいます。

第23問　解答 2

解説　効果的にサイトへ誘導するために、商品を検索結果の上位に表示させるための手法を「**SEO（Search Engine Optimization）**」または「**検索エンジン最適化**」といいます。

「**OEM（Original Equipment Manufacturing／Original Equipment Manufacturer）**」とは、委託者のブランドで製品を生産すること、または生産するメーカのことです。

「**GPL（GNU General Public License）**」とは、フリーソフトウェアの普及を目的として創設された非営利の民間団体の理念に基づいて明文化されたソフトウェアライセンス体系のことです。

「**CPP（C Plus Plus／C++）**」とは、C言語の拡張仕様として作成されたコンパイル型の汎用プログラミング言語のことです。

第24問　解答 2

解説　ネットワークの通信量を増大させ、ネットワーク回線やサーバの処理能力を占有し、サービスの提供を停止させる行為を、「**DoS（Denial Of Service）攻撃**」といいます。

DoS攻撃は、サービスの妨害や停止を行う攻撃全般を指す総称で、DoS攻撃には様々な攻撃手法があります。

例えば、巨大なメールや大量のメールを送りつけメールサーバのディスクやCPU資源、ネットワークの帯域を麻痺させる「**mail bomb**」、TCP/IPプロトコルスタックの実装のバグに対する攻撃である「**SYN flood**」などがあります。

なお、DoS攻撃より強力な威力を持っている手法が「**DDoS（Distributed Denial Of Service）攻撃**」です。DoS攻撃の場合は、攻撃側と相手側が1対1で行われるのに対し、DDoS攻撃は攻撃側が複数存在し、1台のサーバを攻撃します。

第25問　解答 3

解説　Internet Explorer 9の操作画面の各部の名称は、次のとおりです。

①アドレスバー
現在表示しているウェブページのURLを表示している領域です。
②タブ
複数のウェブページを開いている際に、表示の切り替えを行います。
③スクロールバー
縦に長いページを見る際に、上下に動かして全体を確認できます。
④ステータスバー
アプリケーションソフトの現在の状態や作業状態などを表します。

平成25年度 第1回
実技試験

作業の前に
「H25_1」フォルダ内の「data3」フォルダをデスクトップにコピーしておきましょう。

作業で使用する素材は、「data3」フォルダ内にあります。このフォルダには、作業1から作業6で使用する素材が「qx」フォルダという名前でまとめられています。
各作業の前に、デスクトップの「wd3」フォルダに「qx」フォルダをコピーし、フォルダの名前を「ax」に変更します。
※「wd3」フォルダがない場合は、自分で作成します。
※「qx」「ax」のxは、作業1から作業6の各番号に読み替えてください。

作業1

この課題では、ウェブサイトのHTMLファイル、CSSファイル、その他のソースファイルを適切な形で、指示されたサイトのディレクトリ構造に合わせて、構成する必要があります。
作業を開始する前に、ウェブブラウザで「index.html」ファイルの表示を確認しておきましょう。

●作業1の完成イメージ

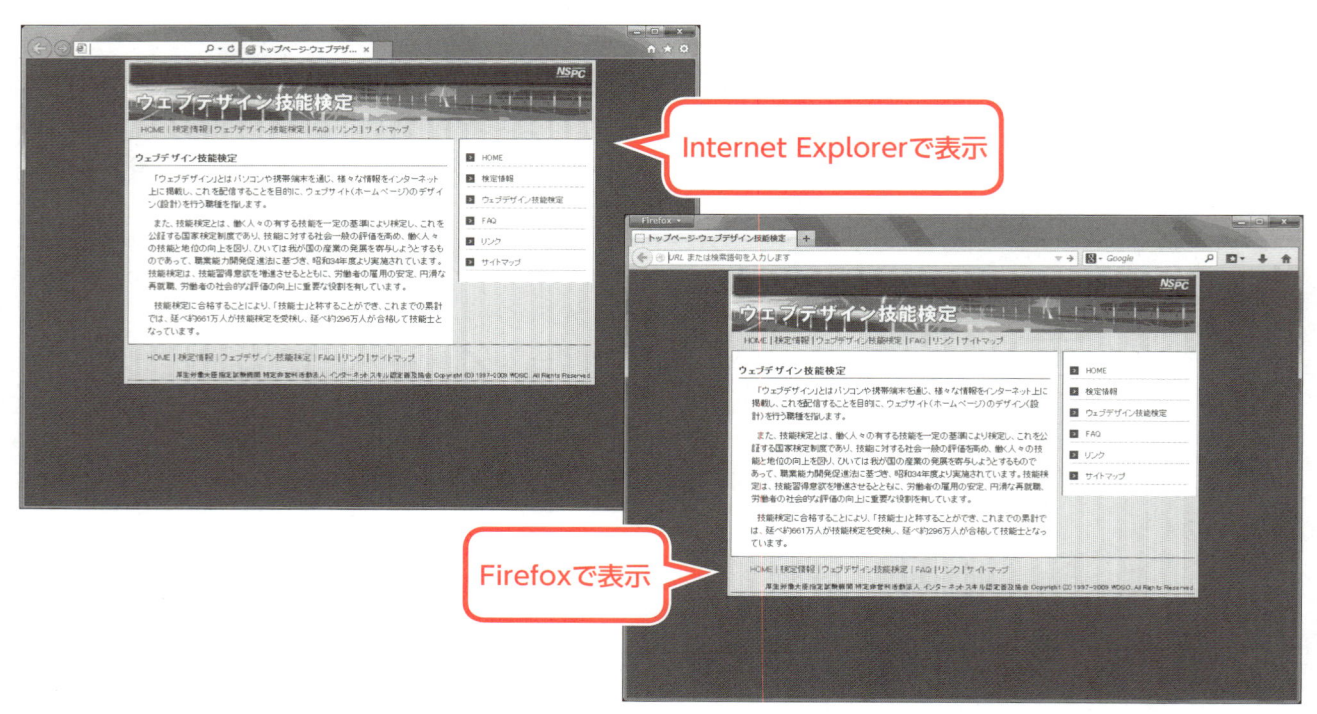

Internet Explorerで表示

Firefoxで表示

Point 1

「fs.jpg」ファイルを開いて、作成するディレクトリ構造を確認します。
「a1」フォルダ内が、「fs.jpg」ファイルで確認したディレクトリ構造と同じになるように、フォルダの作成やファイルの移動を行います。

> ファイルを移動すると、「index.html」ファイル内で参照している画像ファイルやCSSファイルのパスが正しくなくなります。そのため、ファイルの移動を行った場合は、パスの修正が必要です。

Point 2

パスを修正します。
「index.html」ファイルを開いて、次の構文に含まれているファイルのパスを修正します。

●7行目

```
<link href="style.css" rel="stylesheet" type="text/css">
```
⬇
```
<link href="style/style.css" rel="stylesheet" type="text/css">
```

●11行目

```
<div id="header"><img name="site_id" src="main.jpg" width="700" height="90" alt="タイトル画像"></div>
```
⬇
```
<div id="header"><img name="site_id" src="image/main.jpg" width="700" height="90" alt="タイトル画像"></div>
```

> ＨＴＭＬファイルやＣＳＳファイルを編集するには、検定試験の公式ソフトウェアでもある「TeraPad」や「サクラエディタ」を使うとよいでしょう。
> 「メモ帳」や「ワードパッド」でも編集できますが、「TeraPad」や「サクラエディタ」は、文字色の変更や行数の表示などができるので、ウェブページの作成に適しています。

修正できたら、ファイルを上書き保存し、ウェブブラウザで「index.html」ファイルの表示を確認しておきましょう。

Point 3

CSSファイルのパスを修正します。
「**style.css**」ファイルを開いて、次の構文に含まれているファイルのパスを修正します。

●5行目

```
background-image: url(bg2.jpg);
  ↓
background-image: url(../image/bg2.jpg);
```

●13行目

```
background-image: url(bg1.gif);
  ↓
background-image: url(../image/bg1.gif);
```

●134行目

```
background-image: url(ar.gif);
  ↓
background-image: url(../image/ar.gif);
```

> 「style」フォルダ内にある「style.css」から「image」フォルダ内のファイルを参照する場合は、「相対パス」で指定します。相対パスは、階層をたどって記述するため、「../image/ファイル名」という形になります。「../」でひとつ上の階層を表します。

修正できたら、ファイルを上書き保存し、ウェブブラウザで「**index.html**」ファイルの表示を確認しておきましょう。

Point 4

「**a1**」フォルダから、不要な「**fs.jpg**」ファイルを削除します。

以上で、作業1で必要な作業はすべて終了です。
表示結果が作業前に確認した「**index.html**」ファイルと同じなら修正が正しく反映されています。同じ表示になっていない場合は、修正した箇所にミスがないかどうかを確認してください。

作業2

この課題は、ウェブサイトの複数のHTMLファイルについて、指示されたナビゲーションなどの要素にリンクを設定し、また、ページの見出しや本文の修正を行う必要があります。

● 作業2の完成イメージ

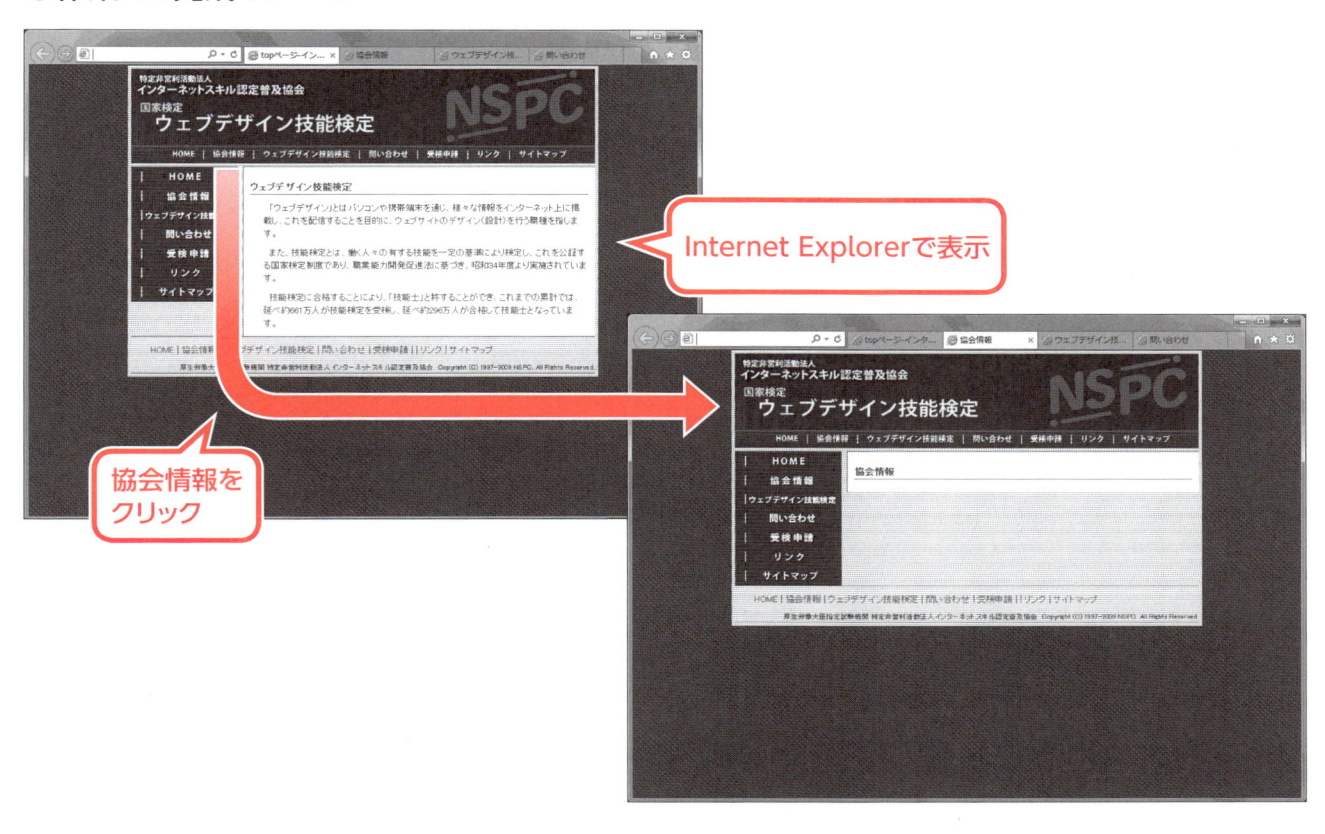

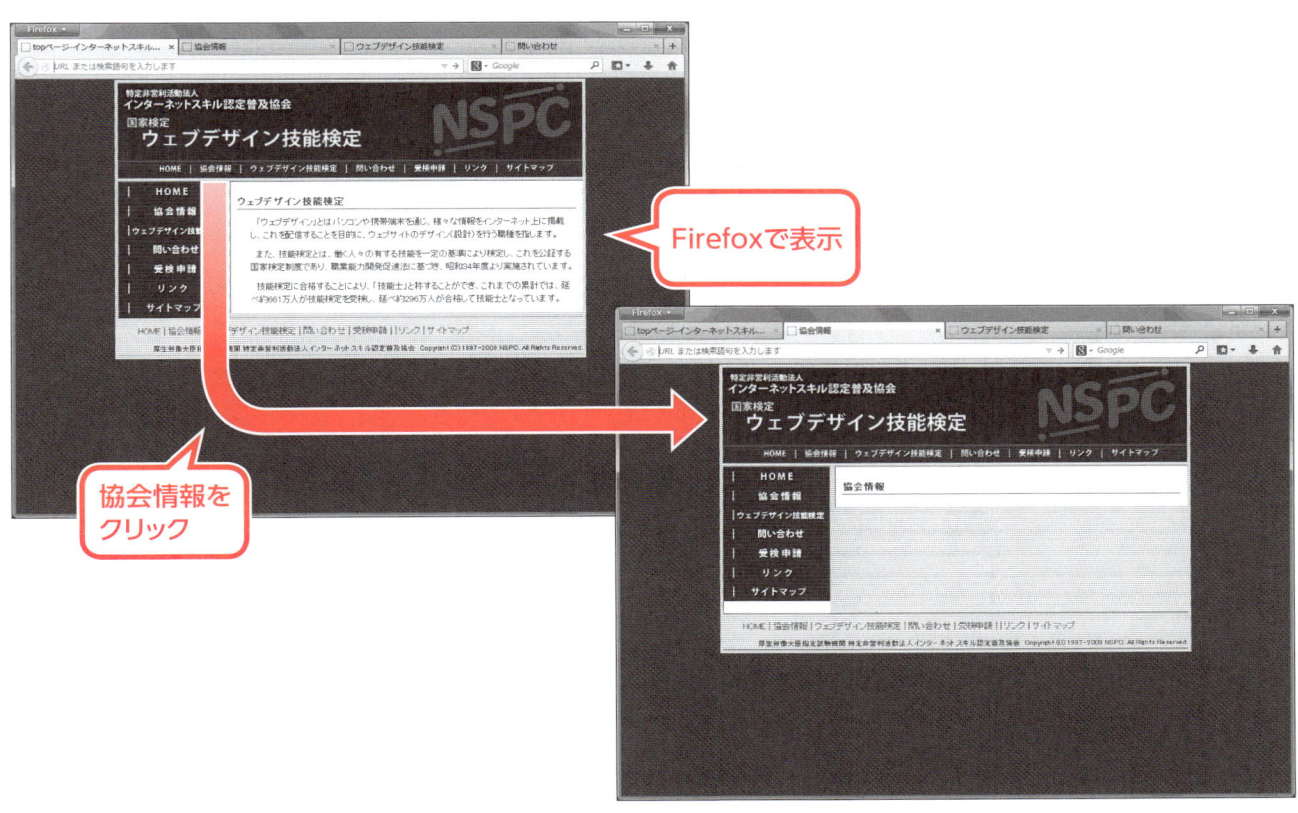

Point 1

「index.html」ファイルのグローバルナビゲーションの部分にリンクを設定します。
「index.html」ファイルを開いて、次の構文に含まれているリンクの記述を修正します。

●13行目

```
<a href="#"><img src="img/gl_bt_home.gif" alt="HOME"></a><a href="#"><img src="img/gl_bt_info.gif" alt="協会情報"></a><a href="#"><img src="img/gl_bt_skilltest.gif" alt="ウェブデザイン技能検定"></a><a href="#"><img src="img/gl_bt_form.gif" alt="問い合わせ"></a><a href="#"><img src="img/gl_bt_app.gif" alt="受検申請"></a><a href="#"><img src="img/gl_bt_links.gif" alt="リンク"></a><a href="#"><img src="img/gl_bt_sitemap.gif" alt="サイトマップ"></a>
```

⬇

```
<a href="index.html"><img src="img/gl_bt_home.gif" alt="HOME"></a><a href="info.html"><img src="img/gl_bt_info.gif" alt="協会情報"></a><a href="skilltest.html"><img src="img/gl_bt_skilltest.gif" alt="ウェブデザイン技能検定"></a><a href="form.html"><img src="img/gl_bt_form.gif" alt="問い合わせ"></a><a href="#"><img src="img/gl_bt_app.gif" alt="受検申請"></a><a href="#"><img src="img/gl_bt_links.gif" alt="リンク"></a><a href="#"><img src="img/gl_bt_sitemap.gif" alt="サイトマップ"></a>
```

修正できたら、ファイルを上書き保存し、ウェブブラウザで「index.html」ファイルを開いて、各グローバルナビゲーションのリンクが正しく設定されているかどうかをクリックして確認しておきましょう。

Point 2

「index.html」ファイルと同様に、「info.html」「skilltest.html」「form.html」の各ファイルも修正します。
すべてのファイルで正しくリンクが設定されているかどうかを確認しておきましょう。

> 1ファイルごとに入力してもよいですが、入力ミスを防ぐには「index.html」ファイルの13行目をコピーし、ほかのHTMLファイルの該当箇所に貼り付けるとよいでしょう。

Point 3

「info.html」ファイル内の「A」の箇所を修正します。
「info.html」ファイルを開いて<title>タグを確認し、次の構文に含まれている見出しの記述を修正します。

●20行目

```
<h1>A</h1>
```

⬇

```
<h1>協会情報</h1>
```

修正できたら、ファイルを上書き保存し、ウェブブラウザで「info.html」ファイルの表示を確認しておきましょう。

Point 4

「info.html」ファイルと同様に、「skilltest.html」「form.html」の各ファイルも修正します。

「skilltest.html」ファイル

●20行目

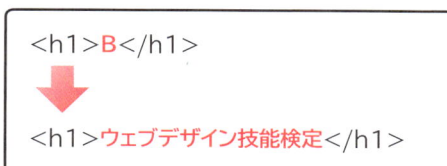

```
<h1>B</h1>
↓
<h1>ウェブデザイン技能検定</h1>
```

「form.html」ファイル

●20行目

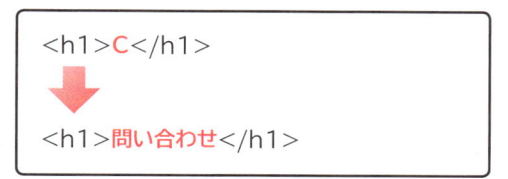

```
<h1>C</h1>
↓
<h1>問い合わせ</h1>
```

修正できたら、ファイルを上書き保存し、ウェブブラウザで「skilltest.html」「form.html」の各ファイルの表示を確認しておきましょう。

以上で、作業2で必要な作業はすべて終了です。
すべてのHTMLファイルをウェブブラウザで開いて、次の点を確認しておきましょう。

- グローバルナビゲーションにリンクが設定されている。
- 本文中の「A」「B」「C」だった箇所が、ページタイトルと同じになっている。

作業3

この課題は、完成イメージファイルを参考にして、用意された複数のCSSファイルの中から適切なものを適用する必要があります。

●作業3の完成イメージ

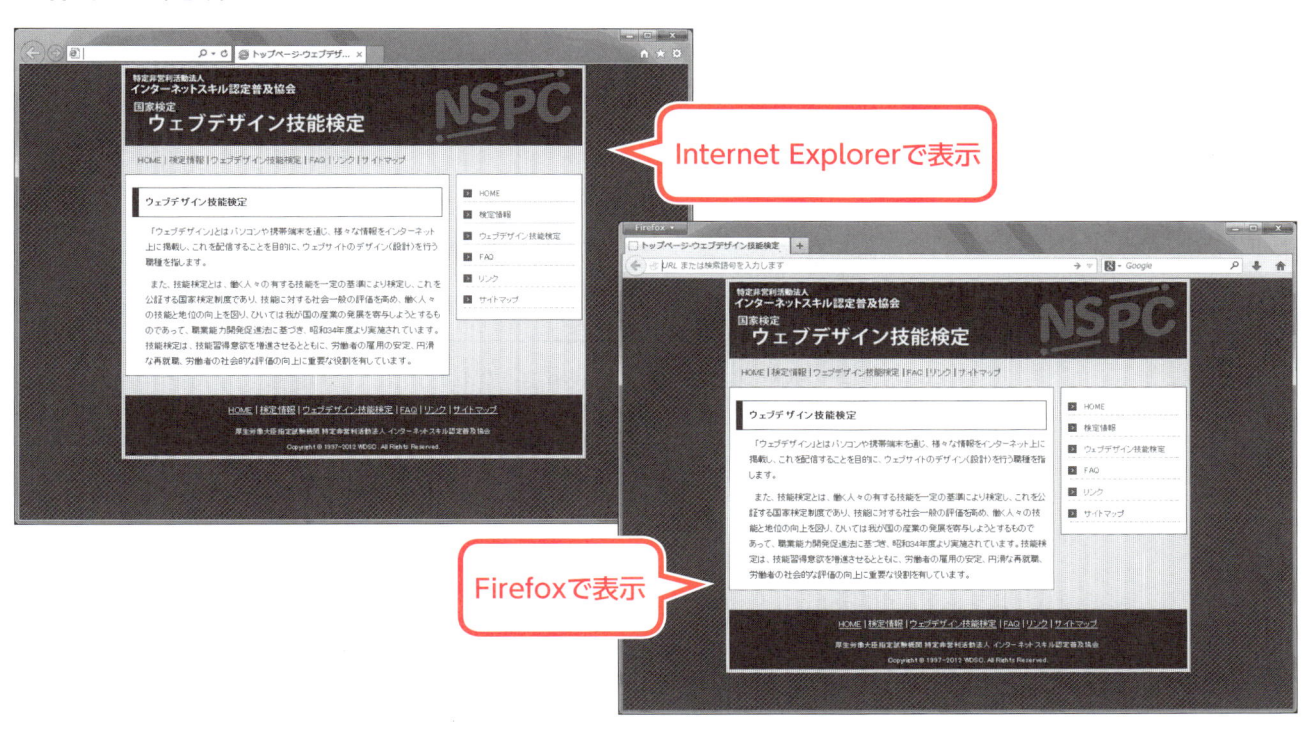

Internet Explorerで表示

Firefoxで表示

Point 1

各jpgファイルを開いて、次のような点を確認します。

```
全体の背景          ：青斜めボーダー
内側の背景          ：縦ボーダー
本文テキスト        ：青
横ナビゲーション位置 ：右
フッターナビゲーション：白
フッターテキスト    ：白
```

Point 2

「index.html」ファイルを開いて、CSSファイルに関する記述を修正します。
7行目の「#」の箇所を「1.css」「2.css」「3.css」に置き換えて、結果を確認します。

●7行目

```html
<link href="#" rel="stylesheet" type="text/css">
```
⬇
```html
<link href="1.css" rel="stylesheet" type="text/css">
<link href="2.css" rel="stylesheet" type="text/css">
<link href="3.css" rel="stylesheet" type="text/css">
```

3つのCSSファイルを見比べてみると、完成イメージと同じものは、「2.css」ファイルになります。
「index.html」ファイルのCSSファイルに関する記述を「2.css」に修正します。

修正できたら、ファイルを上書き保存し、ウェブブラウザで「index.html」ファイルの表示を確認しておきましょう。

Point 3

「a3」フォルダから不要なファイルを削除します。
削除するファイルは、次のとおりです。

```
1.css、3.css、ie6_1.jpg、ie7_8_1.jpg、ie9_1.jpg、ff_1.jpg
bd_1.gif、bg_1.gif
```

※「img」フォルダ内の不要なファイルも忘れずに削除しましょう。

以上で、作業3で必要な作業はすべて終了です。
表示結果が完成イメージと同じになっていれば、修正が正しく反映されています。同じ表示になっていない場合は、修正した箇所にミスがないかどうかを確認してください。

作業4

この課題は、CSSファイルを編集して、h1要素の背景や文字の色を変更する必要があります。

●作業4の完成イメージ

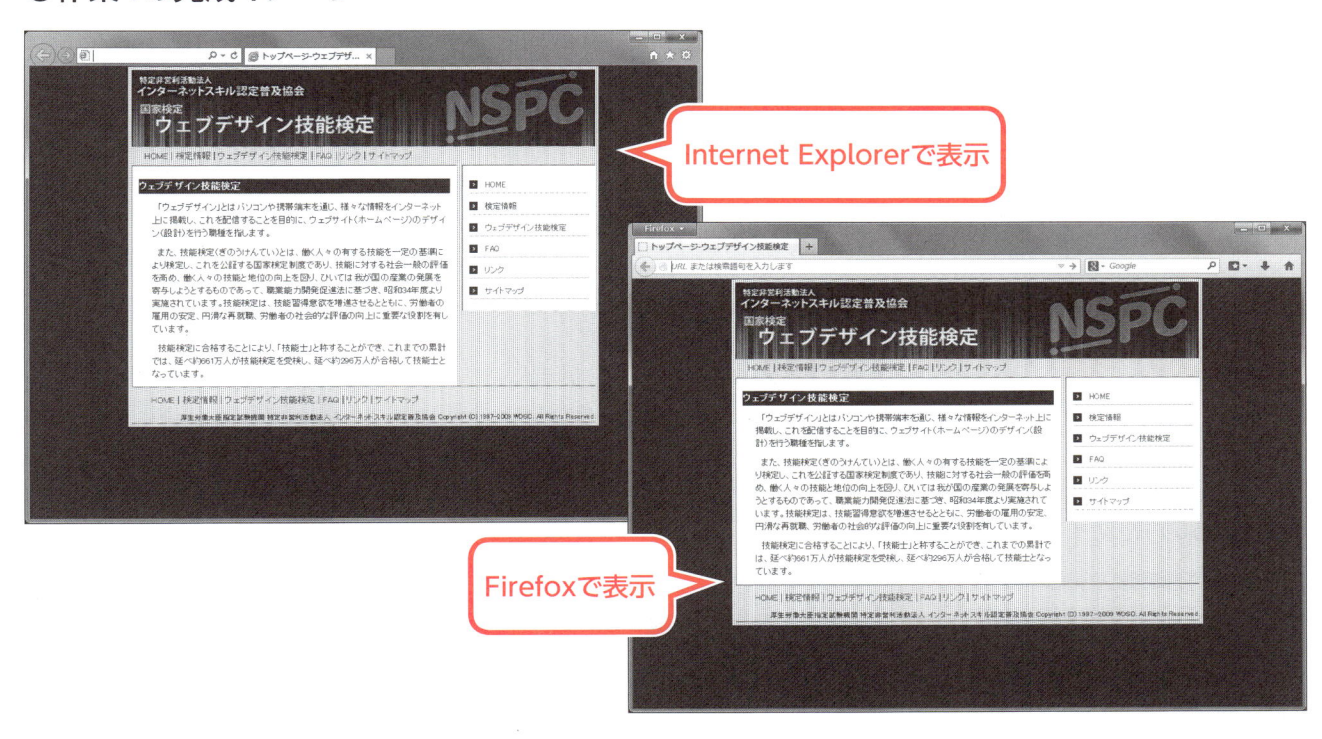

Internet Explorerで表示

Firefoxで表示

Point 1

「**style.css**」ファイル内のh1要素に関する記述に、次の2行を追加します。

●55行目～

```
h1 {
            font-family: "MS Pゴシック", Osaka, sans-serif;
            font-size: 11pt;
            line-height: 1.5em;
            font-weight: bold;
            color: #333333;
            margin: 10px 0px;
            padding: 0px;
            clear: both;
            border-bottom-width: 1px;
            border-bottom-style: solid;
            border-bottom-color: #3366CC;
            background-color: #003300;
            color: #ffffff;
}
```

※修正内容は一例になります。これ以外の記述でも実現は可能です。

> CSSファイルを修正する場合は、次のような点に注意しましょう。
>
> ●プロパティ入力時にスペルミスをしない。
> ●「:(コロン)」や「;(セミコロン)」を正しい位置に入力する。

修正できたら、ファイルを上書き保存し、ウェブブラウザで「index.html」ファイルの表示を確認しておきましょう。

以上で、作業4で必要な作業はすべて終了です。
正しく修正が行われていれば、見出し部分の背景と文字に色が付きます。同じ表示になっていない場合は、修正した箇所にミスがないかどうかを確認してください。

作業5

この課題は、完成イメージファイルを参考にして、CSSファイルを編集するという問題です。CSSファイルに、各エリアに対応したプロパティを追加して、値を設定する必要があります。

●作業5の完成イメージ

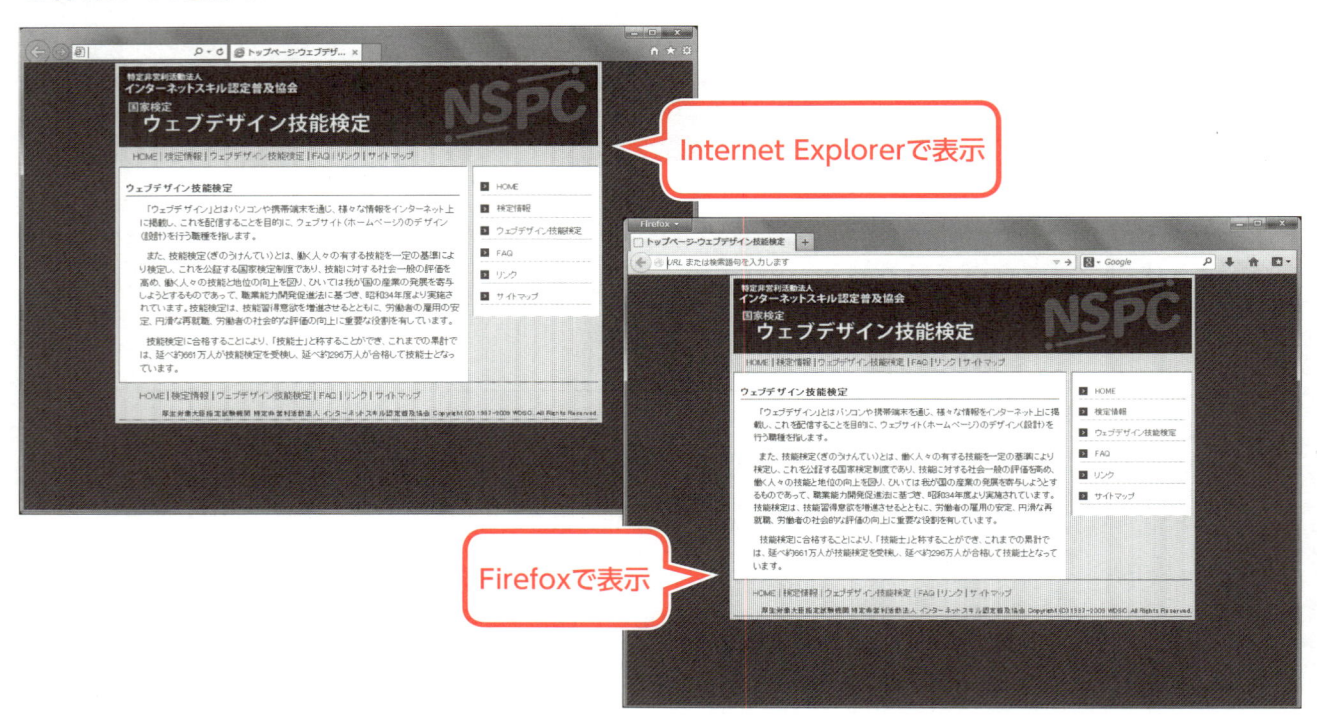

（Internet Explorerで表示／Firefoxで表示）

Point 1

各jpgファイルを開いて、次のような点を確認します。

> 全体の背景：青斜めボーダー
> 内側の背景：縦ボーダー

※この背景として使われている画像は、「img」フォルダの中にあります。

Point 2

「design.css」ファイルのbody要素とwrap要素に関する記述に、次の行を追加します。

●1行目〜

```
body {
        padding: 0px;
        margin: 0px;
        background-color: #FFFFFF;
        background-image: url(img/bg3.gif);
}
#wrap {
        background-color: #FFFFFF;
        width: 690px;
        padding: 5px;
        margin: 0px auto;
        border: 1px solid #333333;
        background-image: url(img/bar3.gif);
}
```

修正できたら、ファイルを上書き保存し、ウェブブラウザで「index.html」ファイルの表示を確認しておきましょう。

Point 3

「a5」フォルダから不要なファイルを削除します。
削除するファイルは、次のとおりです。

```
ie6_2.jpg、ie7_8_2.jpg、ie9_2.jpg、ff_2.jpg
bar1.gif、bar2.gif、bg1.gif、bg2.gif
```

※「img」フォルダ内の不要なファイルも忘れずに削除しましょう。

以上で、作業5で必要な作業はすべて終了です。
正しく修正が行われていれば、全体の背景と内側の背景に画像が表示されます。同じ表示になっていない場合は、修正した箇所にミスがないかどうかを確認してください。

作業6

この課題は、HTMLファイルの内容を別のテキストファイルに置き換え、さらにそのテキストを正しく構造化して、更新する必要があります。

● 作業6の完成イメージ

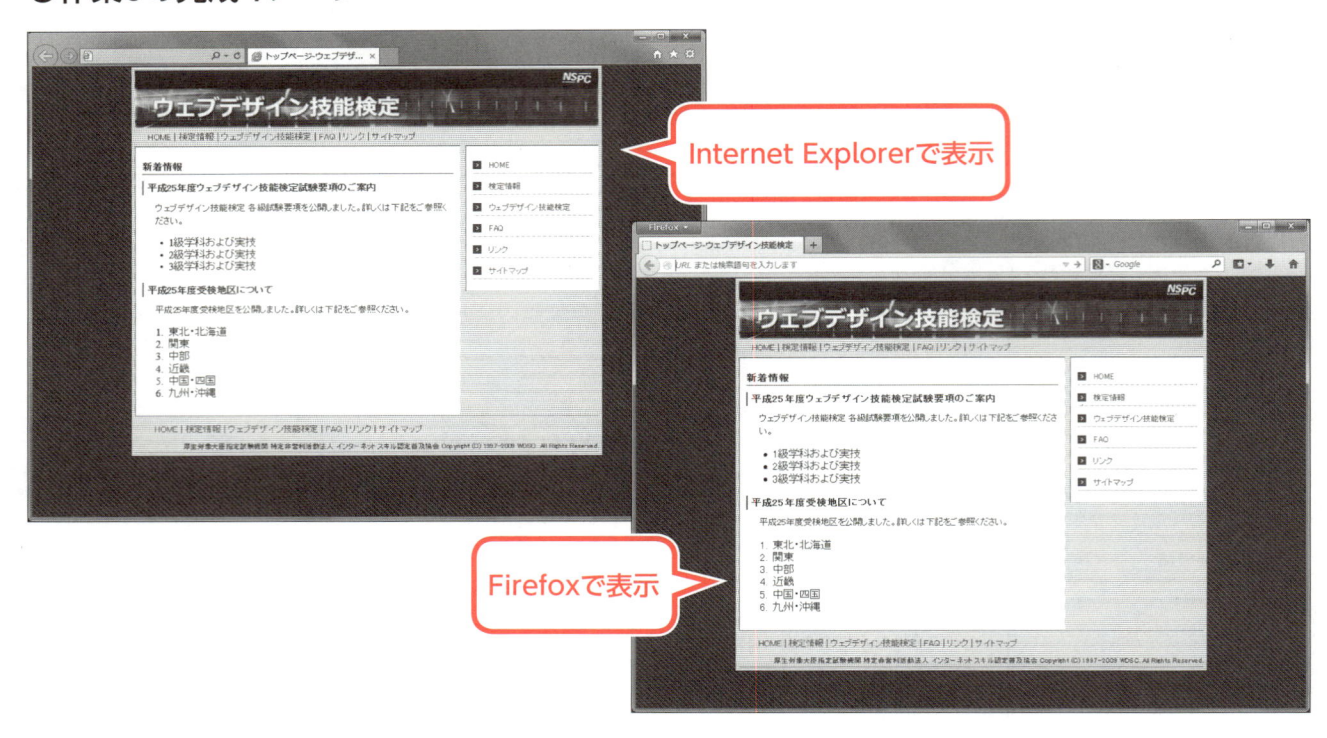

Internet Explorerで表示

Firefoxで表示

Point 1

「**sample.txt**」ファイルを開いて、指定された要素をどのように使うかを確認します。

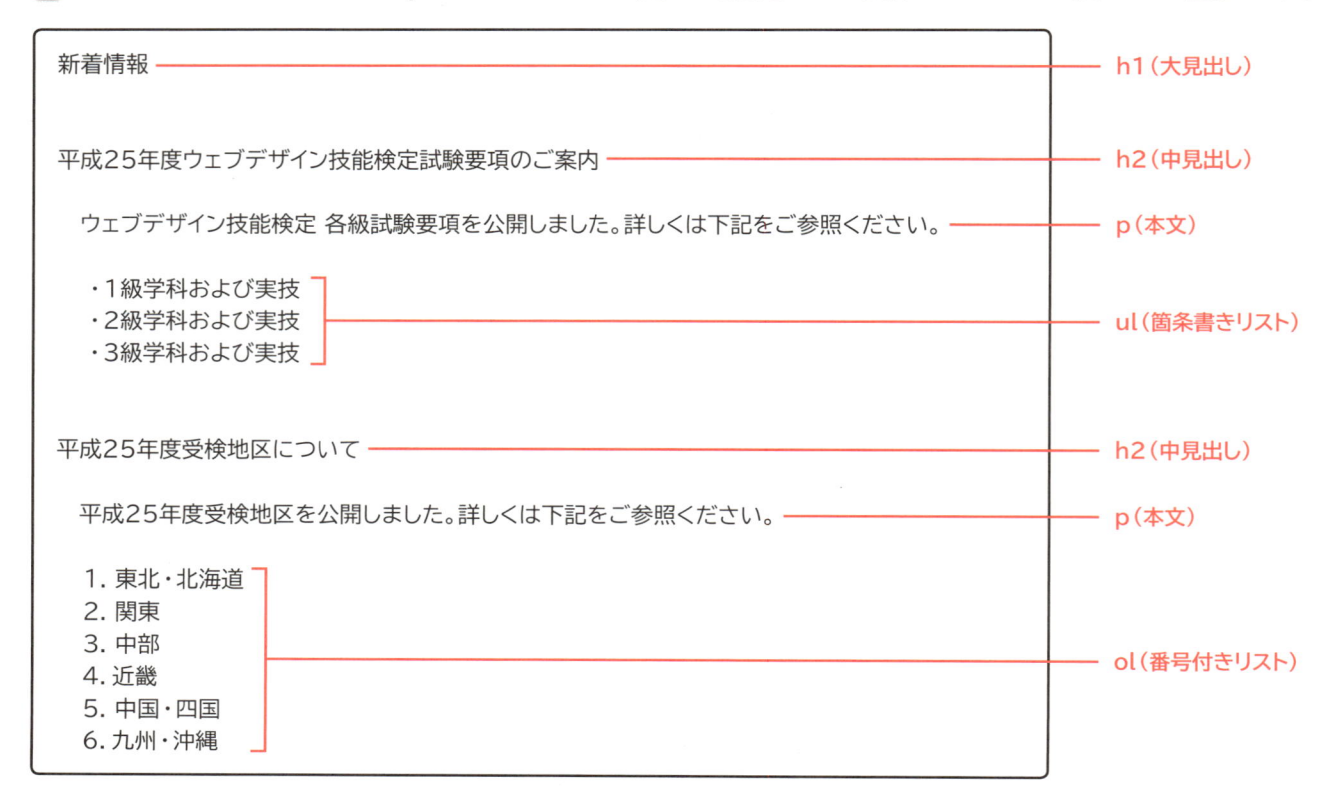

- 新着情報 ─── h1（大見出し）

- 平成25年度ウェブデザイン技能検定試験要項のご案内 ─── h2（中見出し）

- ウェブデザイン技能検定 各級試験要項を公開しました。詳しくは下記をご参照ください。 ─── p（本文）

- ・1級学科および実技
- ・2級学科および実技
- ・3級学科および実技
─── ul（箇条書きリスト）

- 平成25年度受検地区について ─── h2（中見出し）

- 平成25年度受検地区を公開しました。詳しくは下記をご参照ください。 ─── p（本文）

1. 東北・北海道
2. 関東
3. 中部
4. 近畿
5. 中国・四国
6. 九州・沖縄
─── ol（番号付きリスト）

平成25年度　第1回試験　解答と解説

Point 2

「index.html」ファイルを開いて、「main_content」内のh1要素とp要素の内容を削除します。

Point 3

「sample.txt」ファイルの情報を「index.html」ファイル内に構造化しながら書き込んでいきます。

```
22          <li><a href="#">リンク</a></li>
23          <li><a href="#">サイトマップ</a></li>
24        </ul>
25      </div>
26      <div id="main_content">
27 <h1>新着情報</h1>
28 <h2>平成25年度ウェブデザイン技能検定試験要項のご案内</h2>
29 <p>ウェブデザイン技能検定 各級試験要項を公開しました。詳しくは下記をご参照ください。</p>
30 <ul>
31 <li>1級学科および実技</li>
32 <li>2級学科および実技</li>
33 <li>3級学科および実技</li>
34 </ul>
35 <h2>平成25年度受検地区について</h2>
36 <p>平成25年度受検地区を公開しました。詳しくは下記をご参照ください。</p>
37 <ol>
38 <li>東北・北海道</li>
39 <li>関東</li>
40 <li>中部</li>
41 <li>近畿</li>
42 <li>中国・四国</li>
43 <li>九州・沖縄</li>
44 </ol>
45      </div>
46    </div>
47    <div id="footer">
48      <p><a href="#">HOME</a> | <a href="#">検定情報</a> | <a href="#">ウェブデザイン技能検
49      <p class="copyrights">厚生労働大臣指定試験機関 特定非営利活動法人 インターネット
```

> 構造化を行う際には、インデントは付けなくてもかまいません。

> 箇条書きリストや番号付きリストの各リスト項目は、li要素で指定します。

修正できたら、ファイルを上書き保存し、ウェブブラウザで「index.html」ファイルの表示を確認しておきましょう。

Point 4

「a6」フォルダから、不要な「sample.txt」ファイルを削除します。

以上で、作業6で必要な作業はすべて終了です。
正しく修正されていれば、大見出し、中見出し、本文、箇条書きリスト、番号付きリストなどが確認できます。同じ表示になっていない場合は、修正した箇所にミスがないかどうかを確認してください。

最後に
作成したデータを再度、確認して不要なファイルがないかどうかを確認してください。
また、検定公式ブラウザであるInternet Explorer 6 SP2以降及び、Firefox 3.0以降の双方で、表示やレイアウトの崩れなどがないかどうかを確認してください。

3級実技試験は6課題のうち、5つを選択し提出することとなっています。もし、全課題について解答データを作成した際には、作成したデータの「a1」から「a6」より、5つのフォルダを「wd3」フォルダに残し、不要なフォルダは削除して作業は完了となります。

※すべての作業が終了したら、「data3」フォルダは削除しておきましょう。

Answer

平成25年度 第2回試験

解答と解説

学科試験 ……………………………… 37
実技試験 ……………………………… 43

平成25年度 第2回 学科試験

第1問　解答　1

解説　すべてのHTML文書は、head要素の中にtitle要素をひとつ含まれなければなりません。

第2問　解答　1

解説　「ラジオボタン」は、排他的な選択肢でユーザが1項目だけを選択しなければならないときに使われます。それに対し、複数の項目からあてはまるものを複数選択する際に使用するのは、「チェックボックス」です。

第3問　解答　2

解説　代替テキストは、画像の内容を的確に示した簡潔でわかりやすいものにします。企業などのロゴ画像の場合は、企業名を設定するのが一般的です。

第4問　解答　2

解説　コンピュータウイルスは、日々新種や亜種が作り出されています。そのため、ウイルス対策ソフトの「パターンファイル（ウイルス定義ファイル）」を更新しないと、新しいウイルスを検出することができません。つまり、ウイルス対策ソフトをインストールしただけでは、コンピュータウイルスの感染を防ぐことができません。また、ウイルス対策ソフトは、常に起動させた状態にしておく必要があります。

第5問　解答　2

解説　「PDF（Portable Document Format）形式」以外にも、「SVG（Scalable Vector Graphics）形式」や、「WMF（Windows Metafile）形式」などがあります。

第6問

解答 2

解説 著作物を創作した時点で自動的に著作権が発生します。そのため、草稿であっても著作権が発生しており、著作権法によってその原稿は保護の対象となります。

第7問

解答 2

解説 「WaSP（Web Standards Project）」とは、W3Cによって勧告されたWeb標準の利用を推進する団体です。

ウェブ標準では、ウェブサイトを構築する際に、W3Cによって策定されたHTMLまたはXHTMLで文書を構造化し、CSSでスタイルを設定します。そのため、font要素は使わずにCSSで文字サイズを指定します。

第8問

解答 1

解説 他人の登録商標と同一または類似の商標であって、かつ、出願に係る指定商品または指定役務（サービスなど）が同一または類似のものである場合は、新たに登録することはできません。これは、商標法第4条第1項第11号によって規定されている、**「一商標一登録主義及び先願主義」**に基づくものです。

商標の類否判断は、呼称（呼び方）・外観（外形）・観念（意味合い）のそれぞれの要素を総合的に勘案されて行われます。

第9問

解答 1

解説 他人の認証IDを第三者に提供することは、**「不正アクセス行為の禁止等に関する法律」**（いわゆる**「不正アクセス禁止法」**）により罰せられることがあります。これは、不正アクセス禁止法第5条**「不正アクセス行為を助長する行為の禁止」**によって規定されています。

例えば、システム利用のための認証IDやパスワードを、第三者に口頭や電子メールで教えたり、電子掲示板に掲示したりするなどの行為は、その認証IDやパスワードを利用すれば誰でも簡単に不正アクセス行為をすることが可能となる点で、**「不正アクセス行為を助長する行為」**とみなされることになります。

第10問 解答 2

解説 h1からh6要素の要素名に含まれている数字は、見出しのレベルを表しており、フォントサイズを表すものではありません。
h1からh6要素に対応しているsize属性は、次のとおりです。

要素	size属性
h1要素	6
h2要素	5
h3要素	4
h4要素	3
h5要素	2
h6要素	1

第11問 解答 2

解説 「<」や「&」など、いくつかの記号は、「HTML特殊文字」と呼ばれ、記述方法が決まっています。「<」は「<」と記述します。
代表的な特殊文字の表記は、次のとおりです。

文字表記	表示される文字
&quot;	"（クォーテーション）
&amp;	&（アンパサンド）
&lt;	<（小なり）
&gt;	>（大なり）
	（空白）

第12問 解答 3

解説 IMAP4で通信を行う場合は、ポート番号143を利用します。
代表的なプロトコルで利用されるポート番号は、次のとおりです。

ポート番号	サービス／プロトコル
20	ftp-data
21	ftp
22	ssh
25	smtp
80	http
110	pop3
143	imap
443	https
587	submission（メール送信専用のあて先ポート）

第13問 解答 2

解説 「不当景品類及び不当表示防止法」（いわゆる「景品表示法」）の一般懸賞について、5,000円未満の商品やサービスの利用者に対して設定できる景品の限度額は、「取引価額の20倍」と規定されています。5,000円以上の場合の限度価額は10万円です。

第14問 解答 3

解説 a要素の属性に「target="_blank"」を設定すれば、ウェブページを別タブ（新規のウィンドウ）で開かせることができます。

第15問 解答 1

解説 ラスタ形式は、1画面を「ライン（行）」と「カラム（列）」に分解することができ、その最小単位が「ピクセル（画素）」となります。

第16問 解答 1

解説 厚生労働省の新しい「VDT作業における労働衛生管理のためのガイドライン」の「4 作業管理」の「（1）作業時間等」で、一連続作業時間が1時間を超えないように示されています。

第17問 解答 1

解説 ホスト名の後ろに「:（コロン）」を付けて記述する数字は「ポート番号」になります。

第18問 解答 1

解説 「可逆圧縮」とは、圧縮前のデータと圧縮後に伸長したデータが完全に一致する圧縮方法のことです。
例えば、プログラムや文字データなどは、1ビットでも欠損すると全く異なる結果になってしまうため、可逆圧縮方式を用いる必要があります。
それに対し、音声や画像などのデータは、多少データに欠損が生じても品質を大きく損なうことはないため、欠損を許容する代わりに大幅に圧縮効率を高める「非可逆圧縮」が用いられます。

第19問　解答　1

解説　ゴシック系のフォントは「sans-serif」で指定します。
主なフォントの指定方法は、次のとおりです。

フォントの種類	指定するフォント名
ゴシック系フォント	sans-serif
明朝系フォント	serif
草書体系フォント	cursive
装飾フォント	fantasy
等幅フォント	monospace

第20問　解答　4

解説　「PNG（Portable Network Graphics）」ファイルの特徴として、可逆圧縮のファイルフォーマットであることが挙げられます。
その他の特徴としては、RGB（アルファチャンネルを含まない）、インデックスカラー、グレースケール、モノクロ2階調モードの画像をサポートします。ただし、ウェブブラウザの中にはPNGファイルをサポートしないものもあります。

第21問　解答　4

解説　HTTPプロトコルでデータをやり取りする場合は、「平文」という非暗号形式のやり取りになります。暗号化をする場合は、「HTTPSプロトコル」を使います。

第22問　解答　4

解説　色知覚の三属性は、「色相」、「明度」、「彩度」の3つです。

第23問　解答　1

解説　ISOの日本語の言語コードは「ja」で、「jp」は国別コードです。言語コードと国別コードが違うことに注意しましょう。

第24問　解答　4

解説　「グローバルナビゲーション」とは、ウェブサイト内の各コンテンツを案内するためのナビゲーションのことです。一方、「ローカルナビゲーション」とは、特定のコンテンツや特定のページのみに配置されるナビゲーションのことです。

第25問　解答　4

解説　「ページビュー」とは、ウェブページが表示された回数のことで、ウェブサイトがどのくらい閲覧されているかを計測するための指標です。訪問者がウェブページを訪問したあとでそのページを再度読み込んだ場合や、ほかのページに移動してから最初のページに戻って来た場合も、新たなページビューとしてカウントされます。

通常、訪問者はサイト内の複数のページを閲覧することから、訪問者数（ビジット）よりもページビューのほうが数倍多くなります。

平成25年度 第2回 実技試験

作業の前に

「H25_2」フォルダ内の「data3」フォルダをデスクトップにコピーしておきましょう。

作業で使用する素材は、「data3」フォルダ内にあります。このフォルダには、作業1から作業6で使用する素材が「qx」フォルダという名前でまとめられています。

各作業の前に、デスクトップの「wd3」フォルダに「qx」フォルダをコピーし、フォルダの名前を「ax」に変更します。

※「wd3」フォルダがない場合は、自分で作成します。
※「qx」「ax」のxは、作業1から作業6の各番号に読み替えてください。

作業1

この課題では、ウェブサイトのHTMLファイル、CSSファイル、その他のソースファイルを適切な形で、指示されたサイトのディレクトリ構造に合わせて、構成する必要があります。

作業を開始する前に、ウェブブラウザで「index.html」ファイルの表示を確認しておきましょう。

●作業1の完成イメージ

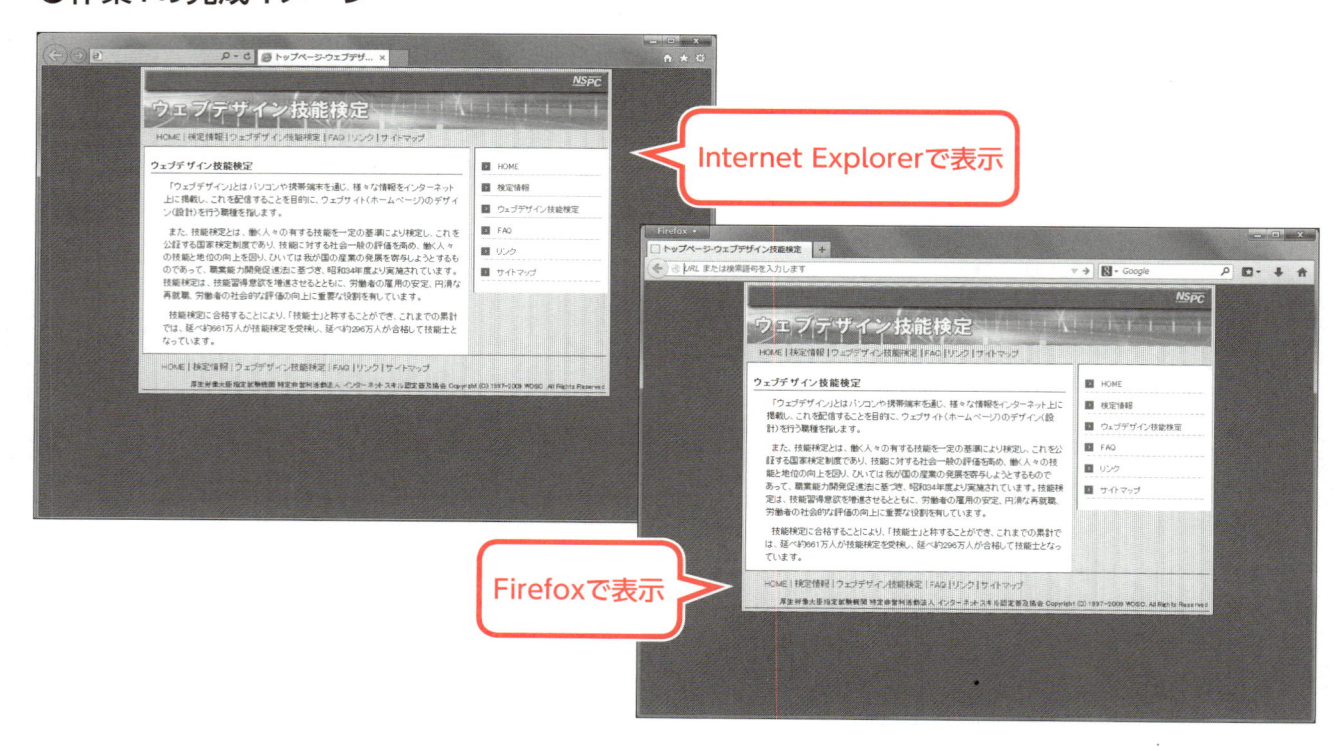

Internet Explorerで表示

Firefoxで表示

Point 1

「fs.jpg」ファイルを開いて、作成するディレクトリ構造を確認します。
「a1」フォルダ内が、「fs.jpg」ファイルで確認したディレクトリ構造と同じになるように、フォルダの作成やファイルの移動を行います。

> ファイルを移動すると、「index.html」ファイル内で参照している画像ファイルやCSSファイルのパスが正しくなくなります。そのため、ファイルの移動を行った場合は、パスの修正が必要です。

Point 2

パスを修正します。
「index.html」ファイルを開いて、次の構文に含まれているファイルのパスを修正します。

●7行目

```
<link href="style.css" rel="stylesheet" type="text/css">
```
⬇
```
<link href="style/style.css" rel="stylesheet" type="text/css">
```

●11行目

```
<div id="header"><img name="site_id" src="top_img.jpg" width="700" height="90" alt="タイトル画像"></div>
```
⬇
```
<div id="header"><img name="site_id" src="image/top_img.jpg" width="700" height="90" alt="タイトル画像"></div>
```

> ＨＴＭＬファイルやＣＳＳファイルを編集するには、検定試験の公式ソフトウェアでもある「TeraPad」や「サクラエディタ」を使うとよいでしょう。
> 「メモ帳」や「ワードパッド」でも編集できますが、「TeraPad」や「サクラエディタ」は、文字色の変更や行数の表示などができるので、ウェブページの作成に適しています。

修正できたら、ファイルを上書き保存し、ウェブブラウザで「index.html」ファイルの表示を確認しておきましょう。

Point 3

CSSファイルのパスを修正します。
「**style.css**」ファイルを開いて、次の構文に含まれているファイルのパスを修正します。

●5行目

```
background-image: url(bg2.gif);
  ↓
background-image: url(../image/bg2.gif);
```

●13行目

```
background-image: url(bg1.gif);
  ↓
background-image: url(../image/bg1.gif);
```

●134行目

```
background-image: url(icon.gif);
  ↓
background-image: url(../image/icon.gif);
```

> 「style」フォルダ内にある「style.css」から「image」フォルダ内のファイルを参照する場合は、「相対パス」で指定します。相対パスは、階層をたどって記述するため、「../image/ファイル名」という形になります。「../」でひとつ上の階層を表します。

修正できたら、ファイルを上書き保存し、ウェブブラウザで「**index.html**」ファイルの表示を確認しておきましょう。

Point 4

「**a1**」フォルダから、不要な「**fs.jpg**」ファイルを削除します。

以上で、作業1で必要な作業はすべて終了です。
表示結果が作業前に確認した「**index.html**」ファイルと同じなら修正が正しく反映されています。同じ表示になっていない場合は、修正した箇所にミスがないかどうかを確認してください。

作業2

この課題は、ウェブサイトの複数のHTMLファイルについて、指示されたナビゲーションなどの要素にリンクを設定し、また、ページの見出しや本文の修正を行う必要があります。

●作業2の完成イメージ

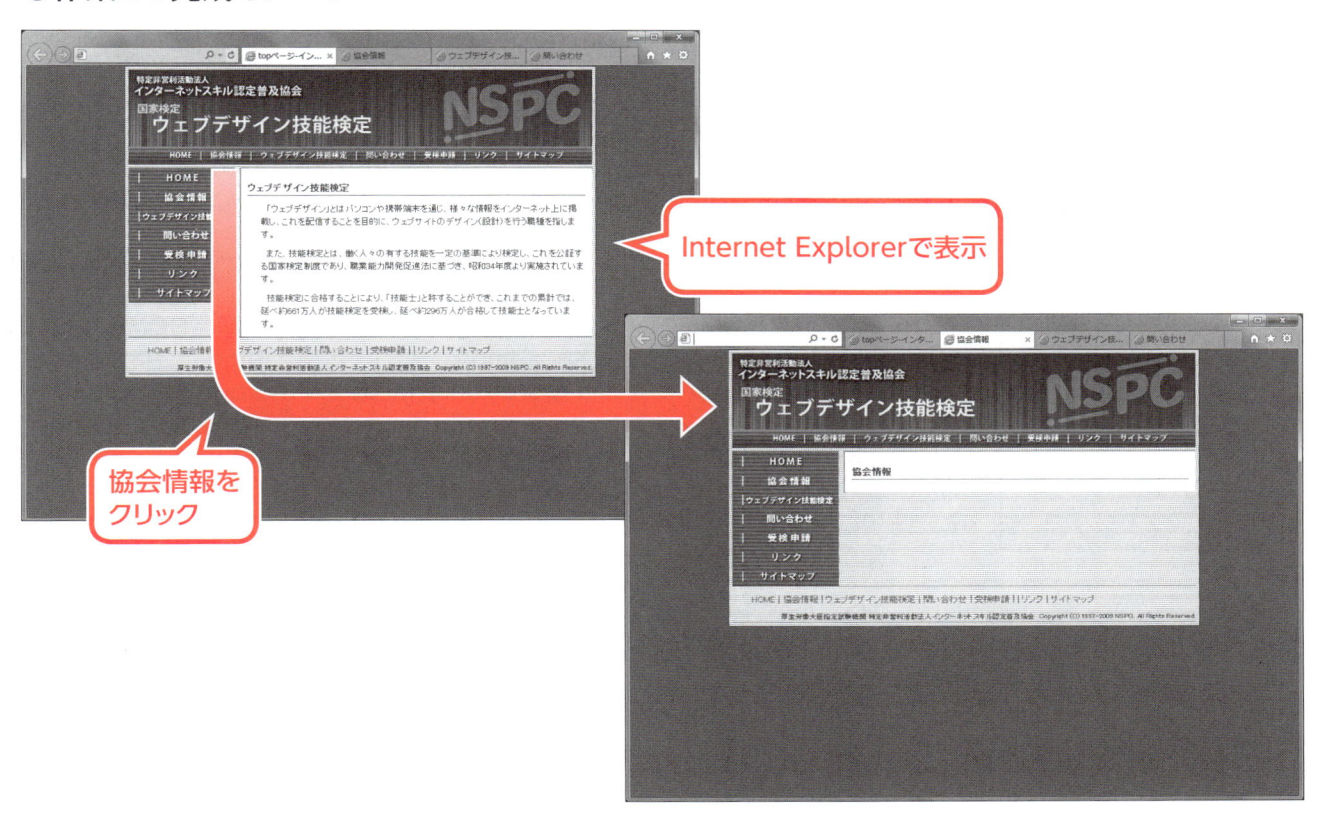

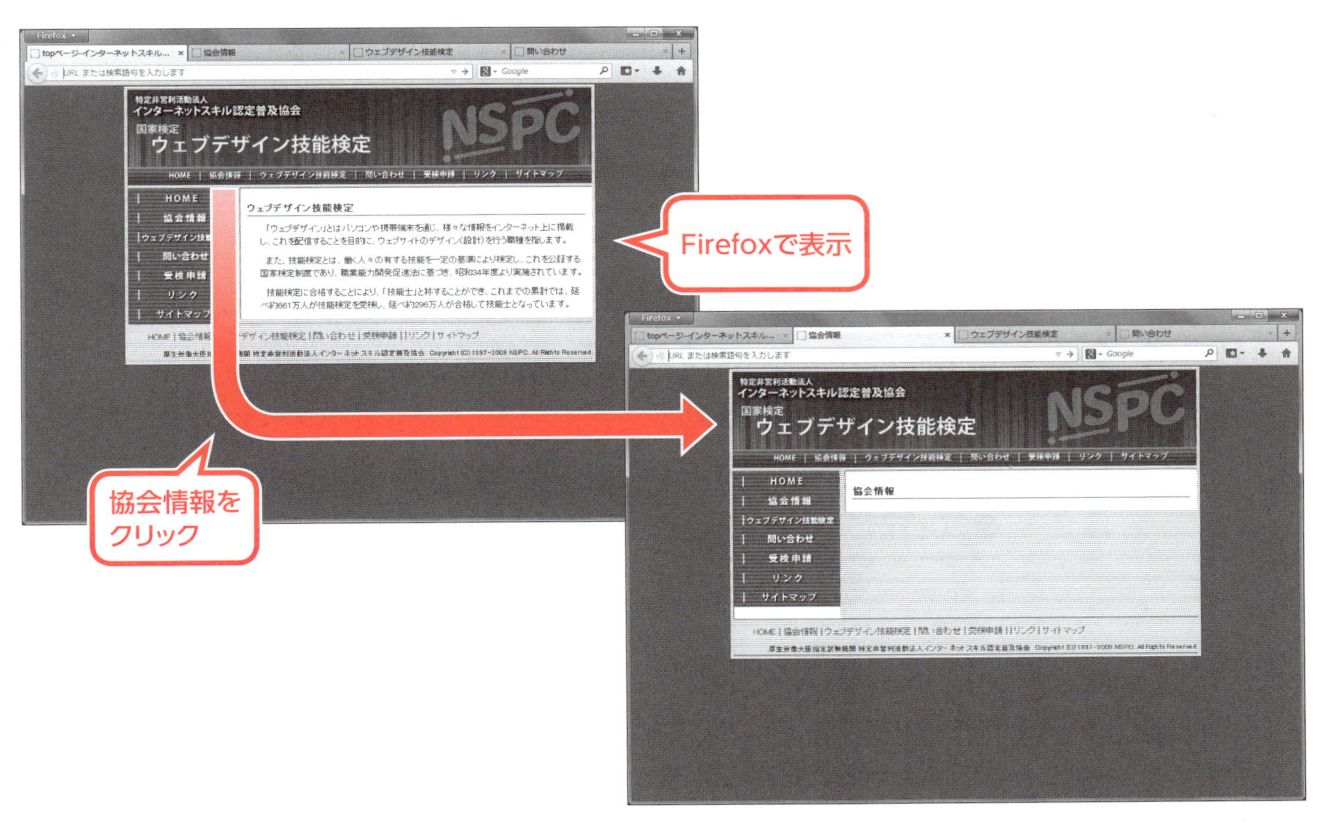

Internet Explorerで表示

協会情報をクリック

Firefoxで表示

協会情報をクリック

Point 1

「index.html」ファイルのグローバルナビゲーションの部分にリンクを設定します。
「index.html」ファイルを開いて、次の構文に含まれているリンクの記述を修正します。

●13行目

```
<a href="#"><img src="img/gl_bt_home.gif" alt="HOME"></a><a href="#"><img src="img/gl_bt_info.gif" alt="協会情報"></a><a href="#"><img src="img/gl_bt_skilltest.gif" alt="ウェブデザイン技能検定"></a><a href="#"><img src="img/gl_bt_form.gif" alt="問い合わせ"></a><a href="#"><img src="img/gl_bt_app.gif" alt="受検申請"></a><a href="#"><img src="img/gl_bt_links.gif" alt="リンク"></a><a href="#"><img src="img/gl_bt_sitemap.gif" alt="サイトマップ"></a>
```

⬇

```
<a href="index.html"><img src="img/gl_bt_home.gif" alt="HOME"></a><a href="info.html"><img src="img/gl_bt_info.gif" alt="協会情報"></a><a href="skilltest.html"><img src="img/gl_bt_skilltest.gif" alt="ウェブデザイン技能検定"></a><a href="form.html"><img src="img/gl_bt_form.gif" alt="問い合わせ"></a><a href="#"><img src="img/gl_bt_app.gif" alt="受検申請"></a><a href="#"><img src="img/gl_bt_links.gif" alt="リンク"></a><a href="#"><img src="img/gl_bt_sitemap.gif" alt="サイトマップ"></a>
```

修正できたら、ファイルを上書き保存し、ウェブブラウザで「index.html」ファイルを開いて、各グローバルナビゲーションのリンクが正しく設定されているかどうかをクリックして確認しておきましょう。

Point 2

「index.html」ファイルと同様に、「info.html」「skilltest.html」「form.html」の各ファイルも修正します。
すべてのファイルで正しくリンクが設定されているかどうかを確認しておきましょう。

> 1ファイルごとに入力してもよいですが、入力ミスを防ぐには「index.html」ファイルの13行目をコピーし、ほかのHTMLファイルの該当箇所に貼り付けるとよいでしょう。

Point 3

「info.html」ファイルの「A」の箇所を修正します。
「info.html」ファイルを開いて、<title>タグを確認し、次の構文に含まれている見出しの記述を修正します。

●20行目

```
<h1>A</h1>
```

⬇

```
<h1>協会情報</h1>
```

修正できたら、ファイルを上書き保存し、ウェブブラウザで「info.html」ファイルの表示を確認しておきましょう。

Point 4

「info.html」ファイルと同様に、「skilltest.html」「form.html」の各ファイルも修正します。

「skilltest.html」ファイル

●20行目

```
<h1>B</h1>
```
⬇
```
<h1>ウェブデザイン技能検定</h1>
```

「form.html」ファイル

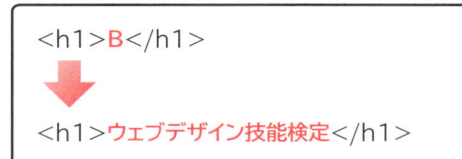

●20行目

```
<h1>C</h1>
```
⬇
```
<h1>問い合わせ</h1>
```

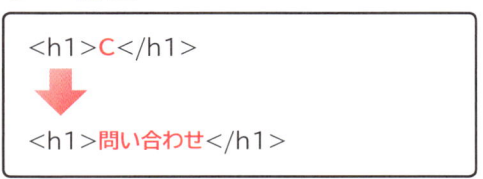

修正できたら、ファイルを上書き保存し、ウェブブラウザで「skilltest.html」「form.html」の各ファイルの表示を確認しましょう。

以上で、作業2で必要な作業はすべて終了です。
すべてのHTMLファイルをウェブブラウザで開いて、次の点を確認しておきましょう。

- ●グローバルナビゲーションにリンクが設定されている。
- ●本文中の「A」「B」「C」だった箇所が、ページタイトルと同じになっている。

作業3

この課題は、完成イメージファイルを参考にして、用意された複数のCSSファイルの中から適切なものを適用する必要があります。

●作業3の完成イメージ

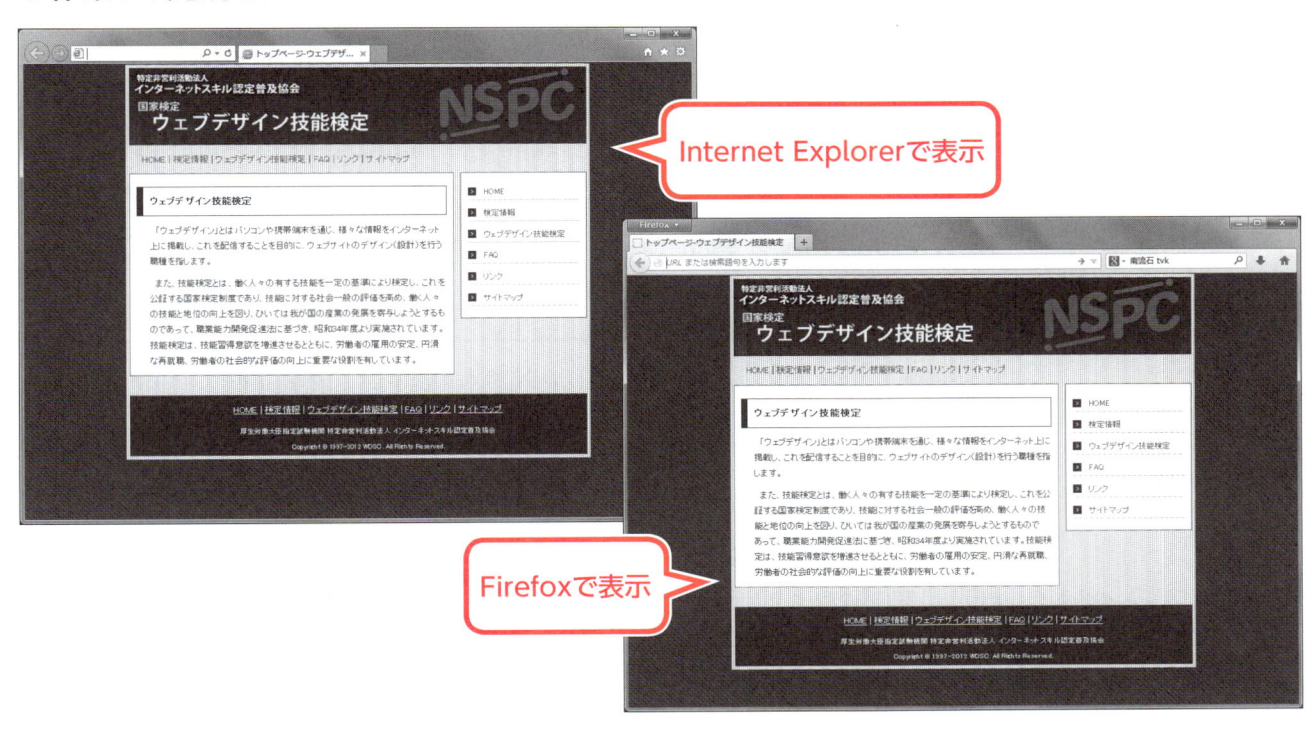

Internet Explorerで表示

Firefoxで表示

Point 1

各jpgファイルを開いて、次のような点を確認します。

```
全体の背景         ：青斜めボーダー
内側の背景         ：縦ボーダー
本文テキスト       ：青
横ナビゲーション位置：右
フッターナビゲーション：白
フッターテキスト   ：白
```

Point 2

「index.html」ファイルを開いて、CSSファイルに関する記述を修正します。
7行目の「#」の箇所を「1.css」「2.css」「3.css」に置き換えて、結果を確認します。

●7行目

```
<link href="#" rel="stylesheet" type="text/css">
```

⬇

```
<link href="1.css" rel="stylesheet" type="text/css">
<link href="2.css" rel="stylesheet" type="text/css">
<link href="3.css" rel="stylesheet" type="text/css">
```

3つのCSSファイルを見比べてみると、完成イメージと同じものは、「3.css」ファイルになります。
「index.html」ファイルのCSSファイルに関する記述を「3.css」に修正します。

修正できたら、ファイルを上書き保存し、ウェブブラウザで「index.html」ファイルの表示を確認しておきましょう。

Point 3

「a3」フォルダから、不要なファイルを削除します。
削除するファイルは、次のとおりです。

```
1.css、2.css、ie6_1.jpg、ie7_8_1.jpg、ie9_10_1.jpg、ff_1.jpg
bd_2.gif、bg_2.gif
```

※「img」フォルダ内の不要なファイルも忘れずに削除しましょう。

以上で、作業3で必要な作業はすべて終了です。
表示結果が完成イメージと同じになっていれば、修正が正しく反映されています。同じ表示になっていない場合は、修正した箇所にミスがないかどうかを確認してください。

作業4

この課題は、CSSファイルを編集して、h1要素の背景や文字の色を変更する必要があります。

●作業4の完成イメージ

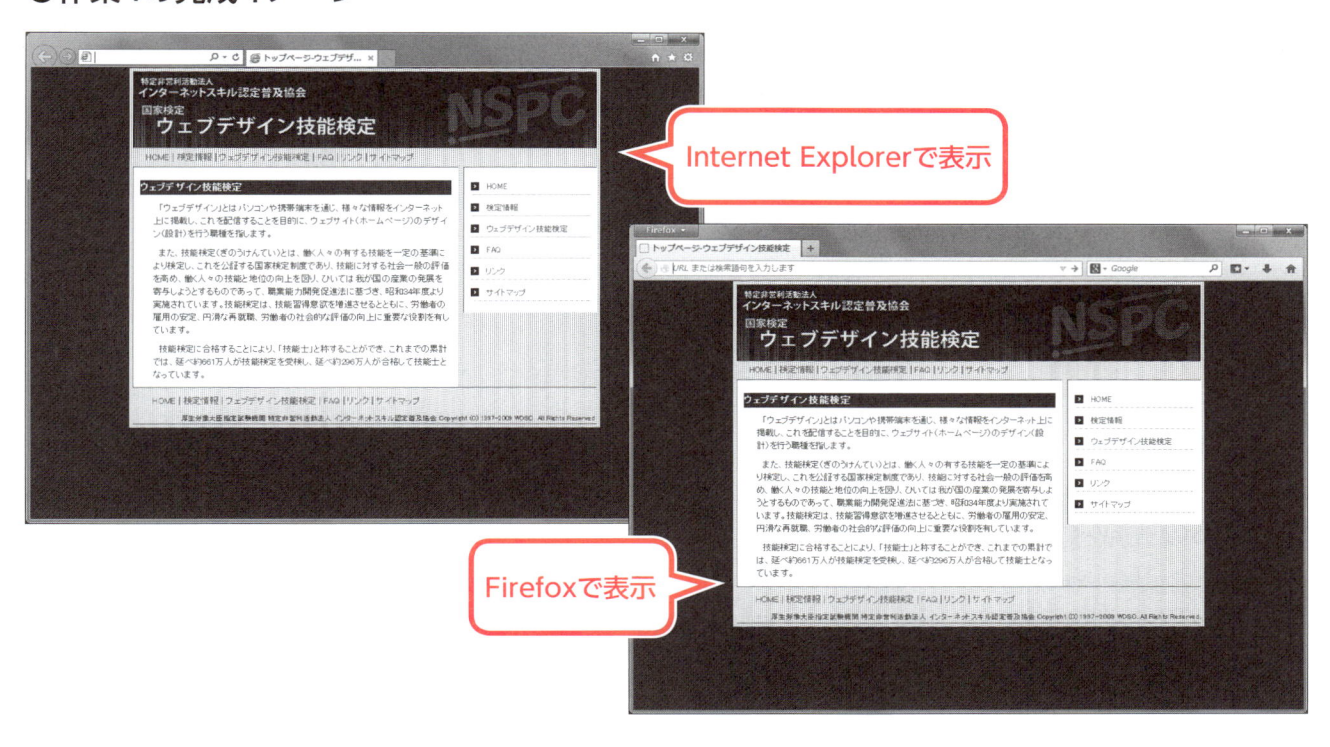

> Internet Explorerで表示

> Firefoxで表示

Point 1

「**style.css**」ファイル内のh1要素に関する記述に、次の2行を追加します。

●55行目〜

```
h1 {
            font-family: "MS Pゴシック", Osaka, sans-serif;
            font-size: 11pt;
            line-height: 1.5em;
            font-weight: bold;
            color: #333333;
            margin: 10px 0px;
            padding: 0px;
            clear: both;
            border-bottom-width: 1px;
            border-bottom-style: solid;
            border-bottom-color: #3366CC;
            background-color: #003333;
            color: #ffffff;
}
```

※修正内容は一例になります。これ以外の記述でも実現は可能です。

CSSファイルを修正する場合は、次のような点に注意しましょう。

- プロパティ入力時にスペルミスをしない。
- 「：（コロン）」や「；（セミコロン）」を正しい位置に入力する。

修正できたら、ファイルを上書き保存し、ウェブブラウザで「index.html」ファイルの表示を確認しておきましょう。

以上で、作業4で必要な作業はすべて終了です。
正しく修正が行われていれば、見出し部分の背景と文字に色が付きます。同じ表示になっていない場合は、修正した箇所にミスがないかどうかを確認してください。

作業5

この課題は、完成イメージファイルを参考にして、CSSファイルを編集するという問題です。CSSファイルに、各エリアに対応したプロパティを追加して、値を設定する必要があります。

●作業5の完成イメージ

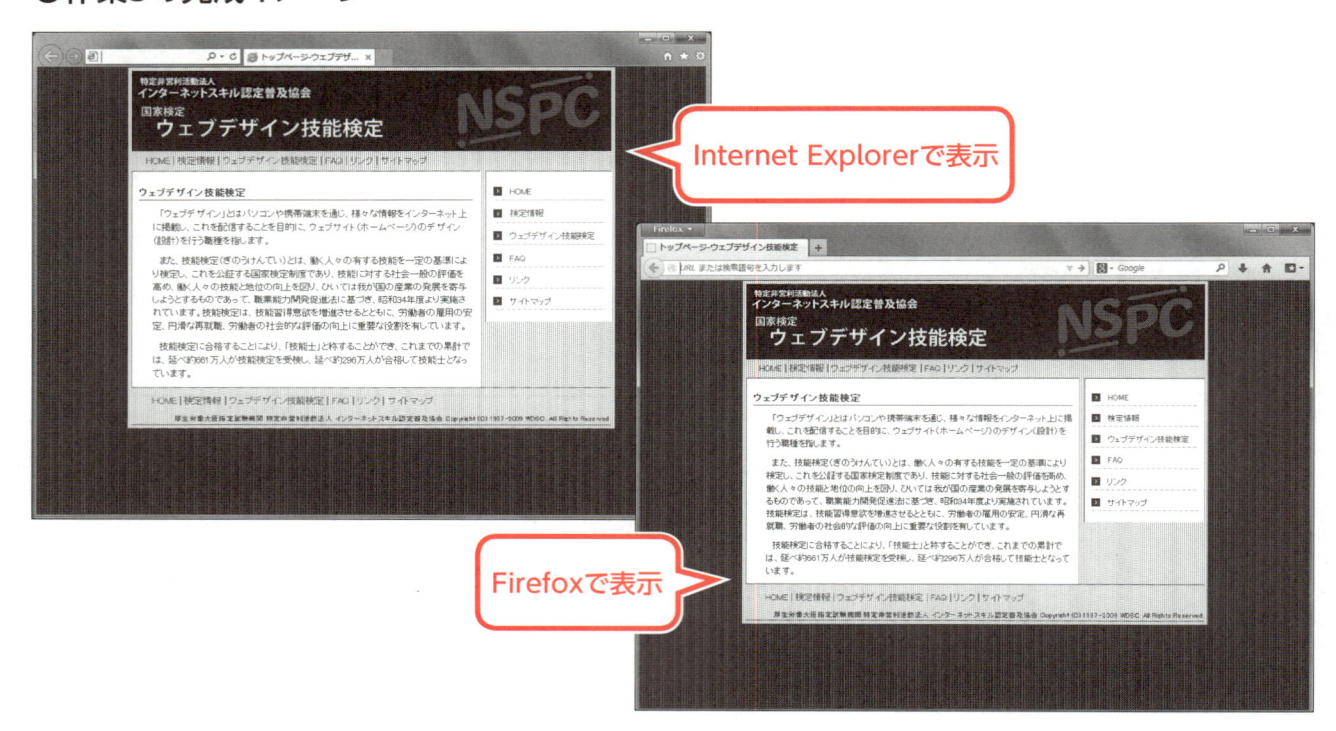

Internet Explorerで表示

Firefoxで表示

Point 1

各jpgファイルを開いて、次のような点を確認します。

```
全体の背景：青縦ボーダー
内側の背景：横ボーダー
```

※この背景として使われている画像は、「img」フォルダの中にあります。

Point 2

「style.css」ファイルのbody要素とwrap要素に関する記述に、次の行を追加します。

●1行目～

```css
body {
          padding: 0px;
          margin: 0px;
          background-color: #FFFFFF;
          background-image: url(img/bg2.gif);
}
#wrap {
          background-color: #FFFFFF;
          width: 690px;
          padding: 5px;
          margin: 0px auto;
          border: 1px solid #333333;
          background-image: url(img/bar2.gif);
}
```

「bar2.gif」ファイルと「bar1.gif」ファイルは、同じ表示結果になりますが、よりファイルサイズの小さい「bar2.gif」ファイルを利用する方が適切といえます。

修正できたら、ファイルを上書き保存し、ウェブブラウザで**「index.html」**ファイルの表示を確認しておきましょう。

Point 3

「a5」フォルダから、不要なファイルを削除します。
削除するファイルは、次のとおりです。

```
ie6_2.jpg、ie7_8_2.jpg、ie9_10_2.jpg、ff_2.jpg
bar1.gif、bar3.gif、bg1.gif、bg3.gif
```

※「img」フォルダ内の不要なファイルも忘れずに削除しましょう。

以上で、作業5で必要な作業はすべて終了です。
正しく修正が行われていれば、全体の背景と内側の背景に画像が表示されます。同じ表示になっていない場合は、修正した箇所にミスがないかどうかを確認してください。

作業6

この課題は、HTMLファイルの内容を別のテキストファイルに置き換え、さらにそのテキストを正しく構造化して、更新する必要があります。

●作業6の完成イメージ

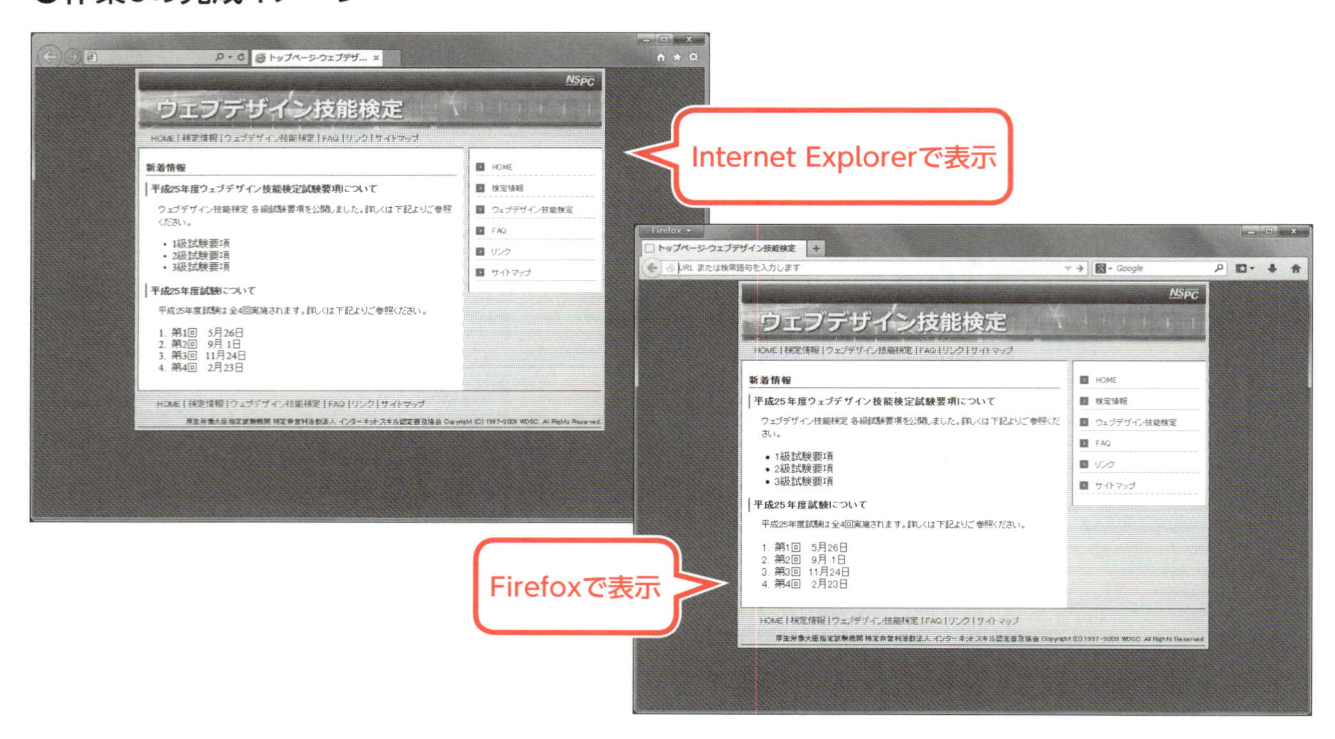

Internet Explorerで表示

Firefoxで表示

Point 1

「sample.txt」ファイルを開いて、指定された要素をどのように使うかを確認します。

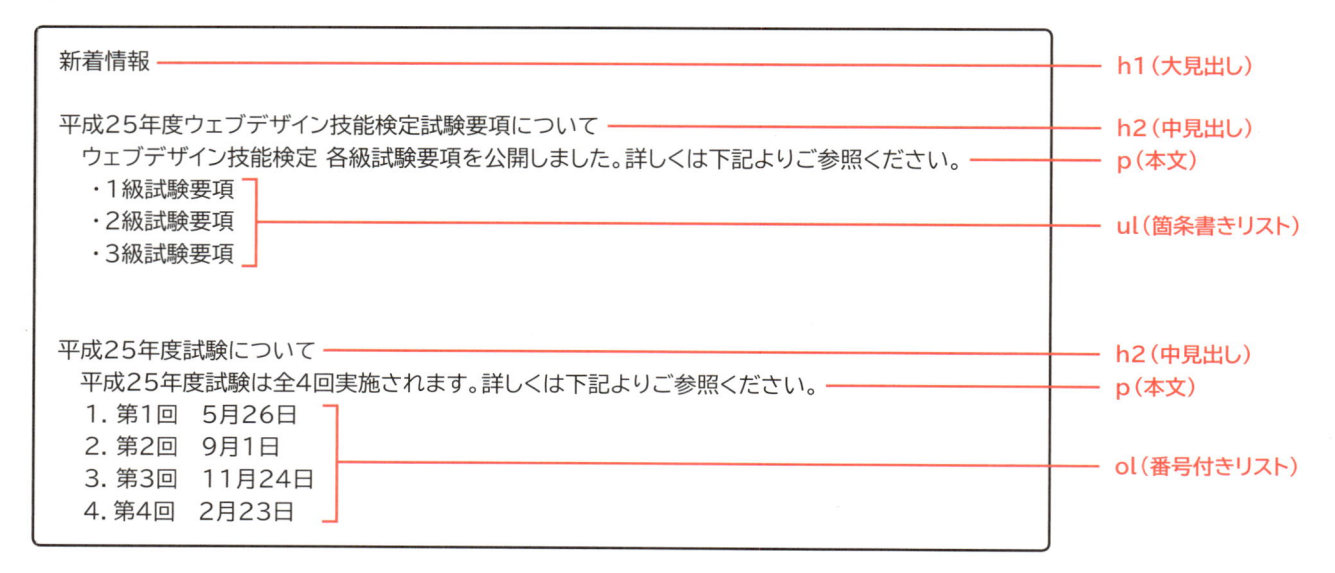

- 新着情報 —— h1（大見出し）
- 平成25年度ウェブデザイン技能検定試験要項について —— h2（中見出し）
  - ウェブデザイン技能検定 各級試験要項を公開しました。詳しくは下記よりご参照ください。 —— p（本文）
    - ・1級試験要項
    - ・2級試験要項 —— ul（箇条書きリスト）
    - ・3級試験要項
- 平成25年度試験について —— h2（中見出し）
  - 平成25年度試験は全4回実施されます。詳しくは下記よりご参照ください。 —— p（本文）
    1. 第1回　5月26日
    2. 第2回　9月1日
    3. 第3回　11月24日 —— ol（番号付きリスト）
    4. 第4回　2月23日

平成25年度　第2回試験　解答と解説

Point 2

「index.html」ファイルを開いて、「main_content」内のh1要素とp要素の内容を削除します。

Point 3

「sample.txt」ファイルの情報を「index.html」ファイル内に構造化しながら書き込んでいきます。

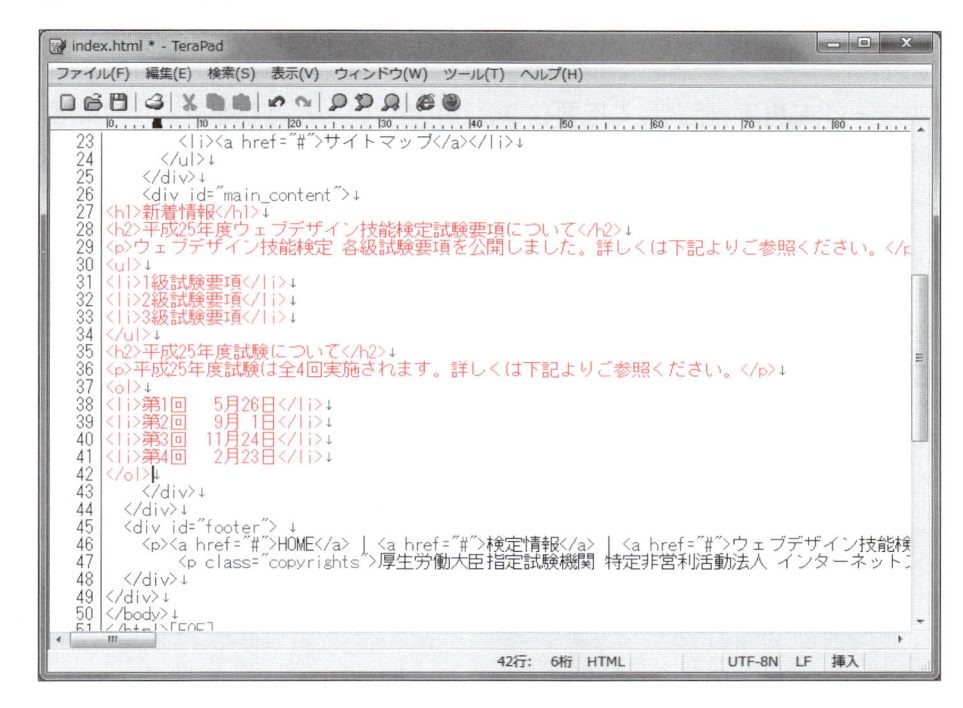

```
23      <li><a href="#">サイトマップ</a></li>
24     </ul>
25    </div>
26    <div id="main_content">
27 <h1>新着情報</h1>
28 <h2>平成25年度ウェブデザイン技能検定試験要項について</h2>
29 <p>ウェブデザイン技能検定 各級試験要項を公開しました。詳しくは下記よりご参照ください。</p>
30 <ul>
31 <li>1級試験要項</li>
32 <li>2級試験要項</li>
33 <li>3級試験要項</li>
34 </ul>
35 <h2>平成25年度試験について</h2>
36 <p>平成25年度試験は全4回実施されます。詳しくは下記よりご参照ください。</p>
37 <ol>
38 <li>第1回　5月26日</li>
39 <li>第2回　9月 1日</li>
40 <li>第3回　11月24日</li>
41 <li>第4回　2月23日</li>
42 </ol>
43    </div>
44   </div>
45   <div id="footer">
46    <p><a href="#">HOME</a> | <a href="#">検定情報</a> | <a href="#">ウェブデザイン技能検
47     <p class="copyrights">厚生労働大臣指定試験機関 特定非営利活動法人 インターネット
48    </div>
49  </div>
50 </body>
51 </html>
```

> 構造化を行う際には、インデントは付けなくてもかまいません。

> 箇条書きリストや番号付きリストの各リスト項目は、li要素で指定します。

修正できたら、ファイルを上書き保存し、ウェブブラウザで「index.html」ファイルの表示を確認しておきましょう。

Point 4

「a6」フォルダから、不要な「sample.txt」ファイルを削除します。

以上で、作業6で必要な作業はすべて終了です。
正しく修正されていれば、大見出し、中見出し、本文、箇条書きリスト、番号付きリストなどが確認できます。同じ表示になっていない場合は、修正した箇所にミスがないかどうかを確認してください。

最後に

作成したデータを再度、確認して不要なファイルがないかどうかを確認してください。
また、検定公式ブラウザであるInternet Explorer 6 SP2以降及び、Firefox 3.0以降の双方で、表示やレイアウトの崩れなどがないかどうかを確認してください。

3級実技試験は6課題のうち、5つを選択し提出することとなっています。もし、全課題について解答データを作成した際には、作成したデータの「a1」から「a6」より、5つのフォルダを「wd3」フォルダに残し、不要なフォルダは削除して作業は完了となります。

※すべての作業が終了したら、「data3」フォルダは削除しておきましょう。

Answer

平成25年度 第3回試験

解答と解説

学科試験 ································· 57
実技試験 ································· 63

平成25年度 第3回 学科試験

第1問　解答　2

解説　「タグ」は、「<」と「>」の記号を使って構成されるものです。開始タグと終了タグの2種類があります。
「要素」とは、開始タグと終了タグで囲まれた全体を指します。

```
タグ                          タグ
<div>ウェブデザイン検定</div>
         要素
```

第2問　解答　2

解説　ブラウザで問題なく表示されていても、タグが正しく記述されていなかったり、同じ箇所に複数のスタイルが競合していたりするなど、文法上の問題がある場合もあります。よって、HTMLとCSSの文法に間違いが全くないとはいえません。

第3問　解答　1

解説　「WCAG 2.0」では、次のように明記されています。

> ガイドライン1.1代替テキスト：
> すべての非テキストコンテンツには代替テキストを提供して、拡大印刷、点字、音声、シンボル、平易な言葉などのような、ユーザが必要とする形式に変換できるようにする。

第4問　解答　1

解説　「fps（frames per second）」とは、1秒間に何回、フレーム（映像）が更新されるかを表す単位になります。

第5問　解答　1

解説　顧客リストや販売マニュアルなど、「営業秘密」として管理されている企業の営業情報は、「不正競争防止法」によって、役員、従業員、第三者などによる不正使用から保護されています。
なお、不正競争防止法では、営業秘密を次のように定義しています。

> 秘密として管理されている生産方法、販売方法その他の事業活動に有用な技術上または営業上の情報であって、公然と知られていないものをいう。

つまり、「秘密管理性」「有用性」「非公知性」の3つの要件を満たす必要があります。このうち、秘密管理性が認められるためには、事業者が主観的に秘密として管理しているだけでは不十分であり、客観的に秘密として管理されていると認識できる状態にあることが必要です。

第6問　解答　2

解説　「個人情報の保護に関する法律」（いわゆる「個人情報保護法」）の第18条では、個人情報取扱事業者は、個人情報を取得した場合は、「あらかじめその利用目的を公表している場合を除き、」速やかに、その利用目的を、本人に通知し、又は公表しなければならないと規定しています。
本人への通知に該当する事例として、面談においては、口頭またはちらしなどの文書を渡すこと、電子商取引においては、取引の確認を行うための自動応答の電子メールに記載して送信することなどが挙げられます。

第7問　解答　1

解説　ウェブサイトの同一階層内のコンテンツ間を移動するためのナビゲーションは「ローカルナビゲーション」といい、特定のコンテンツや特定のページのみに配置されます。
一方、グローバルナビゲーションには、そのウェブサイトにおける主要なコンテンツへのリンクが集められており、どのページにも共通して用意されているものです。

第8問　解答　2

解説　厚生労働省の新しい「VDT作業における労働衛生管理のためのガイドライン」の「4 作業管理」の「(3)調整」では、次のように明記されています。

> □　ディスプレイ
> 　（ロ）ディスプレイは、その画面の上端が眼の高さとほぼ同じか、やや下になる
> 　　　　高さにすることが望ましい。

第9問 解答 2

解説 以前のディスプレイは「**72dpi（dots per inch）**」が標準的な解像度でした。最近のディスプレイは、100dpi前後の解像度を持つものが主流になっていますので、72dpi以下にしなければならないとはいえません。

第10問 解答 2

解説 優れた発明であっても、特許庁へ特許出願しなければ、特許権を取得することはできません。我が国においては、先願主義を採用しているので、同じ発明が複数あった場合は、先に出願された発明のみが特許権を取得することができます。
「**先願主義**」とは、先に出願した者に特許を付与する主義のことで、米国以外で採用されています。米国では、「**先発明主義**」という先に発明した者に特許を付与する方式が採用されています。

第11問 解答 2

解説 HTMLにコメントを記述する場合は、「**<!-- コメント -->**」とします。「**-（ハイフン）**」は前後ともに2つ必要です。

第12問 解答 1

解説 meta要素のdescription属性は、ページを説明する自由記述形式の文字列である必要があります。

第13問 解答 1

解説 「**marginプロパティ**」は、ほかの要素と見分けをつけるための最も外側にある余白です。この領域は背景の適用対象外になります。

第14問 解答 2

解説 img要素の代替テキストはalt属性の値として指定します。画像を表示しない環境や音声出力・点字出力などの非視覚環境に配慮した設定です。

第15問　解答 3

解説　「font-weightプロパティ」は、文字の太さを指定します。
属性値に設定できる値は、次のとおりです。

値	説明
100～900（100刻み）	数値が大きければ大きいほど太い文字となる（400が標準の太さ）
normal	標準の太さ
bold	一般的な太字（700と同じ太さ）
bolder	一段階太くなる
lighter	一段階細くなる

値を数値で設定する場合は、単位の記述は行わないため、選択肢3の記述は誤りです。

第16問　解答 4

解説　CSSに使われるカラーコードは通常は6桁です。しかし、RGBそれぞれの色指定の値が同じ値であれば、省略して3桁にできます。

```
例）青色の場合
    #0000FF  →  #00F
```

また、RGBでの色指定以外に、あらかじめ基本の16色に付けられた「カラーネーム」で指定することもできます。
カラーネームとRGBの対応は、次のとおりです。

色	カラーネーム	RGB
黒色	black	#000000
銀色	silver	#c0c0c0
灰色	gray	#808080
白色	white	#ffffff
赤色	red	#ff0000
黄色	yellow	#ffff00
黄緑色	lime	#00ff00
水色	aqua	#00ffff
青色	blue	#0000ff
ピンク色	fuchsia	#ff00ff
茶色	maroon	#800000
オリーブ色	olive	#808000
緑色	green	#008000
青緑色	teal	#008080
紺色	navy	#000080
紫色	purple	#800080

第17問 解答 1

解説 要素にマウスポインタが重なったときのスタイルは、「:hover」で記述します。
「:link」は未訪問のリンク、「:visited」は訪問済みのリンク、「:active」は選択中のリンクのスタイルを表します。

第18問 解答 3

解説 「HTTPステータスコード」とは、HTTPプロトコルが、ウェブサーバからの応答の状態を表す3桁の数字です。
「403」は「Forbidden」というステータスになります。これは、リクエストは受け取ったがそのリクエストの実行を拒否したり、アクセス権がなかったりした場合に表示されます。

第19問 解答 3

解説 「SLA（Service Level Agreement）」とは、IT関連サービスの提供者がサービスの内容や品質を保証する制度のことで、「サービス品質保証契約」や「サービス品質保証制度」ともいいます。
SLA締結の指標として、サービスの稼働率を用いることが多くあります。提供するサービスの稼働率に基準値を設け、稼働率がその基準を下回った場合に、そのサービスを契約している顧客に対し、一定の料金を返還するというような取り決めを行います。

第20問 解答 4

解説 再読込なしで再描画させるということは、サーバ側で動作するプログラム言語では達成できません。よって、クライアント側で動作する「JavaScript」になります。

第21問 解答 3

解説 厚生労働省の新しい「VDT作業における労働衛生管理のためのガイドライン」の「3 作業環境管理」では、次のように明記されています。

> （1）照明及び採光
> 　イ　室内は、できるだけ明暗の対照が著しくなく、かつ、まぶしさを生じさせないようにすること。

第22問 解答 1

解説 「**画素数**」とは、画像を構成する点の数のことで、縦方向に並んだ点の数と横方向に並んだ点の数の積で表されます。画素数が大きいほど画像は精細で表現力が高くなりますが、その分データ量も多くなります。
なお、1インチあたりの点の数で表すのは解像度で、単位はdpi（dots per inch）です。

第23問 解答 1

解説 「**アスペクト比**」とは、画面や画像の縦と横の長さの比率になります。最近のテレビなどは16:9のアスペクト比になっています。

第24問 解答 4

解説 「**ISO 9241-11**」において、ある製品が、指定された利用者によって、指定された利用の状況下で、指定された目標を達成するために用いられる際の有効さ、効率及び満足度の度合いと定義されているものは「**ユーザビリティ**」です。

第25問 解答 1

解説 「**WCAG 2.0**」では、次のように明記されています。

> ガイドライン2.1 キーボード操作可能：
> すべての機能をキーボードから利用できるようにする。

平成25年度 第3回
実技試験

作業の前に
「H25_3」フォルダ内の「data3」フォルダをデスクトップにコピーしておきましょう。

作業で使用する素材は、「data3」フォルダ内にあります。このフォルダには、作業1から作業6で使用する素材が「qx」フォルダという名前でまとめられています。
各作業の前に、デスクトップの「wd3」フォルダに「qx」フォルダをコピーし、フォルダの名前を「ax」に変更します。
※「wd3」フォルダがない場合は、自分で作成します。
※「qx」「ax」のxは、作業1から作業6の各番号に読み替えてください。

作業1

この課題では、ウェブサイトのHTMLファイル、CSSファイル、その他のソースファイルを適切な形で、指示されたサイトのディレクトリ構造に合わせて、構成する必要があります。
作業を開始する前に、ウェブブラウザで「**index.html**」ファイルの表示を確認しておきましょう。

●作業1の完成イメージ

（Internet Explorerで表示）

（Firefoxで表示）

Point 1

「fs.jpg」ファイルを開いて、作成するディレクトリ構造を確認します。
「a1」フォルダ内が、「fs.jpg」ファイルで確認したディレクトリ構造と同じになるように、フォルダの作成やファイルの移動を行います。

> ファイルを移動すると、「index.html」ファイル内で参照している画像ファイルやCSSファイルのパスが正しくなくなります。そのため、ファイルの移動を行った場合は、パスの修正が必要です。

Point 2

パスを修正します。
「index.html」ファイルを開いて、次の構文に含まれているファイルのパスを修正します。

●7行目

```
<link href="style.css" rel="stylesheet" type="text/css">
```
⬇
```
<link href="style/style.css" rel="stylesheet" type="text/css">
```

●11行目

```
<div id="header"><img name="site_id" src="top.jpg" width="690" height="120" alt="サイトID"></div>
```
⬇
```
<div id="header"><img name="site_id" src="img/top.jpg" width="690" height="120" alt="サイトID"></div>
```

> ＨＴＭＬファイルやＣＳＳファイルを編集するには、検定試験の公式ソフトウェアでもある「TeraPad」や「サクラエディタ」を使うとよいでしょう。
> 「メモ帳」や「ワードパッド」でも編集できますが、「TeraPad」や「サクラエディタ」は、文字色の変更や行数の表示などができるので、ウェブページの作成に適しています。

修正できたら、ファイルを上書き保存し、ウェブブラウザで「index.html」ファイルの表示を確認しておきましょう。

Point 3

CSSファイルのパスを修正します。
「**style.css**」ファイルを開いて、次の構文に含まれているファイルのパスを修正します。

●8行目

```
background-image: url(bg.gif);
↓
background-image: url(../img/bg.gif);
```

●18行目

```
background-image: url(bd.gif);
↓
background-image: url(../img/bd.gif);
```

●142行目

```
background-image: url(ar.gif);
↓
background-image: url(../img/ar.gif);
```

> 「style」フォルダ内にある「style.css」から「img」フォルダ内のファイルを参照する場合は、「相対パス」で指定します。相対パスは、階層をたどって記述するため、「../img/ファイル名」という形になります。「../」でひとつ上の階層を表します。

修正できたら、ファイルを上書き保存し、ウェブブラウザで「**index.html**」ファイルの表示を確認しておきましょう。

Point 4

「**a1**」フォルダから、不要な「**fs.jpg**」ファイルを削除します。

以上で、作業1で必要な作業はすべて終了です。
表示結果が作業前に確認した「**index.html**」ファイルと同じなら修正が正しく反映されています。同じ表示になっていない場合は、修正した箇所にミスがないかどうかを確認してください。

作業2

この課題は、ウェブサイトの複数のHTMLファイルについて、指示されたナビゲーションなどの要素にリンクを設定し、また、ページの見出しや本文の修正を行う必要があります。

● 作業2の完成イメージ

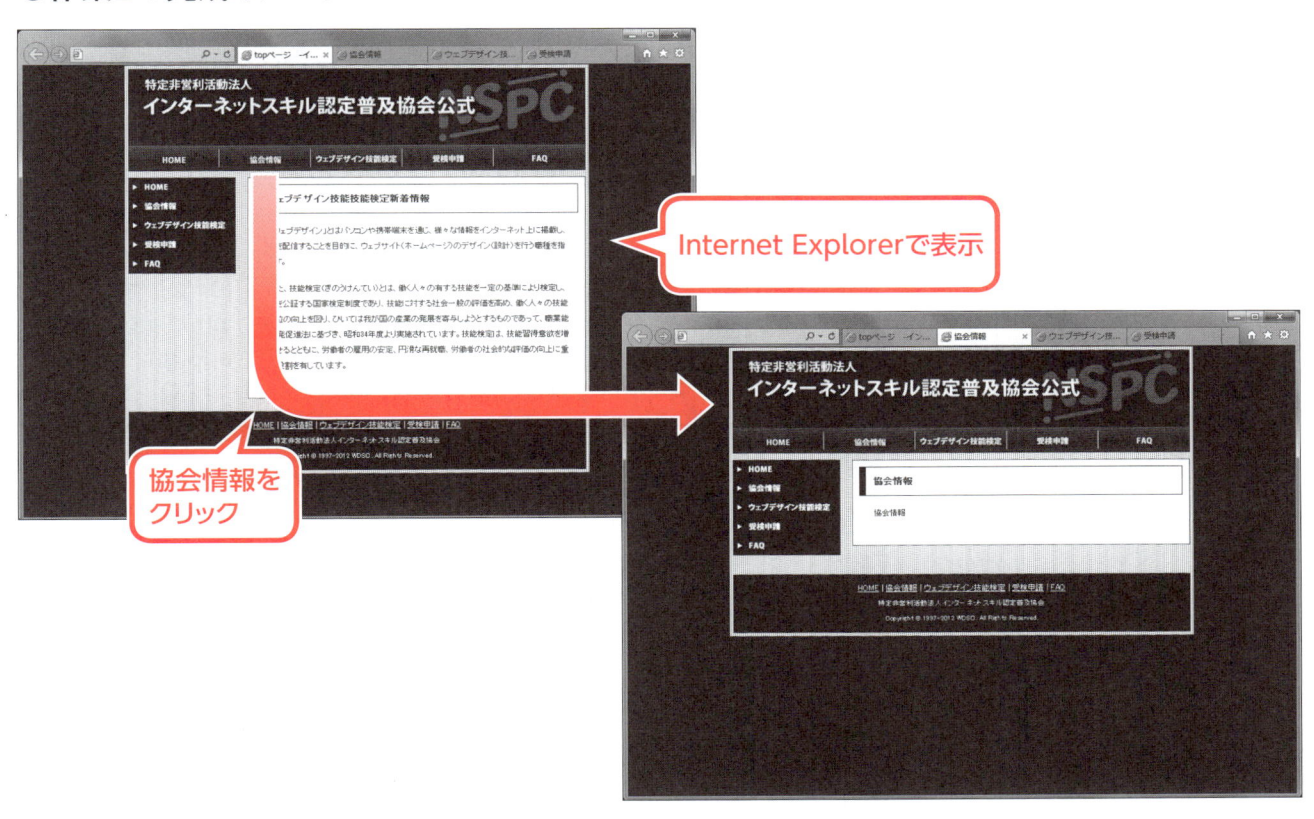

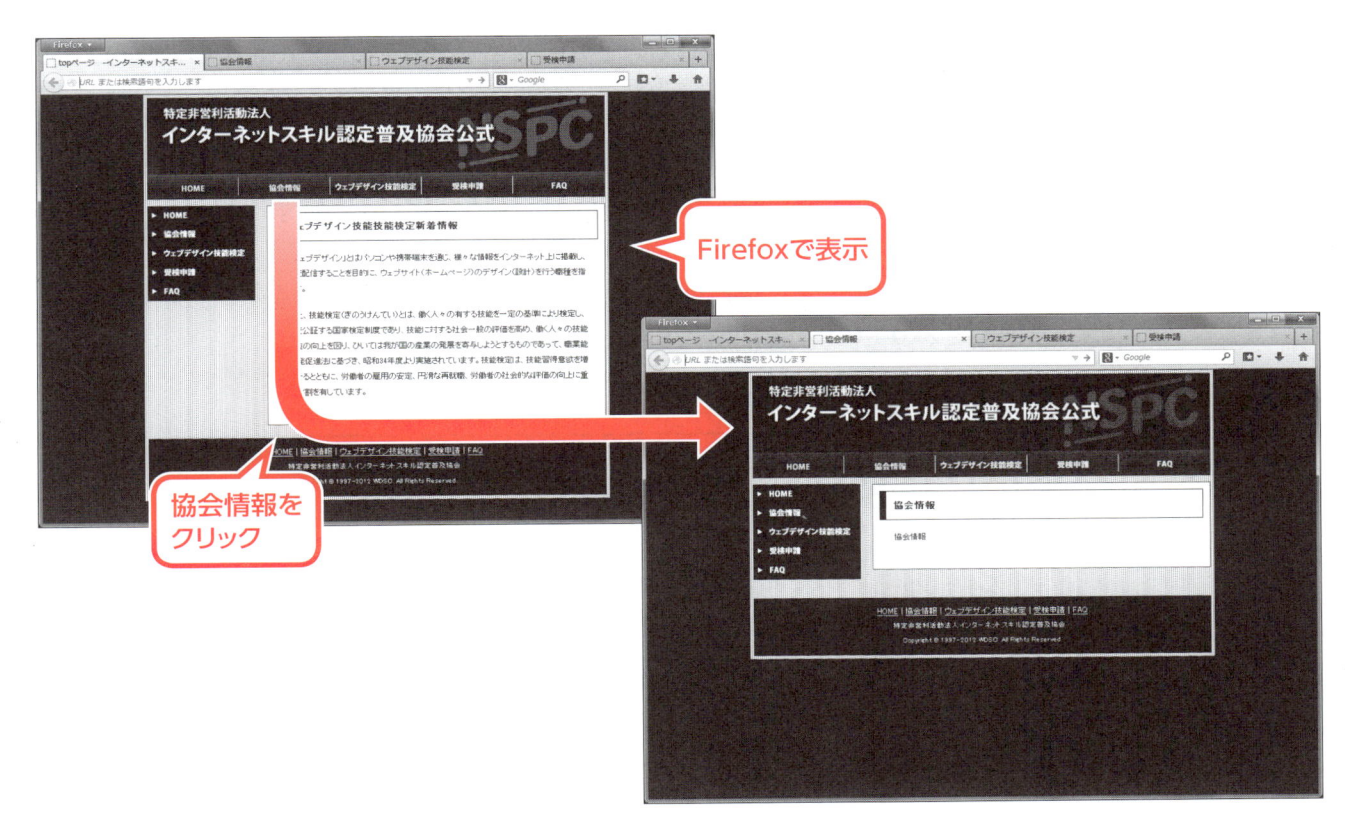

Internet Explorerで表示

協会情報をクリック

Firefoxで表示

協会情報をクリック

Point 1

「index.html」ファイルのグローバルナビゲーションの部分にリンクを設定します。
「index.html」ファイルを開いて、次の構文に含まれているリンクの記述を修正します。

●13行目

```
<a href="#"><img src="img/gl_bt_home.gif" alt="HOME"></a><a href="#"><img src="img/gl_bt_info.gif" alt="協会情報"></a><a href="#"><img src="img/gl_bt_wdsc.gif" alt="ウェブデザイン技能検定"></a><a href="#"><img src="img/gl_bt_app.gif" alt="受検申請"></a><a href="#"><img src="img/gl_bt_faq.gif" alt="FAQ"></a>
```
⬇
```
<a href="index.html"><img src="img/gl_bt_home.gif" alt="HOME"></a><a href="info.html"><img src="img/gl_bt_info.gif" alt="協会情報"></a><a href="skilltest.html"><img src="img/gl_bt_wdsc.gif" alt="ウェブデザイン技能検定"></a><a href="form.html"><img src="img/gl_bt_app.gif" alt="受検申請"></a><a href="#"><img src="img/gl_bt_faq.gif" alt="FAQ"></a>
```

修正できたら、ファイルを上書き保存し、ウェブブラウザで「index.html」ファイルを開いて、各グローバルナビゲーションのリンクが正しく設定されているかどうかをクリックして確認しておきましょう。

Point 2

「index.html」ファイルと同様に、「info.html」「skilltest.html」「form.html」の各ファイルも修正します。
すべてのファイルで正しくリンクが設定されているかどうかを確認しておきましょう。

> 1ファイルごとに入力してもよいですが、入力ミスを防ぐには「index.html」ファイルの13行目をコピーし、ほかのHTMLファイルの該当箇所に貼り付けるとよいでしょう。

Point 3

「info.html」ファイルの「A」の箇所を修正します。
「info.html」ファイルを開いて<title>タグを確認し、次の構文に含まれている見出しとその下の段落の記述を修正します。

●19行目〜

```
<h1>A</h1>
<p>A</p>
```
⬇
```
<h1>協会情報</h1>
<p>協会情報</p>
```

修正できたら、ファイルを上書き保存し、ウェブブラウザで「info.html」ファイルの表示を確認しておきましょう。

Point 4

「info.html」ファイルと同様に、「skilltest.html」「form.html」の各ファイルも修正します。

「skilltest.html」ファイル

●19行目～

```
<h1>B</h1>
<p>B</p>
```
⬇
```
<h1>ウェブデザイン技能検定</h1>
<p>ウェブデザイン技能検定</p>
```

「form.html」ファイル

●19行目～

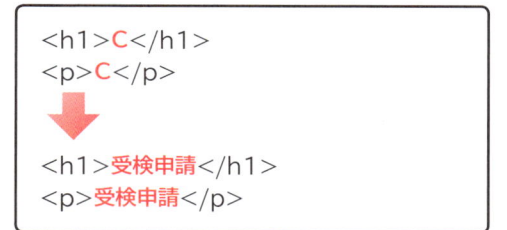

```
<h1>C</h1>
<p>C</p>
```
⬇
```
<h1>受検申請</h1>
<p>受検申請</p>
```

修正できたら、ファイルを上書き保存し、ウェブブラウザで「skilltest.html」「form.html」の各ファイルの表示を確認しておきましょう。

以上で、作業2で必要な作業はすべて終了です。
すべてのHTMLファイルをウェブブラウザで開いて、次の点を確認しておきましょう。

- グローバルナビゲーションにリンクが設定されている。
- 本文中の「A」「B」「C」だった箇所が、ページタイトルと同じになっている。

作業3

この課題は、完成イメージファイルを参考にして、用意された複数のCSSファイルの中から適切なものを適用する必要があります。

●作業3の完成イメージ

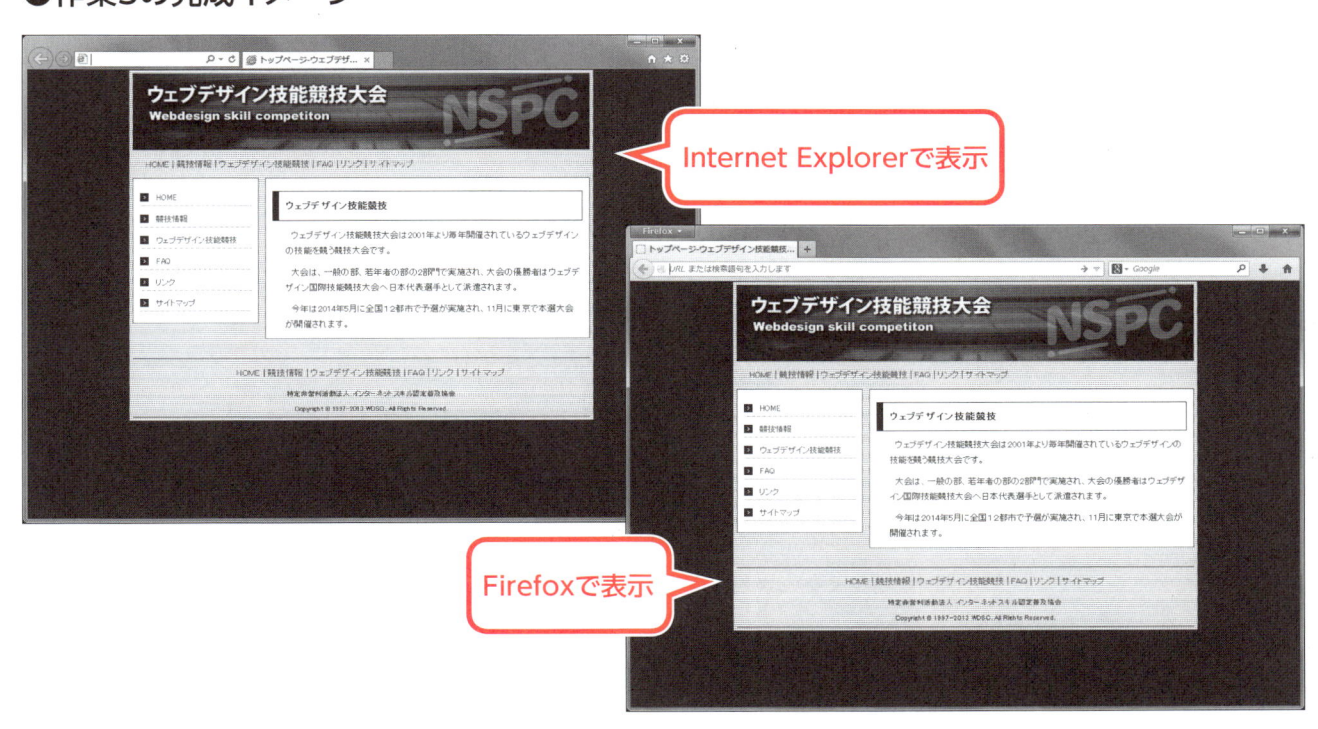

（Internet Explorerで表示）

（Firefoxで表示）

Point 1

各jpgファイルを開いて、次のような点を確認します。

```
全体の背景          :青斜めボーダー
内側の背景          :横ボーダー
本文テキスト        :濃い灰色
横ナビゲーション位置 :左
フッターナビゲーション:水色
フッターテキスト    :濃い灰色
```

Point 2

「index.html」ファイルを開いて、CSSファイルに関する記述を修正します。
7行目の「#」の箇所を「1.css」「2.css」「3.css」に置き換えて、結果を確認します。

●7行目

```
<link href="#" rel="stylesheet" type="text/css">
```
⬇
```
<link href="1.css" rel="stylesheet" type="text/css">
<link href="2.css" rel="stylesheet" type="text/css">
<link href="3.css" rel="stylesheet" type="text/css">
```

3つのCSSファイルを見比べてみると、完成イメージと同じものは、「1.css」ファイルになります。
「index.html」ファイルのCSSファイルに関する記述を「1.css」に修正します。

修正できたら、ファイルを上書き保存し、ウェブブラウザで「index.html」ファイルの表示を確認しておきましょう。

Point 3

「a3」フォルダから不要なファイルを削除します。
削除するファイルは、次のとおりです。

```
2.css、3.css、ie6_1.jpg、ie7_8_1.jpg、ie9_10_1.jpg、ff_1.jpg
b1.gif、c1.gif
```

※「img」フォルダ内の不要なファイルも忘れずに削除しましょう。

以上で、作業3で必要な作業はすべて終了です。
表示結果が完成イメージと同じになっていれば、修正が正しく反映されています。同じ表示になっていない場合は、修正した箇所にミスがないかどうかを確認してください。

作業4

この課題は、CSSファイルを編集して、h1要素の背景や文字の色を変更する必要があります。

●作業4の完成イメージ

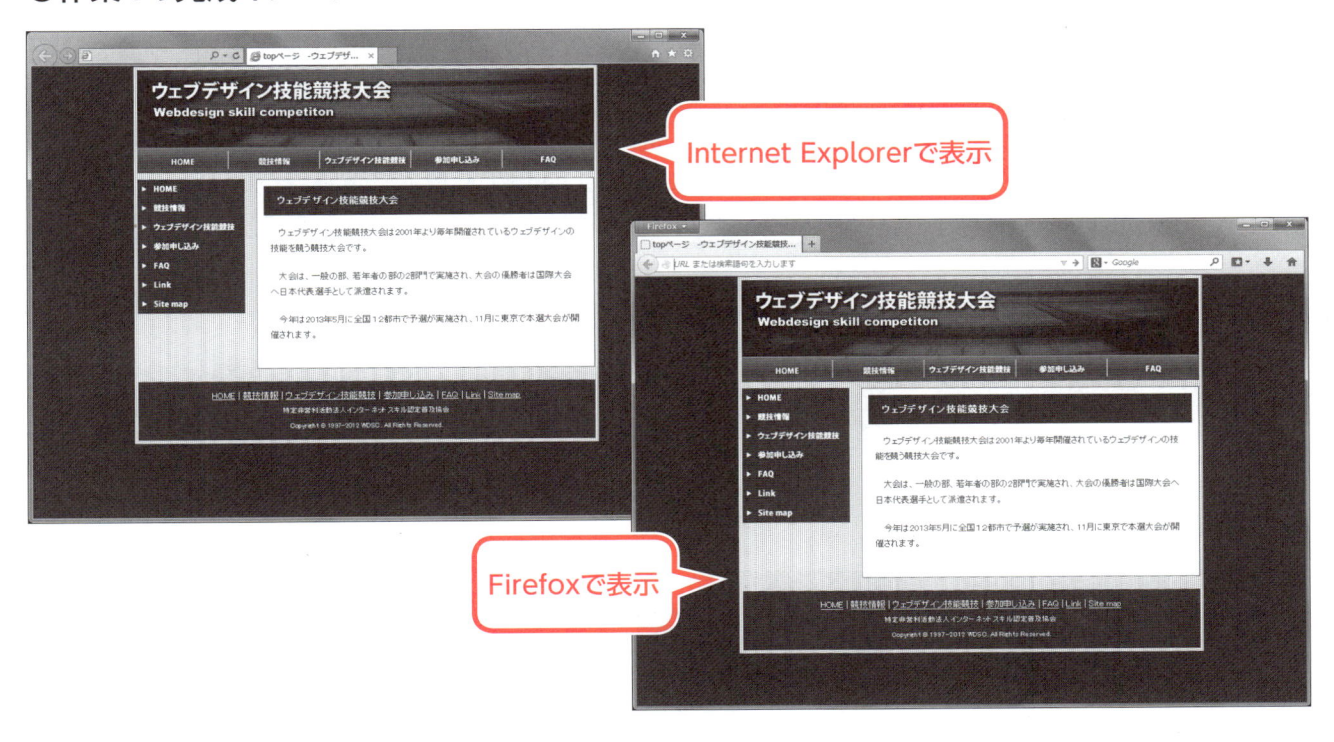

Internet Explorerで表示

Firefoxで表示

Point 1

「style.css」ファイル内のh1要素に関する記述に、次の2行を追加します。

●71行目～

```
h1 {
        font-size: 11pt;
        padding: 10px;
        border-top: 1px solid #030;
        border-right: 1px solid #030;
        border-bottom: 1px solid #030;
        border-left: 10px solid #030;
        margin: 0px 0px 15px;
        background-color: #333366;
        color: #ffffff;
}
```

※修正内容は一例になります。これ以外の記述でも実現は可能です。

> CSSファイルを修正する場合は、次のような点に注意しましょう。
>
> - プロパティ入力時にスペルミスをしない。
> - 「:(コロン)」や「;(セミコロン)」を正しい位置に入力する。

修正できたら、ファイルを上書き保存し、ウェブブラウザで「index.html」ファイルの表示を確認しておきましょう。

以上で、作業4で必要な作業はすべて終了です。
正しく修正が行われていれば、見出し部分の背景と文字に色が付きます。同じ表示になっていない場合は、修正した箇所にミスがないかどうかを確認してください。

作業5

この課題は、完成イメージファイルを参考にして、CSSファイルを編集するという問題です。CSSファイルに、各エリアに対応したプロパティを追加して、値を設定する必要があります。

●作業5の完成イメージ

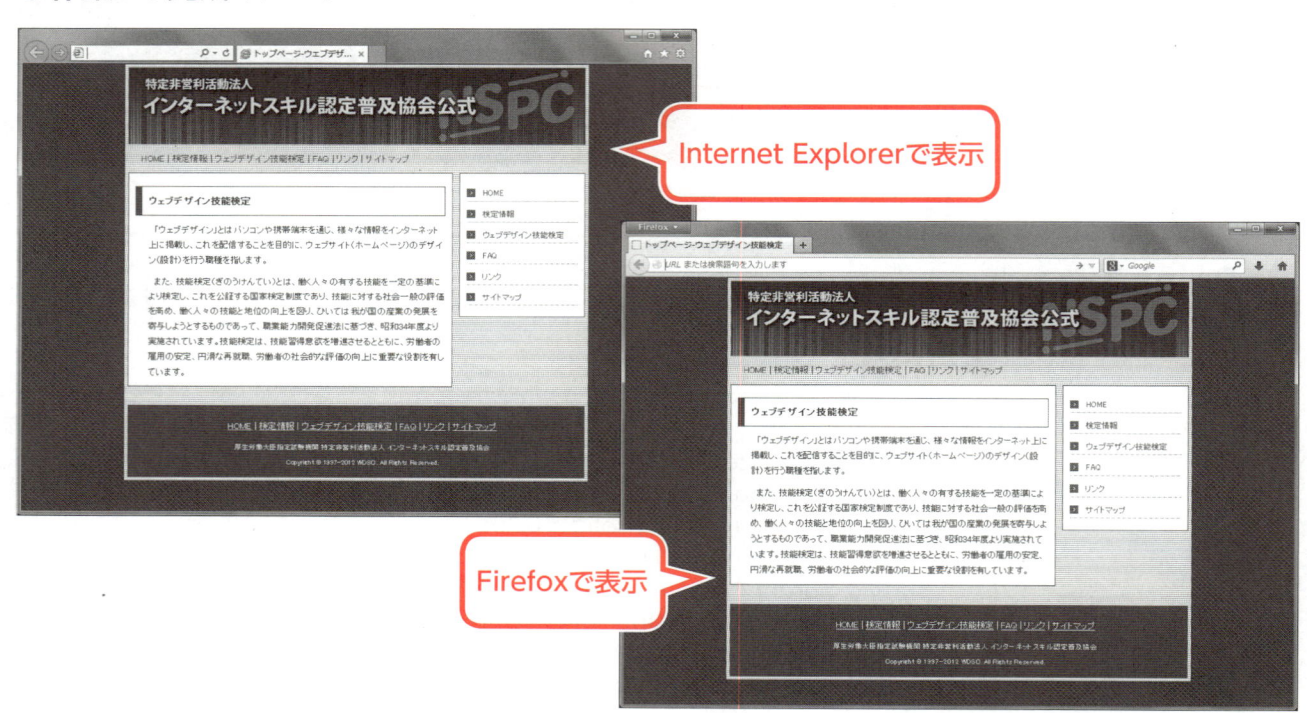

Point 1

各jpgファイルを開いて、次のような点を確認します。

> 全体の背景：緑斜めボーダー
> 内側の背景：横ボーダー

※この背景として使われている画像は、「img」フォルダの中にあります。

Point 2

「style.css」ファイルのbody要素とwrap要素に関する記述に、次の行を追加します。

●1行目〜

```css
body {
            font-family: "MS Pゴシック", Osaka, sans-serif;
            line-height: 1.5em;
            color: #333333;
            padding: 0px;
            margin: 0px;
            background-color: #FFFFFF;
            background-image: url(img/b2.gif);
}
#wrap {
            background-color: #FFFFFF;
            width: 690px;
            padding: 5px;
            margin: 0px auto;
            border: 1px solid #333333;
            background-image: url(img/c1.gif);
}
```

> 「c1.gif」ファイルと「c4.gif」ファイルは、同じ表示結果になりますが、よりファイルサイズの小さい「c1.gif」ファイルを利用する方が適切といえます。

修正できたら、ファイルを上書き保存し、ウェブブラウザで「index.html」ファイルの表示を確認しておきましょう。

Point 3

「a5」フォルダから不要なファイルを削除します。
削除するファイルは、次のとおりです。

> ie6_2.jpg、ie7_8_2.jpg、ie9_10_2.jpg、ff_2.jpg
> b1.gif、b3.gif、c3.gif、c4.gif

※「img」フォルダ内の不要なファイルも忘れずに削除しましょう。

以上で、作業5で必要な作業はすべて終了です。
正しく修正が行われていれば、全体の背景と内側の背景に画像が表示されます。同じ表示になっていない場合は、修正した箇所にミスがないかどうかを確認してください。

作業6

この課題は、HTMLファイルの内容を別のテキストファイルに置き換え、さらにそのテキストを正しく構造化して、更新する必要があります。

●作業6の完成イメージ

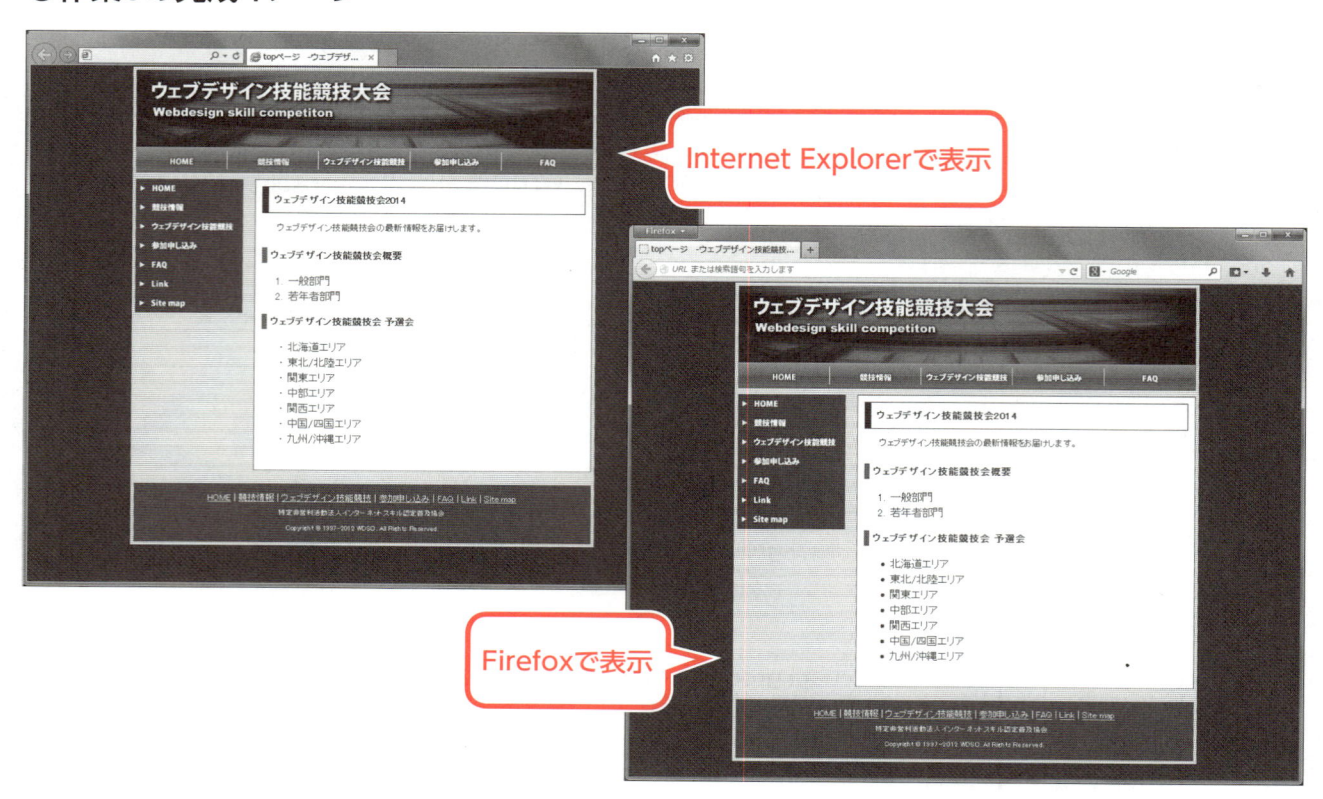

Internet Explorerで表示

Firefoxで表示

Point 1

「sample.txt」ファイルを開いて、指定された要素をどのように使うかを確認します。

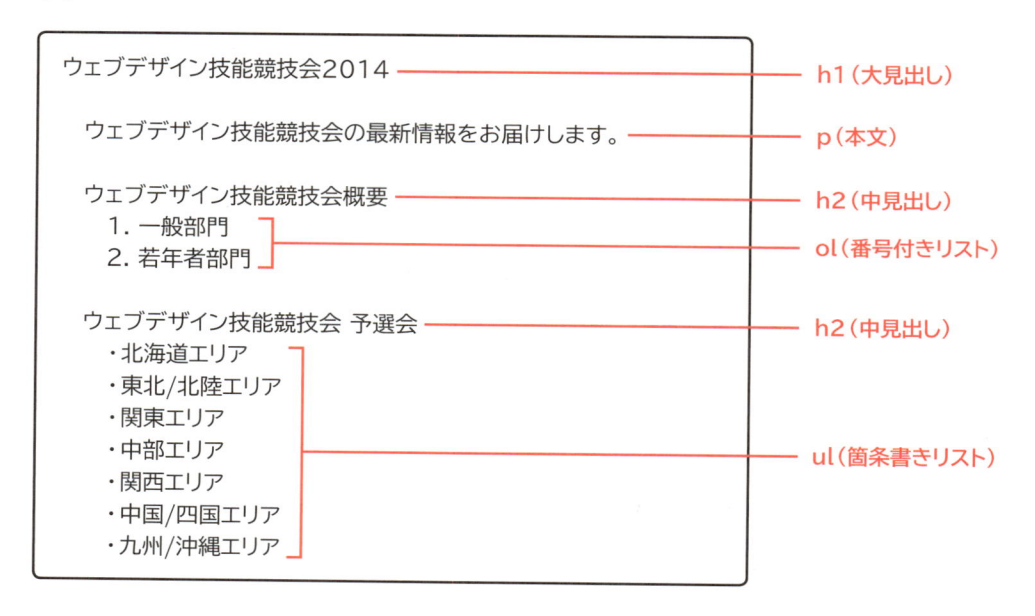

- ウェブデザイン技能競技会2014 —— h1(大見出し)
- ウェブデザイン技能競技会の最新情報をお届けします。 —— p(本文)
- ウェブデザイン技能競技会概要 —— h2(中見出し)
  - 1. 一般部門
  - 2. 若年者部門 —— ol(番号付きリスト)
- ウェブデザイン技能競技会 予選会 —— h2(中見出し)
  - ・北海道エリア
  - ・東北/北陸エリア
  - ・関東エリア
  - ・中部エリア —— ul(箇条書きリスト)
  - ・関西エリア
  - ・中国/四国エリア
  - ・九州/沖縄エリア

Point 2

「index.html」ファイルを開いて、「main_content」内のh1要素とp要素の内容を削除します。

Point 3

「sample.txt」ファイルの情報を「index.html」ファイル内に構造化しながら書き込んでいきます。

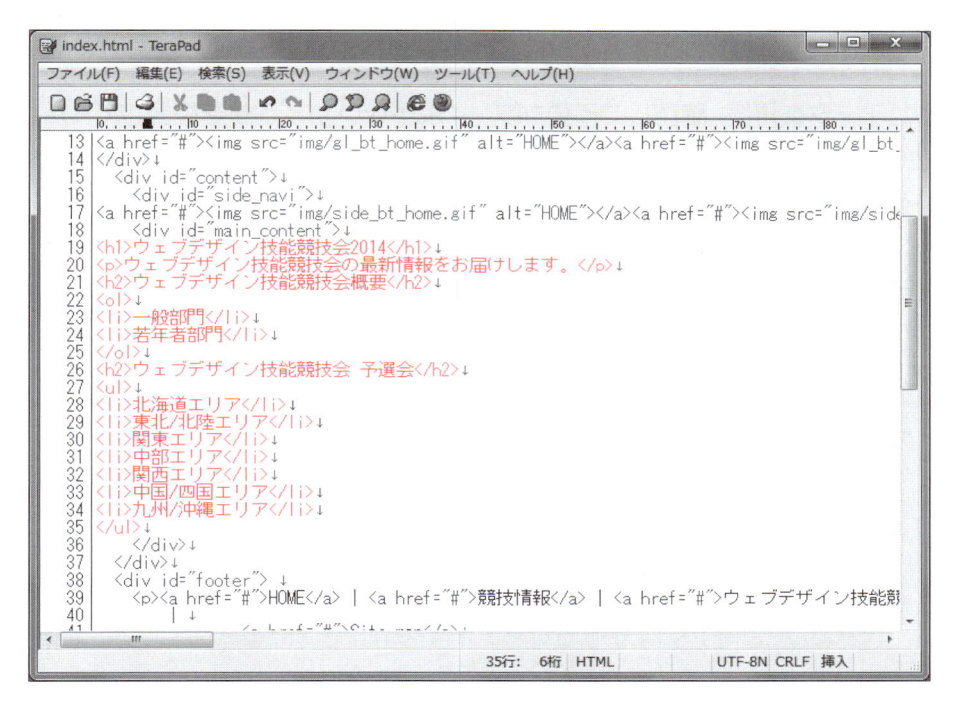

```
13  <a href="#"><img src="img/gl_bt_home.gif" alt="HOME"></a><a href="#"><img src="img/gl_bt_
14  </div>
15      <div id="content">
16        <div id="side_navi">
17  <a href="#"><img src="img/side_bt_home.gif" alt="HOME"></a><a href="#"><img src="img/side_
18        <div id="main_content">
19  <h1>ウェブデザイン技能競技会2014</h1>
20  <p>ウェブデザイン技能競技会の最新情報をお届けします。</p>
21  <h2>ウェブデザイン技能競技会概要</h2>
22  <ol>
23  <li>一般部門</li>
24  <li>若年者部門</li>
25  </ol>
26  <h2>ウェブデザイン技能競技会 予選会</h2>
27  <ul>
28  <li>北海道エリア</li>
29  <li>東北/北陸エリア</li>
30  <li>関東エリア</li>
31  <li>中部エリア</li>
32  <li>関西エリア</li>
33  <li>中国/四国エリア</li>
34  <li>九州/沖縄エリア</li>
35  </ul>
36      </div>
37     </div>
38      <div id="footer">
39        <p><a href="#">HOME</a> | <a href="#">競技情報</a> | <a href="#">ウェブデザイン技能競
40        |
```

構造化を行う際には、インデントは付けなくてもかまいません。

箇条書きリストや番号付きリストの各リスト項目は、li要素で指定します。

修正できたら、ファイルを上書き保存し、ウェブブラウザで「index.html」ファイルの表示を確認しておきましょう。

Point 4

「a6」フォルダから、不要な「sample.txt」ファイルを削除します。

以上で、作業6で必要な作業はすべて終了です。
正しく修正されていれば、大見出し、中見出し、本文、番号付きリスト、箇条書きリストなどが確認できます。同じ表示になっていない場合は、修正した箇所にミスがないかどうかを確認してください。

最後に

作成したデータを再度、確認して不要なファイルがないかどうかを確認してください。
また、検定公式ブラウザであるInternet Explorer 6 SP2以降及び、Firefox 3.0以降の双方で、表示やレイアウトの崩れなどがないかどうかを確認してください。

3級実技試験は6課題のうち、5つを選択し提出することとなっています。もし、全課題について解答データを作成した際には、作成したデータの「a1」から「a6」より、5つのフォルダを「wd3」フォルダに残し、不要なフォルダは削除して作業は完了となります。

※すべての作業が終了したら、「data3」フォルダは削除しておきましょう。

Answer

平成24年度 第1回試験

解答と解説

学科試験 ……………………………………… 77
実技試験 ……………………………………… 83

平成24年度 第1回
学科試験

第1問
解答 1

解説 XHTML 1.1は、XHTML 1.0 Strict DTDをモジュール化により再形式化したものであるため、カテゴリ分けはありません。

第2問
解答 2

解説 子孫セレクタの記述方法は、要素と要素の間に半角スペースをあけて記述します。

要素 a 要素 b {プロパティ:値;}
（半角スペース）

第3問
解答 1

解説 社内での個人データのやり取りは、「第三者提供」にはあたりません。
会社間や同業者間などで個人データをやり取りする場合は、第三者提供に該当します。

第4問
解答 1

解説 「ユーザエージェント」とは、データにアクセスするときに利用されるプログラムのことです。
例えば、ウェブサイトにアクセスするときに利用されるブラウザもユーザエージェントのひとつです。

第5問
解答 1

解説 「トピックパス」とは、ユーザが現在参照しているウェブページのウェブサイト内での位置を、階層構造を用いて確認できるナビゲーションシステムのことです。「パンくずリスト」や「フットパス」ともいいます。

第6問 解答 1

解説 問題文は、VDT作業の説明になります。VDT作業とは、一般的にはパソコンを用いた作業のことをいいます。

第7問 解答 2

解説 現在のほとんどの携帯電話やスマートフォンで、ウェブページの閲覧が可能です。

第8問 解答 2

解説 CSSなどを使ってHTMLのソース量を減らすことにより**「ウェブサイトの軽量化」**が図れるので、読み込み時間が短縮されます。これもアクセシビリティ要件のひとつになります。

第9問 解答 1

解説 ウェブブラウザには、直接URLを入力したり、キーワードを入力したりして該当ページを表示させることができる場所（入力可能なエリア）があります。ブラウザのインターフェースにおいて、そうしたエリアを、**「アドレスバー」**または**「ロケーションバー」**といいます。

第10問 解答 2

解説 データのバージョン管理をすることによって不具合の原因などの解析ができるようになります。バージョン管理は、**「誰が」「いつ」「何をしたか」**を記録しておきます。

第11問 解答 4

解説 FlashコンテンツをHTMLドキュメントに埋め込んで表示させるためには、**「swf」**形式のファイルを用います。
「rm」は、RealMedia形式のファイルで、RealPlayerなどで再生できます。
「mov」は、QuickTime用のファイル形式です。
「fla」は、Flashで作成したソースファイルです。

第12問 解答 1

解説 ユーザが現在参照しているウェブページのウェブサイト内での位置が、上位階層から順に表示されているリンクのリストのことを「**パンくずリスト**」といいます。パンくずリストは、「**トピックパス**」や「**フットパス**」ともいいます。

第13問 解答 1

解説 ウェブサイトの文字が見やすいかどうかは、背景色と文字色の明度差に関係します。一般的に明度差が大きければ大きいほど見やすくなります。
色は、「**0 1 2 3 4 5 6 7 8 9 a b c d e f**」の16進数で明度を表し、「**0**」が最も弱く、「**f**」が最も強くなります。
選択肢1の文字色「**#000000**」は黒、背景色「**#ffffff**」は白になるので、明度差が最も大きいといえます。

第14問 解答 2

解説 h1要素はブロックレベル要素、a要素はインライン要素です。
ブロックレベル要素には内容に別の要素を含めることが可能です。内容に入れる要素は「**入れ子構造**」で記述しなければなりません。この時に外側の要素を「**親要素**」、内側の要素を「**子要素**」といいます。
選択肢1と3は入れ子構造になっていないので間違いです。
選択肢4は、インライン要素にブロックレベル要素が含まれているため間違いです。

第15問 解答 4

解説 Flashや、CSS、JavaScriptを使用した場合でも短時間で完了するような処理であれば問題はありません。しかし、動画は読み込むまでに時間がかかってしまうことがあるので、通常は使用しません。

第16問 解答 3

解説 「**TCP（Transmission Control Protocol）**」と「**UDP（User Datagram Protocol）**」は、通信プロトコルです。
TCPは、信頼性のある通信を提供するためのプロトコルといわれ、UDPは、高速性を重視したプロトコルといわれます。TCPはデータが正しく正確に相手に配送されるかを常にチェックします。UDPはTCPのチェック機能を省き、相手に早くデータを配送することに重点を置いたプロトコルです。
IPv4もIPv6もTCPとUDPで使用可能です。

第17問　解答　4

解説　「font-familyプロパティ」は、要素内の文字のフォントを指定します。個別のフォント名を指定する時は「"(ダブルクォーテーション)」で囲みますが、serifなどの総称名（generic family）を指定する場合は、クォーテーションで囲みません。

第18問　解答　3

解説　「ブロックレベル要素」は、段落、見出し、リスト、表のように文章を構造化する意味を持つ要素です。ol要素はブロックレベル要素です。
a要素、img要素、span要素はインライン要素です。

第19問　解答　1

解説　文字色は「colorプロパティ」で指定します。
「background-colorプロパティ」は背景色を指定します。
選択肢3、4はCSSに存在しません。

第20問　解答　2

解説　ＣＳＳのボックスモデルは、テキストや画像などの「コンテンツエリア（Content Area）」があり、それを囲うように「パディング（Padding）」があります。さらに、その外側を囲うように「ボーダー（Border）」があり、一番外側に「マージン（Margin）」の周辺領域があります。

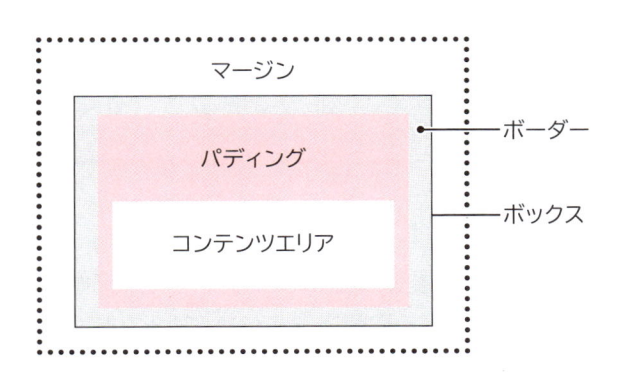

第21問　解答　4

解説　「JPEG（Joint Photographic Experts Group）」は、写真の圧縮に適した画像ファイル形式です。PNGに比べるとファイルサイズが小さく保存できます。
「PNG（Portable Network Graphics）」は、フルカラーの画像を劣化なしで圧縮できます。W3Cが推奨している画像ファイル形式です。
「GIF（Graphic Interchange Format）」は、256色までの画像が保存可能です。アイコンなどに用いられることが多い画像ファイル形式です。
「BMP（Bit MaP）」は、Windowsが標準でサポートしている画像ファイル形式です。1677万7216色まで対応可能です。

第22問　解答　4

解説　不特定多数のユーザが利用するということは、パソコンやスマートフォン、タブレット端末など様々な画面サイズやブラウザでウェブサイトを閲覧される可能性があります。
ユーザによって使用が想定される多くの画面サイズやブラウザ上で、うまく表示されるかどうかを確認する必要があります。

第23問　解答　4

解説　「FTP（File Transfer Protocol）」とは、インターネットなどを介してファイルを転送するプロトコルです。FTPを使うと、相手先のコンピュータにログインしてファイルのアップロードやダウンロードを行うことができます。
FTPでは、ログインするために使用するユーザ名とパスワードを平文（暗号化されていないデータ）のまま送信するので、途中で傍受されてしまったら、情報が漏洩してしまう可能性があります。

第24問　解答　1

解説　「script要素」は、head要素またはbody要素の中に配置できます。
body要素の子要素として配置できるのは、基本的にはブロックレベル要素ですが、script要素はbody要素の直下の子要素として配置できます。
script要素を使うと、ページ内にクライアントサイドスクリプトを組み込むことができます。script要素内に直接コードを記述したり、外部ファイルとして読み込ませたりすることもできます。

第25問　解答　2

解説　ファイルを相対指定する場合は、階層をたどって記述します。
問題文で指示されているディレクトリ構造は、次のとおりです。

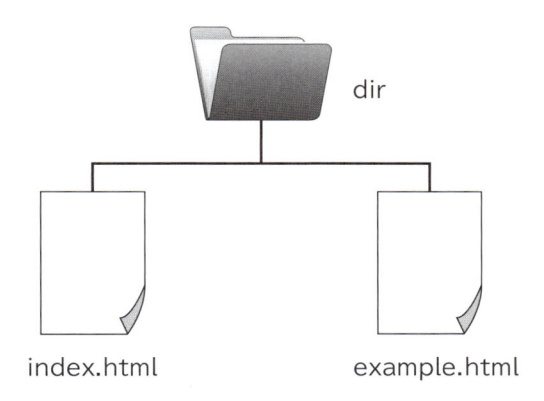

```
dir/
├── index.html
└── example.html
```

「index.html」も「example.html」も同じディレクトリに格納されているので、ファイル名だけで参照できます。

平成24年度 第1回
実技試験

作業の前に
「H24_1」フォルダ内の「data3」フォルダをデスクトップにコピーしておきましょう。

作業で使用する素材は、「data3」フォルダ内にあります。このフォルダには、作業1から作業6で使用する素材が「qx」フォルダという名前でまとめられています。
各作業の前に、デスクトップの「wd3」フォルダに「qx」フォルダをコピーし、フォルダの名前を「ax」に変更します。
※「wd3」フォルダがない場合は、自分で作成します。
※「qx」「ax」のxは、作業1から作業6の各番号に読み替えてください。

作業1

この課題では、ウェブサイトのHTMLファイル、CSSファイル、その他のソースファイルを適切な形で、指示されたサイトのディレクトリ構造に合わせて、構成する必要があります。
作業を開始する前に、ウェブブラウザで「index.html」ファイルの表示を確認しておきましょう。

●作業1の完成イメージ

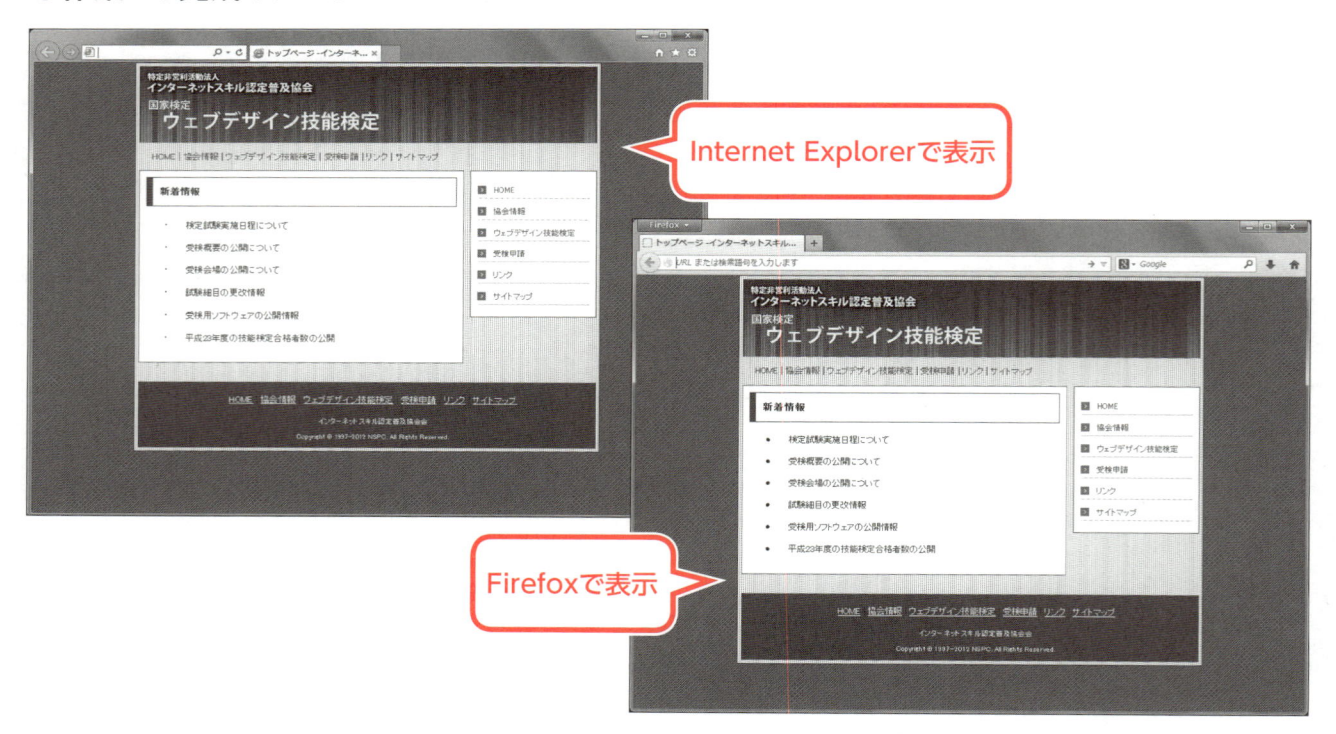

Internet Explorerで表示

Firefoxで表示

Point 1

「fs.jpg」ファイルを開いて、作成するディレクトリ構造を確認します。
「a1」フォルダ内が、「fs.jpg」ファイルで確認したディレクトリ構造と同じになるように、フォルダの作成やファイルの移動を行います。

> ファイルを移動すると、「index.html」ファイル内で参照している画像ファイルやCSSファイルのパスが正しくなくなります。そのため、ファイルの移動を行った場合は、パスの修正が必要です。

Point 2

パスを修正します。
「index.html」ファイルを開いて、次の構文に含まれているファイルのパスを修正します。

●7行目

```
<link href="design.css" rel="stylesheet" type="text/css">
```
⬇
```
<link href="style/design.css" rel="stylesheet" type="text/css">
```

●11行目

```
<div id="header"><img name="site_id" src="top.jpg" width="690" height="120" alt="サイトID"></div>
```
⬇
```
<div id="header"><img name="site_id" src="img/top.jpg" width="690" height="120" alt="サイトID"></div>
```

> HTMLファイルやCSSファイルを編集するには、検定試験の公式ソフトウェアでもある「TeraPad」や「サクラエディタ」を使うとよいでしょう。
> 「メモ帳」や「ワードパッド」でも編集できますが、「TeraPad」や「サクラエディタ」は、文字色の変更や行数の表示などができるので、ウェブページの作成に適しています。

修正できたら、ファイルを上書き保存し、ウェブブラウザで「index.html」ファイルの表示を確認しておきましょう。

Point 3

CSSファイルのパスを修正します。
「design.css」ファイルを開いて、次の構文に含まれているファイルのパスを修正します。

●8行目

```
background-image: url(bg.gif);
```
⬇
```
background-image: url(../img/bg.gif);
```

●18行目

```
background-image: url(bd.gif);
```
⬇
```
background-image: url(../img/bd.gif);
```

●142行目

```
background-image: url(sign.gif);
```
⬇
```
background-image: url(../img/sign.gif);
```

> 「style」フォルダ内にある「design.css」から「img」フォルダ内のファイルを参照する場合は、「相対パス」で指定します。相対パスは、階層をたどって記述するため、「../img/ファイル名」という形になります。「../」でひとつ上の階層を表します。

修正できたら、ファイルを上書き保存し、ウェブブラウザで「index.html」ファイルの表示を確認しておきましょう。

Point 4

「a1」フォルダから、不要な「fs.jpg」ファイルを削除します。

以上で、作業1で必要な作業はすべて終了です。
表示結果が作業前に確認した「index.html」ファイルと同じなら修正が正しく反映されています。同じ表示になっていない場合は、修正した箇所にミスがないかどうかを確認してください。

作業2

この課題では、ウェブサイトの複数のHTMLファイルについて、指示されたナビゲーションなどの要素にリンクを設定し、また、ページの見出しや本文の修正を行う必要があります。

●作業2の完成イメージ

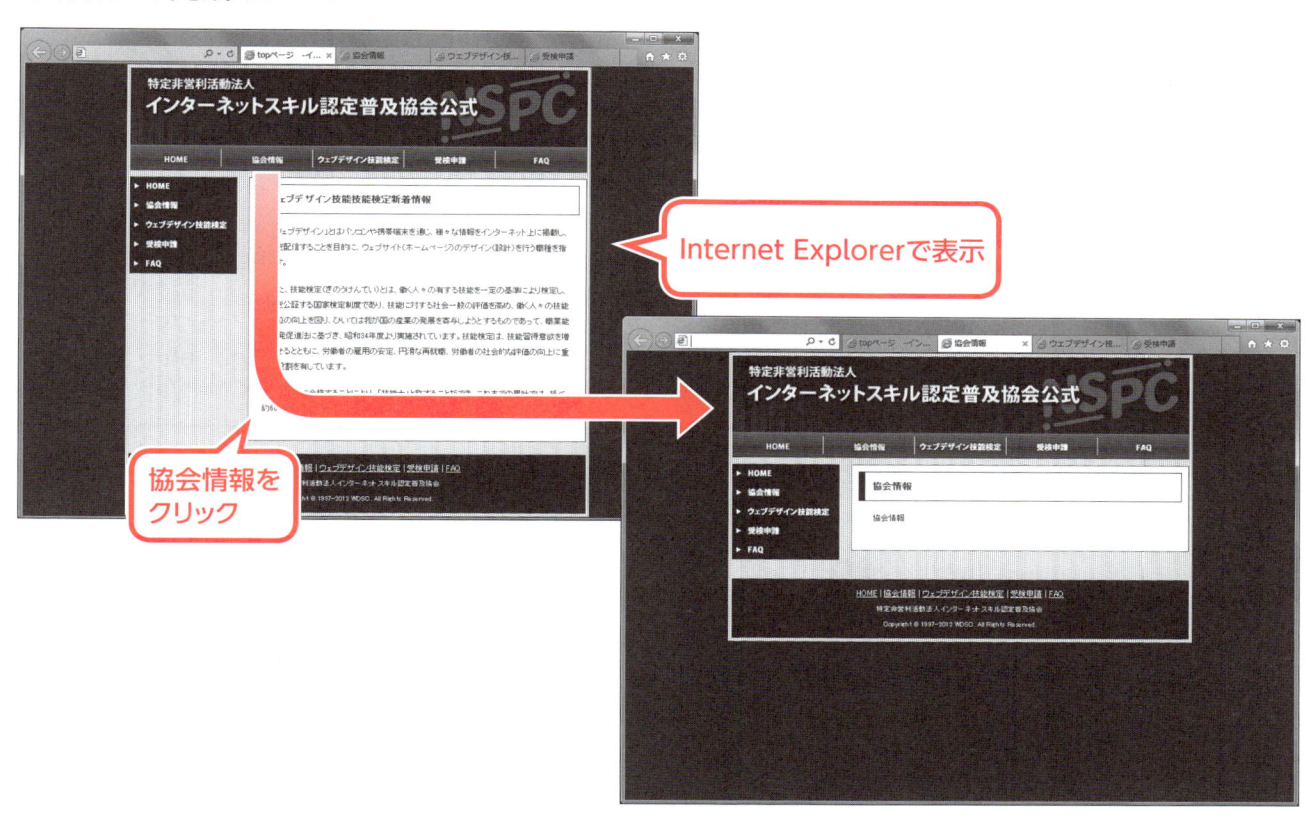

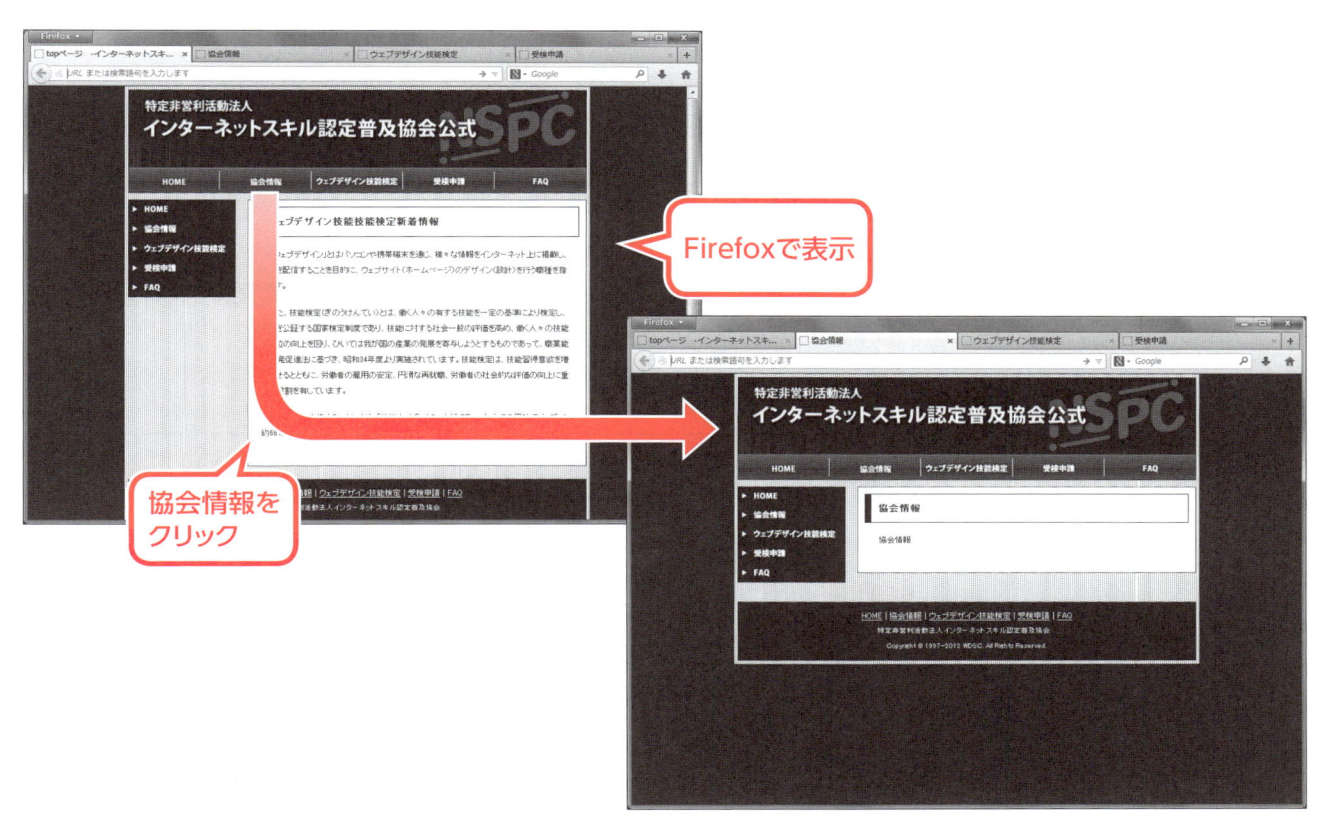

Internet Explorerで表示

協会情報をクリック

Firefoxで表示

協会情報をクリック

Point 1

「index.html」ファイルのグローバルナビゲーションの部分にリンクを設定します。
「index.html」ファイルを開いて、次の構文に含まれているリンクの記述を修正します。

●13行目

```
<a href="#"><img src="img/gl_bt_home.gif" alt="HOME"></a><a href="#"><img src="img/gl_bt_info.gif" alt="協会情報"></a><a href="#"><img src="img/gl_bt_wdsc.gif" alt="ウェブデザイン技能検定"></a><a href="#"><img src="img/gl_bt_app.gif" alt="受検申請"></a><a href="#"><img src="img/gl_bt_faq.gif" alt="FAQ"></a>
```
⬇
```
<a href="index.html"><img src="img/gl_bt_home.gif" alt="HOME"></a><a href="info.html"><img src="img/gl_bt_info.gif" alt="協会情報"></a><a href="app.html"><img src="img/gl_bt_wdsc.gif" alt="ウェブデザイン技能検定"></a><a href="form.html"><img src="img/gl_bt_app.gif" alt="受検申請"></a><a href="#"><img src="img/gl_bt_faq.gif" alt="FAQ"></a>
```

修正できたら、ファイルを上書き保存し、ウェブブラウザで「index.html」ファイルを開いて、各グローバルナビゲーションのリンクが正しく設定されているかどうかをクリックして確認しておきましょう。

Point 2

「index.html」ファイルと同様に、「info.html」「app.html」「form.html」の各ファイルも修正します。
すべてのファイルで正しくリンクが設定されているかどうかを確認しておきましょう。

> 1ファイルごとに入力してもよいですが、入力ミスを防ぐには「index.html」ファイルの13行目をコピーし、ほかのHTMLファイルの該当箇所に貼り付けるとよいでしょう。

Point 3

「info.html」ファイルの「A」の箇所を修正します。
「info.html」ファイルを開いて<title>タグを確認し、次の構文に含まれている見出しとその下の段落の記述を修正します。

●19行目～

```
<h1>A</h1>
<p>A</p>
```
⬇
```
<h1>協会情報</h1>
<p>協会情報</p>
```

修正できたら、ファイルを上書き保存し、ウェブブラウザで「info.html」ファイルの表示を確認しておきましょう。

Point 4

「info.html」ファイルと同様に、「app.html」「form.html」の各ファイルも修正します。

「app.html」ファイル

●19行目～

```
<h1>B</h1>
<p>B</p>
```
⬇
```
<h1>ウェブデザイン技能検定</h1>
<p>ウェブデザイン技能検定</p>
```

「form.html」ファイル

●19行目～

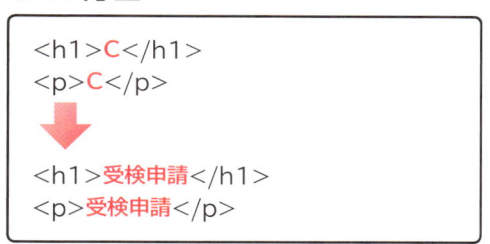

```
<h1>C</h1>
<p>C</p>
```
⬇
```
<h1>受検申請</h1>
<p>受検申請</p>
```

修正できたら、ファイルを上書き保存し、ウェブブラウザで「app.html」「form.html」の各ファイルの表示を確認しておきましょう。

以上で、作業2で必要な作業はすべて終了です。
すべてのHTMLファイルをウェブブラウザで開いて、次の点を確認しておきましょう。

- グローバルナビゲーションにリンクが設定されている。
- 本文中の「A」「B」「C」だった箇所が、ページタイトルと同じになっている。

作業3

この課題は、完成イメージファイルを参考にして、用意された複数のCSSファイルの中から適切なものを適用する必要があります。

●作業3の完成イメージ

Internet Explorerで表示

Firefoxで表示

Point 1

各jpgファイルを開いて、次のような点を確認します。

```
全体の背景          ：青斜めボーダー
内側の背景          ：横ボーダー
本文テキスト        ：濃い灰色
横ナビゲーション位置 ：左
フッターナビゲーション：水色
フッターテキスト    ：濃い灰色
```

Point 2

「index.html」ファイルを開いて、CSSファイルに関する記述を修正します。
7行目の「#」の箇所を「1.css」「2.css」「3.css」に置き換えて、結果を確認します。

●7行目

```
<link href="#" rel="stylesheet" type="text/css">
```
⬇
```
<link href="1.css" rel="stylesheet" type="text/css">
<link href="2.css" rel="stylesheet" type="text/css">
<link href="3.css" rel="stylesheet" type="text/css">
```

3つのCSSファイルを見比べてみると、完成イメージと同じものは、「1.css」ファイルになります。
「index.html」ファイルのCSSファイルに関する記述を「1.css」に修正します。

修正できたら、ファイルを上書き保存し、ウェブブラウザで「index.html」ファイルの表示を確認しておきましょう。

Point 3

「a3」フォルダから不要なファイルを削除します。
削除するファイルは、次のとおりです。

```
2.css、3.css、ie6_1.jpg、ie7_8_1.jpg、ie9_1.jpg、ff_1.jpg
b1.gif、c1.gif
```

※「img」フォルダ内の不要なファイルも忘れずに削除しましょう。

以上で、作業3で必要な作業はすべて終了です。
表示結果が完成イメージと同じになっていれば、修正が正しく反映されています。同じ表示になっていない場合は、修正した箇所にミスがないかどうかを確認してください。

作業4

この課題は、CSSファイルを編集して、h1要素の背景や文字の色を変更する必要があります。

●作業4の完成イメージ

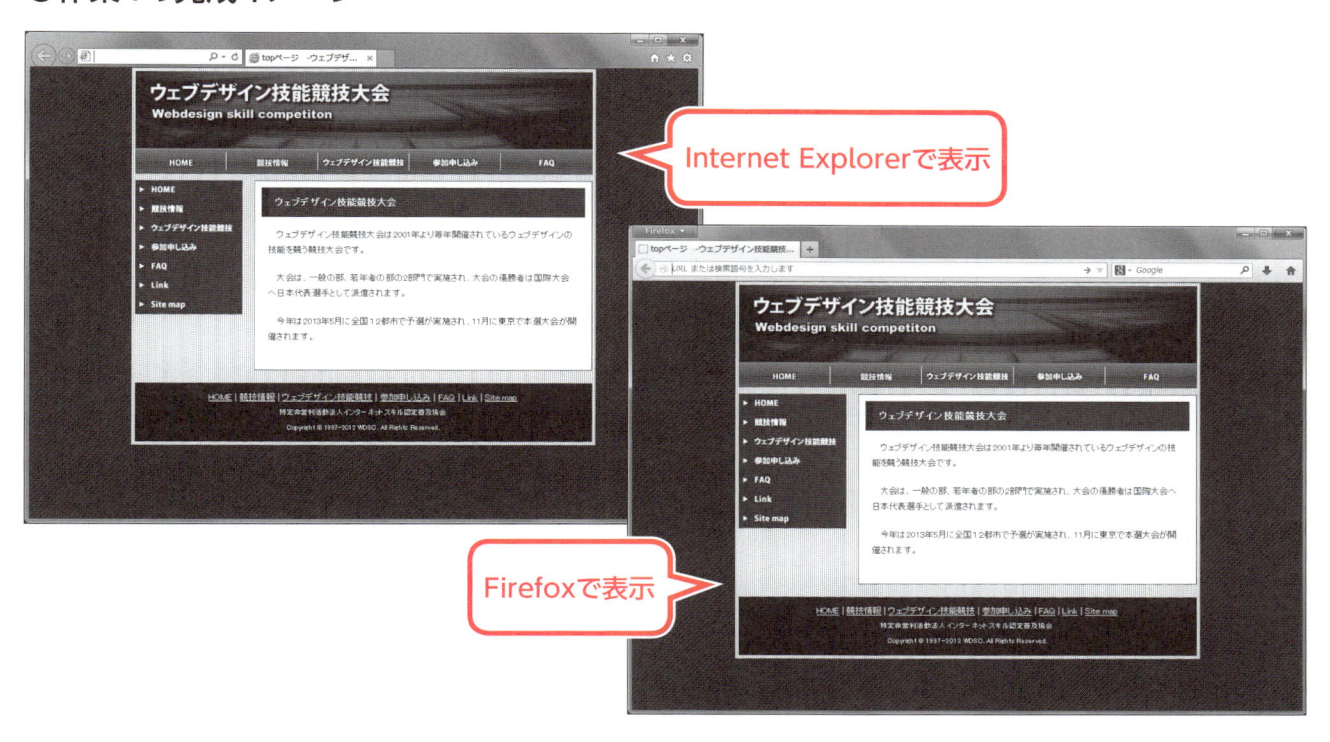

Internet Explorerで表示

Firefoxで表示

Point 1

「**design.css**」ファイル内のh1要素に関する記述に、次の2行を追加します。

●72行目～

```
h1 {
            font-size: 11pt;
            padding: 10px;
            border-top: 1px solid #030;
            border-right: 1px solid #030;
            border-bottom: 1px solid #030;
            border-left: 10px solid #030;
            margin: 0px 0px 15px;
            background-color: #663366;
            color: #ffffff;

}
```

※修正内容は一例になります。これ以外の記述でも実現は可能です。

CSSファイルを修正する場合は、次のような点に注意しましょう。

- プロパティ入力時にスペルミスをしない。
- 「：(コロン)」や「；(セミコロン)」を正しい位置に入力する。

修正できたら、ファイルを上書き保存し、ウェブブラウザで「index.html」ファイルの表示を確認しておきましょう。

以上で、作業4で必要な作業はすべて終了です。
正しく修正が行われていれば、見出し部分の背景と文字に色が付きます。同じ表示になっていない場合は、修正した箇所にミスがないかどうかを確認してください。

作業5

この課題は、完成イメージファイルを参考にして、CSSファイルを編集するという問題です。CSSファイルに、各エリアに対応したプロパティを追加して、値を設定する必要があります。

●作業5の完成イメージ

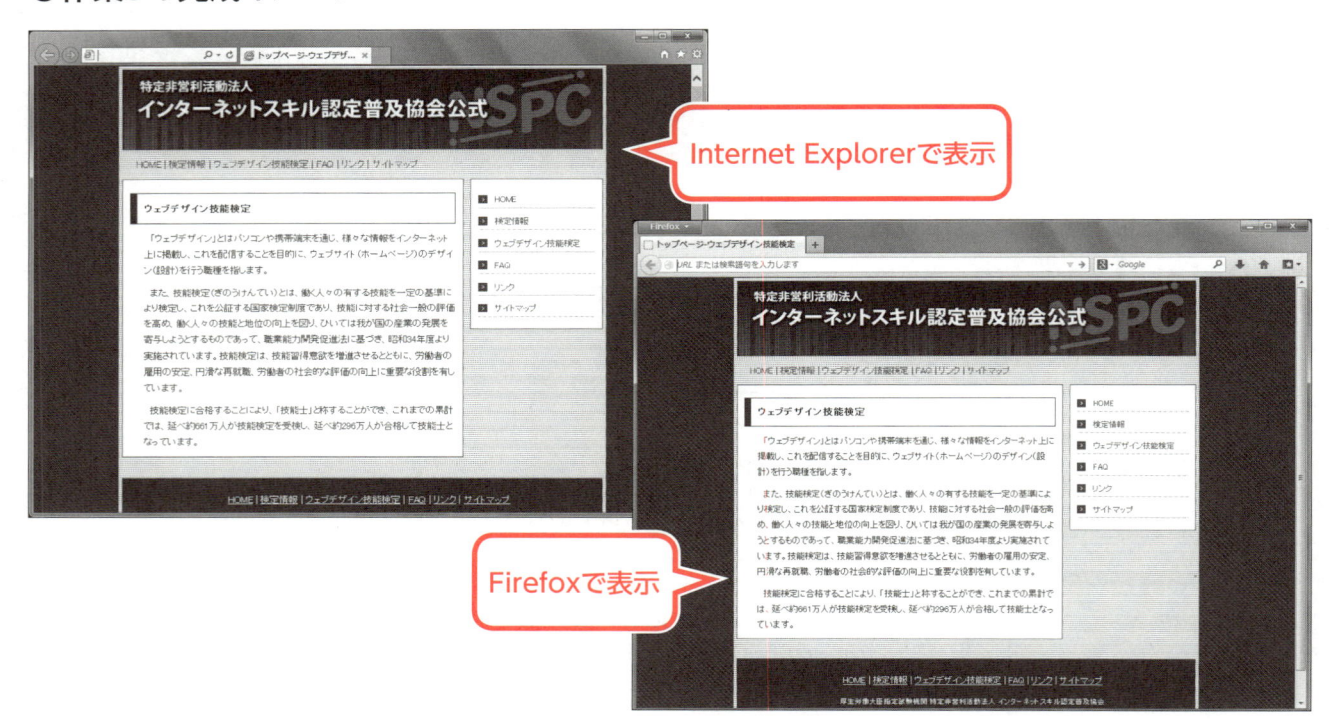

Point 1

各jpgファイルを開いて、次のような点を確認します。

```
全体の背景：濃い赤斜めボーダー
内側の背景：横ボーダー
```

※この背景として使われている画像は、「img」フォルダの中にあります。

Point 2

「design.css」ファイルのbody要素とwrap要素に関する記述に、次の行を追加します。

●2行目～

```
body {
        font-family: "MS Pゴシック", Osaka, sans-serif;
        line-height: 1.5em;
        color: #333333;
        padding: 0px;
        margin: 0px;
        background-color: #FFFFFF;
        background-image: url(img/b2.gif);
}
#wrap {
        background-color: #FFFFFF;
        width: 690px;
        padding: 5px;
        margin: 0px auto;
        border: 1px solid #333333;
        background-image: url(img/c1.gif);
}
```

「c1.gif」ファイルと「c4.gif」ファイルは、同じ表示結果になりますが、よりファイルサイズの小さい「c1.gif」ファイルを利用する方が適切といえます。

修正できたら、ファイルを上書き保存し、ウェブブラウザで「index.html」ファイルの表示を確認しておきましょう。

Point 3

「a5」フォルダから不要なファイルを削除します。
削除するファイルは、次のとおりです。

```
ie6_2.jpg、ie7_8_2.jpg、ie9_2.jpg、ff_2.jpg
b1.gif、b3.gif、c3.gif、c4.gif
```

※「img」フォルダ内の不要なファイルも忘れずに削除しましょう。

以上で、作業5で必要な作業はすべて終了です。
正しく修正が行われていれば、全体の背景と内側の背景に画像が表示されます。同じ表示になっていない場合は、修正した箇所にミスがないかどうかを確認してください。

作業6

この課題は、HTMLファイルの内容を別のテキストファイルに置き換え、さらにそのテキストを正しく構造化して、更新する必要があります。

●作業6の完成イメージ

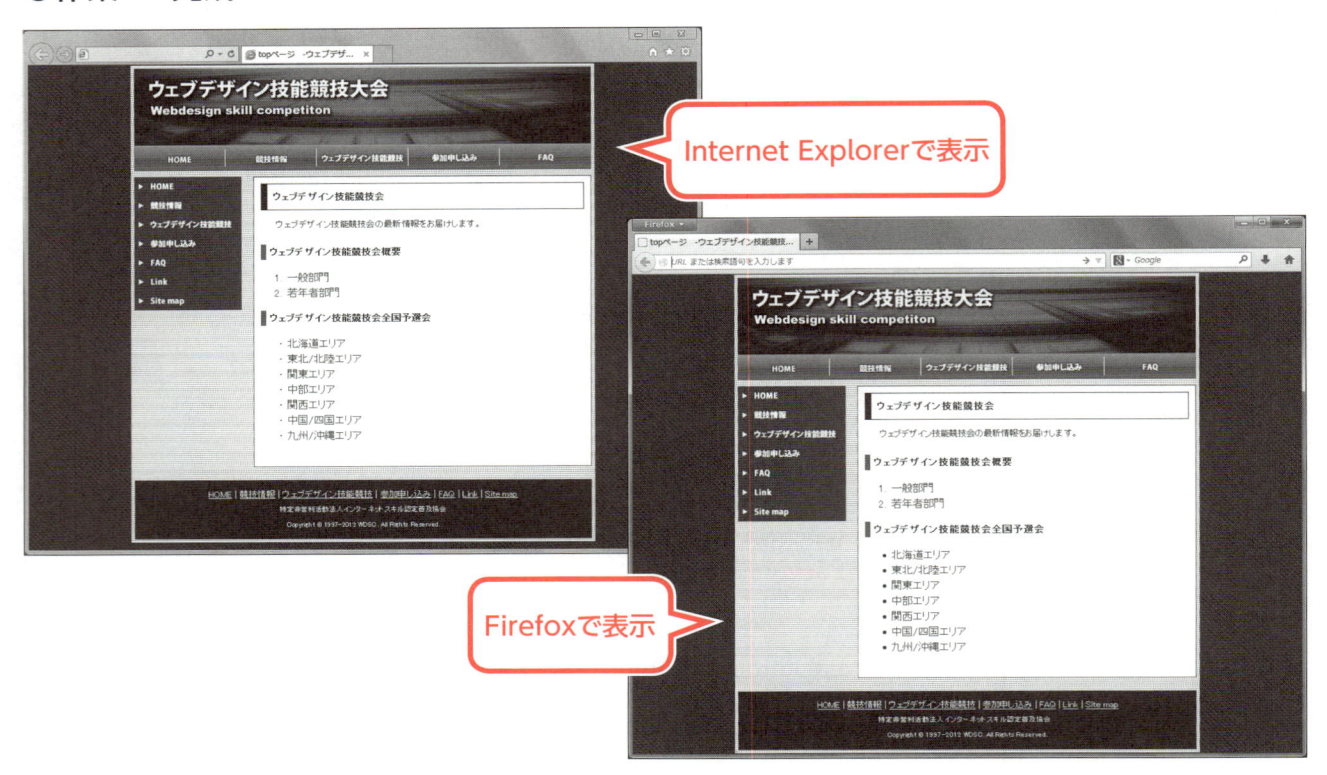

Internet Explorerで表示

Firefoxで表示

Point 1

「sample.txt」ファイルを開いて、指定された要素をどのように使うかを確認します。

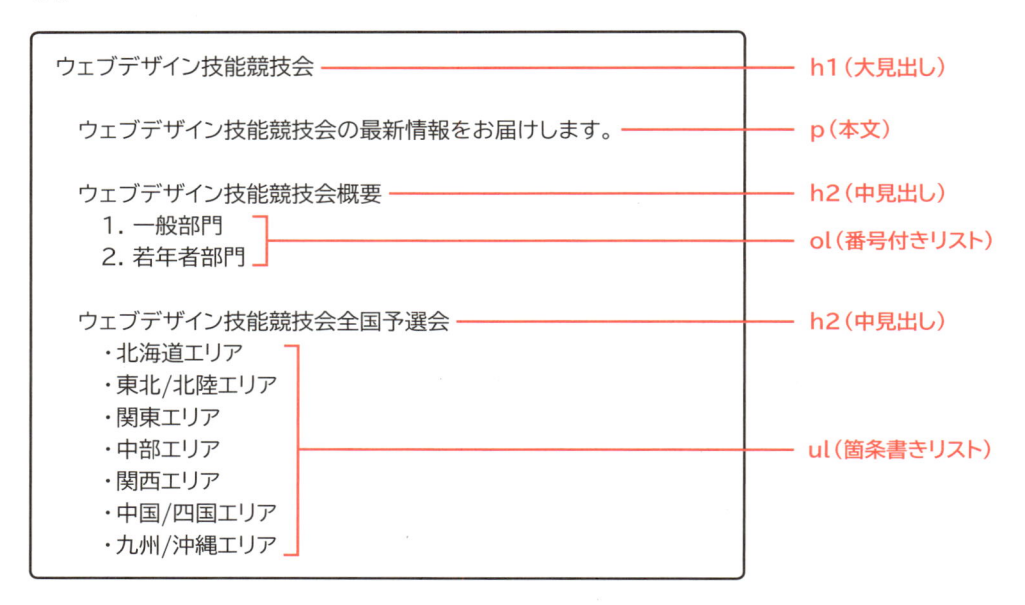

- ウェブデザイン技能競技会 — h1（大見出し）
- ウェブデザイン技能競技会の最新情報をお届けします。 — p（本文）
- ウェブデザイン技能競技会概要 — h2（中見出し）
  1. 一般部門
  2. 若年者部門
  — ol（番号付きリスト）
- ウェブデザイン技能競技会全国予選会 — h2（中見出し）
  - 北海道エリア
  - 東北/北陸エリア
  - 関東エリア
  - 中部エリア
  - 関西エリア
  - 中国/四国エリア
  - 九州/沖縄エリア
  — ul（箇条書きリスト）

平成24年度 第1回試験 解答と解説

Point 2

「index.html」ファイルを開いて、「main_content」内のh1要素とp要素の内容を削除します。

Point 3

「sample.txt」ファイルの情報を「index.html」ファイル内に構造化しながら書き込んでいきます。

> 構造化を行う際には、インデントは付けなくてもかまいません。

> 箇条書きリストや番号付きリストの各リスト項目は、li要素で指定します。

修正できたら、ファイルを上書き保存し、ウェブブラウザで「index.html」ファイルの表示を確認しておきましょう。

◾ Point 4

「a6」フォルダから、不要な「sample.txt」ファイルを削除します。

以上で、作業6で必要な作業はすべて終了です。
正しく修正されていれば、大見出し、中見出し、本文、番号付きリスト、箇条書きリストなどが確認できます。同じ表示になっていない場合は、修正した箇所にミスがないかどうかを確認してください。

最後に
作成したデータを再度、確認して不要なファイルがないかどうかを確認してください。
また、検定公式ブラウザであるInternet Explorer 6 SP2以降及び、Firefox 3.0以降の双方で、表示やレイアウトの崩れなどがないかどうかを確認してください。

3級実技試験は6課題のうち、5つを選択し提出することとなっています。もし、全課題について解答データを作成した際には、作成したデータの「a1」から「a6」より、5つのフォルダを「wd3」フォルダに残し、不要なフォルダは削除して作業は完了となります。

※すべての作業が終了したら、「data3」フォルダは削除しておきましょう。

Answer

平成24年度 第2回試験

解答と解説

学科試験 ·················· 97
実技試験 ·················· 101

平成24年度 第2回
学科試験

第1問
解答 1

解説 「DHCPサーバ」は、パソコンのIPアドレスやデフォルトゲートウェイなどの必要な情報を自動的に発行するサーバです。このサーバに異常があるとIPアドレスなどが発行されないため、自動取得はできません。

第2問
解答 2

解説 HTML 4.01 StrictでXML宣言を記述する必要はありません。

第3問
解答 2

解説 「404 Not Found」エラーは、指定したウェブページが見つからないというエラーになります。ウェブサーバがエラーの場合は、500番台のエラーが表示されます。

第4問
解答 1

解説 「クライアントサーバモデル」とは、処理要求を送るソフトウェア（クライアント）と要求を受けて処理を行うソフトウェア（サーバ）とで構成され、この2つのソフトウェアがやり取りすることでサービスを提供するソフトウェアモデルです。
TCP/IPにおけるクライアントサーバモデルも同様の構成です。

第5問
解答 2

解説 「特許権」は登録しないと権利が行使できませんが、「著作権」は登録しなくても権利を行使できます。

第6問
解答 1

解説 「グレア」とは、照明機器や窓、ディスプレイなどの光源から受けるまぶしさのことです。作業環境として、対策をとることは有効です。

第7問
解答 1

解説 「グローバルナビゲーション」とは、ウェブサイト内の各ページに共通して設定されるサイト内の各コンテンツをガイドするためのナビゲーションのことです。

第8問　解答 1

解説　「WCAG 2.0」とは、アクセシビリティに関するガイドラインです。「Perceivable：知覚・認知できる」「Operable：操作できる」「Understandable：理解できる」「Robust：堅牢な」の4大原則と12項目のガイドラインを策定しています。

第9問　解答 1

解説　iOSの標準ブラウザ（Safari）では、Flashコンテンツを動作させる機能は組み込まれていません。また、プラグインなどでも提供されていません。

第10問　解答 2

解説　「blockquote要素」は、この要素に囲まれた部分が引用・転載であることを表します。

第11問　解答 1

解説　「DNS（Domain Name System）」とは、IPアドレスとドメイン名を紐付けるためのサービスで、「ネームサーバ」ともいいます。通常、コンピュータの通信はIPアドレスで行いますが、IPアドレスは数列で表記されるため、覚えることが難しいものです。DNSを使うと、人間にわかりやすいドメイン名を使った通信を行うことができます。

第12問　解答 4

解説　「GUI（Graphical User Interface）」とは、ユーザへの情報の表示にグラフィックを多用して、マウスなどのポインティングデバイスによって操作できるユーザインタフェースのことです。

第13問　解答 1

解説　「li要素」は、リストの項目を記述するときに使用します。親要素にol要素もしくはul要素を記述し、リスト表示を行いたい項目はli要素で記述します。

第14問　解答 4

解説　OSI参照モデルの第3層は、「ネットワーク層」です。OSI参照モデルは、通信プロトコルを機能別に7つの階層に分け、それぞれの階層で実現する機能を定義しています。

第15問　解答　2

解説　HTTPメソッドには、「POST」「GET」「HEAD」「PUT」などがあり、特に「POST」と「GET」がよく使われます。

第16問　解答　2

解説　HTML 4.01 Strictにおいて使用できる要素は、input要素になります。その他の選択肢の要素は存在しません。

第17問　解答　1

解説　1つのIPアドレス（または1つのサーバ）で複数のドメインを管理することを「バーチャルドメイン」といいます。バーチャルドメインを用いることにより、複数のウェブサイトを運営することが可能になります。ウェブサイトごとにサーバを構築しないで済むのでコストの削減が可能です。

第18問　解答　3

解説　HTML 4.01 Strictにおいてp要素で使用できる属性は、次のとおりです。

class	dir	id	lang
style	title		
onclick	ondblclick	onkeydown	onkeypress
onkeyup	onmousedown	onmousemove	onmouseout
onmouseover	onmouseup		

第19問　解答　1

解説　要素名セレクタは、要素名をそのまま記述します。「.（ピリオド）」が付いているものはクラスセレクタです。

第20問　解答　2

解説　「ISO/IEC」とは、ISO（国際標準化機構）とIEC（国際電気標準会議）の合同技術委員会のことです。そこで、パソコンなどで扱われる静止画像のデジタルデータを圧縮する方式として策定されたのが、「JPEG（Joint Photographic Experts Group）」になります。

第21問　解答 3

解説　「MIMEタイプ」とは、インターネット上の拡張子のようなものです。サーバやブラウザはこれを確認してそのファイルがどのようなファイルかを判断します。HTMLのMIMEタイプは「text/html」です。
主なMIMEタイプは、次のとおりです。

MIMEタイプ	ファイルの種類	拡張子
text/html	HTMLファイル	.html　.htm
text/xml	XMLファイル	.xml
text/css	CSSファイル	.css
text/javascript	JavaScriptファイル	.js
text/plain	単純テキストファイル	.txt
image/jpeg	JPEG画像ファイル	.jpg　.jpeg
image/gif	GIF画像ファイル	.gif
image/png	PNG画像ファイル	.png
application/pdf	PDFファイル	.pdf

第22問　解答 4

解説　公開鍵暗号基盤の略称は「PKI(Public Key Infrastructure)」といいます。「PKI」とは、公開鍵と秘密鍵を対で作成してデータの暗号化と復号化を行うものです。ネットワークを使って情報を安全にやり取りするためには、内容が第三者に漏洩しないように暗号化する必要があります。

第23問　解答 2

解説　問題文にあるアイコンは、W3Cによる検証サービスでCSSの文法などの検証をした結果、そのウェブサイトがCSS Level2のルールに準拠していることを表します。

第24問　解答 1

解説　h1要素は見出し要素で、h1からh6まであります。

第25問　解答 1

解説　リチャード・ソール・ワーマンは、世の中にあるすべての情報は次の5つの基準によって組織化できるとしています。次の5つを総じて「LATCH情報」といいます。

LOCATION（位置）　　　　　　CATEGORY（分野）
ALPHABET（アルファベット）　HIERARCHY（階層）
TIME（時間）

平成24年度 第2回 実技試験

作業の前に

「H24_2」フォルダ内の「data3」フォルダをデスクトップにコピーしておきましょう。

作業で使用する素材は、「data3」フォルダ内にあります。このフォルダには、作業1から作業6で使用する素材が「qx」フォルダという名前でまとめられています。

各作業の前に、デスクトップの「wd3」フォルダに「qx」フォルダをコピーし、フォルダの名前を「ax」に変更します。

※「wd3」フォルダがない場合は、自分で作成します。
※「qx」「ax」のxは、作業1から作業6の各番号に読み替えてください。

作業1

この課題では、ウェブサイトのHTMLファイル、CSSファイル、その他のソースファイルを適切な形で、指示されたサイトのディレクトリ構造に合わせて、構成する必要があります。

作業を開始する前に、ウェブブラウザで「index.html」ファイルの表示を確認しておきましょう。

●作業1の完成イメージ

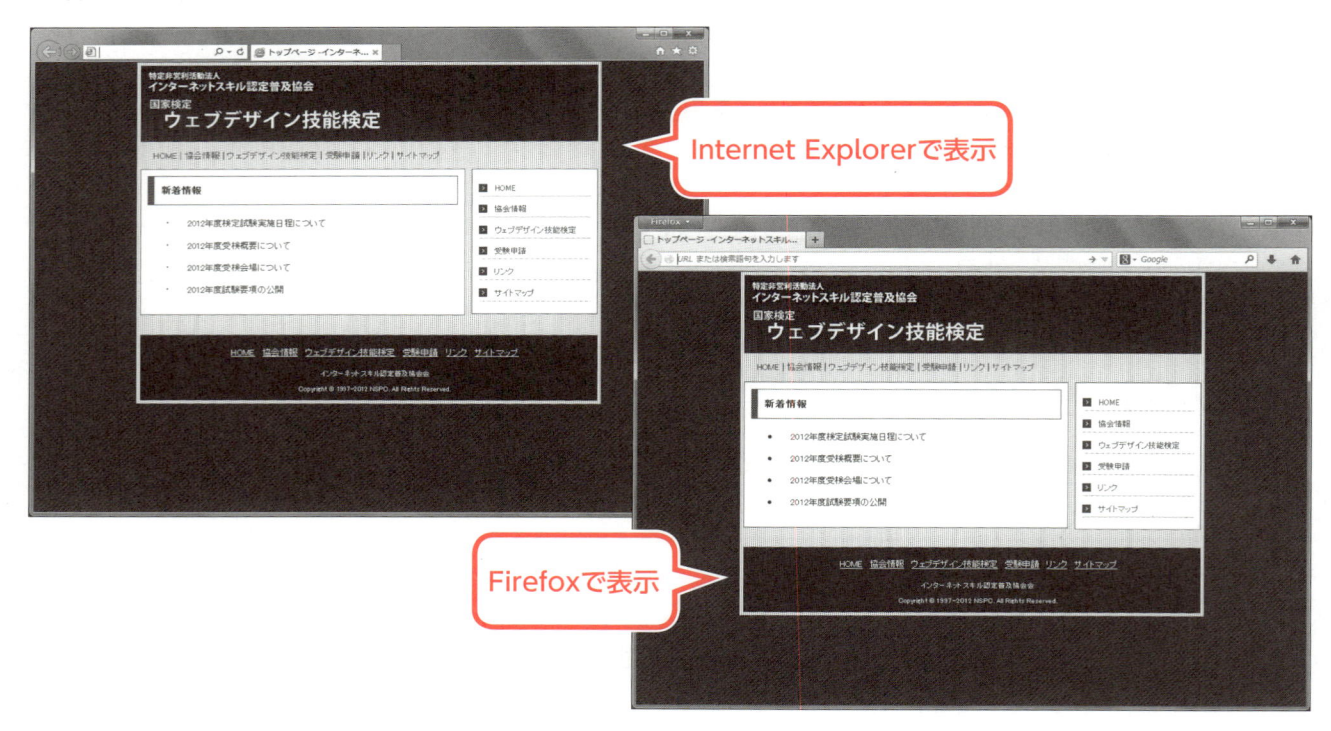

Point 1

「fs.jpg」ファイルを開いて、作成するディレクトリ構造を確認します。
「a1」フォルダ内が、「fs.jpg」ファイルで確認したディレクトリ構造と同じになるように、フォルダの作成やファイルの移動を行います。

> ファイルを移動すると、「index.html」ファイル内で参照している画像ファイルやCSSファイルのパスが正しくなくなります。そのため、ファイルの移動を行った場合は、パスの修正が必要です。

Point 2

パスを修正します。
「index.html」ファイルを開いて、次の構文に含まれているファイルのパスを修正します。

●7行目

```
<link href="style.css" rel="stylesheet" type="text/css">
```
⬇
```
<link href="style/style.css" rel="stylesheet" type="text/css">
```

●11行目

```
<div id="header"><img name="site_id" src="main.jpg" width="690" height="120" alt="サイトID"></div>
```
⬇
```
<div id="header"><img name="site_id" src="image/main.jpg" width="690" height="120" alt="サイトID"></div>
```

> ＨＴＭＬファイルやＣＳＳファイルを編集するには、検定試験の公式ソフトウェアでもある「TeraPad」や「サクラエディタ」を使うとよいでしょう。
> 「メモ帳」や「ワードパッド」でも編集できますが、「TeraPad」や「サクラエディタ」は、文字色の変更や行数の表示などができるので、ウェブページの作成に適しています。

修正できたら、ファイルを上書き保存し、ウェブブラウザで「index.html」ファイルの表示を確認しておきましょう。

Point 3

CSSファイルのパスを修正します。
「**style.css**」ファイルを開いて、次の構文に含まれているファイルのパスを修正します。

●8行目

background-image: url(bg1.gif);
⬇
background-image: url(../image/bg1.gif);

●18行目

background-image: url(bg2.gif);
⬇
background-image: url(../image/bg2.gif);

●142行目

background-image: url(sign.gif);
⬇
background-image: url(../image/sign.gif);

> 「style」フォルダ内にある「style.css」から「image」フォルダ内のファイルを参照する場合は、「相対パス」で指定します。相対パスは、階層をたどって記述するため、「../image/ファイル名」という形になります。「../」でひとつ上の階層を表します。

修正できたら、ファイルを上書き保存し、ウェブブラウザで「**index.html**」ファイルの表示を確認しておきましょう。

Point 4

「**a1**」フォルダから、不要な「**fs.jpg**」ファイルを削除します。

以上で、作業1で必要な作業はすべて終了です。
表示結果が作業前に確認した「**index.html**」ファイルと同じなら修正が正しく反映されています。同じ表示になっていない場合は、修正した箇所にミスがないかどうかを確認してください。

作業2

この課題は、ウェブサイトの複数のHTMLファイルについて、指示されたナビゲーションなどの要素にリンクを設定し、また、ページの見出しや本文の修正を行う必要があります。

●作業2の完成イメージ

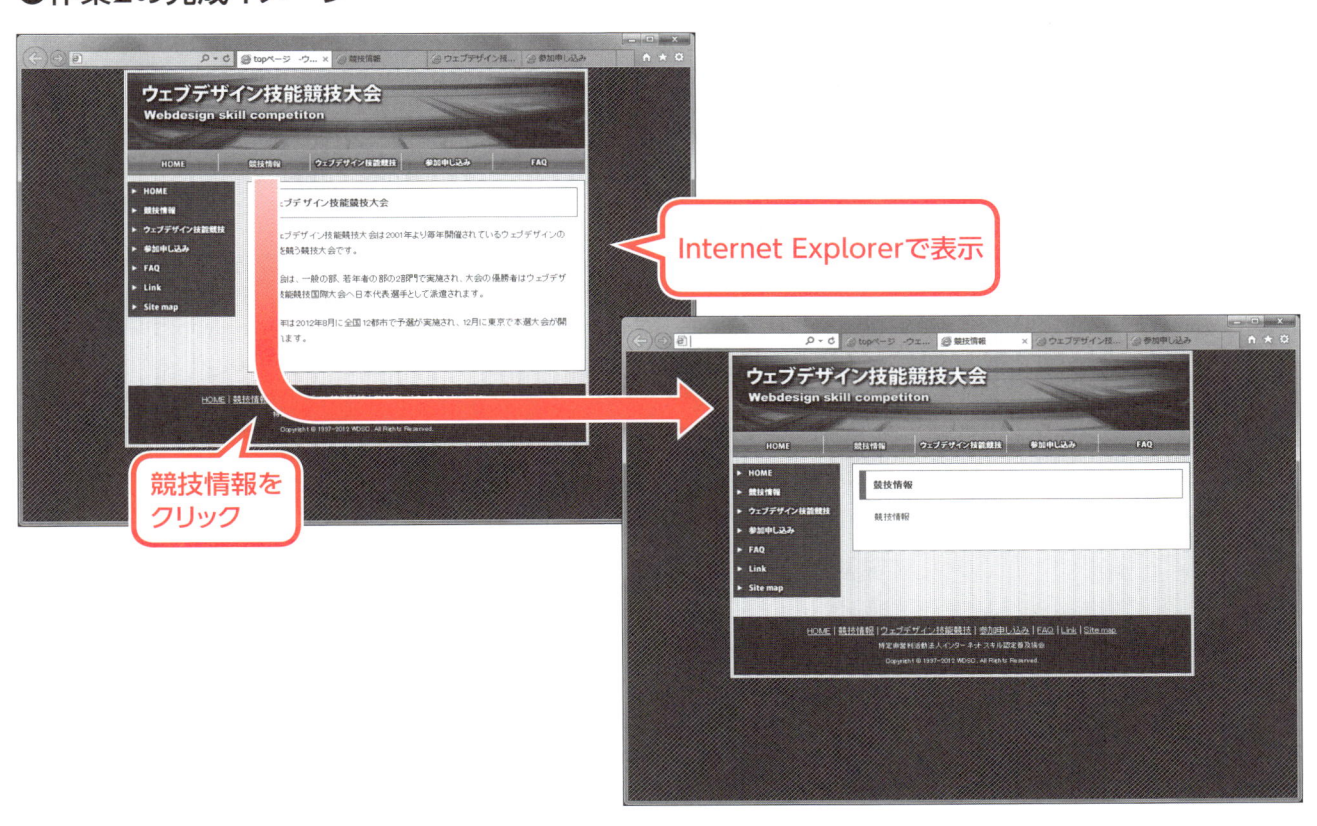

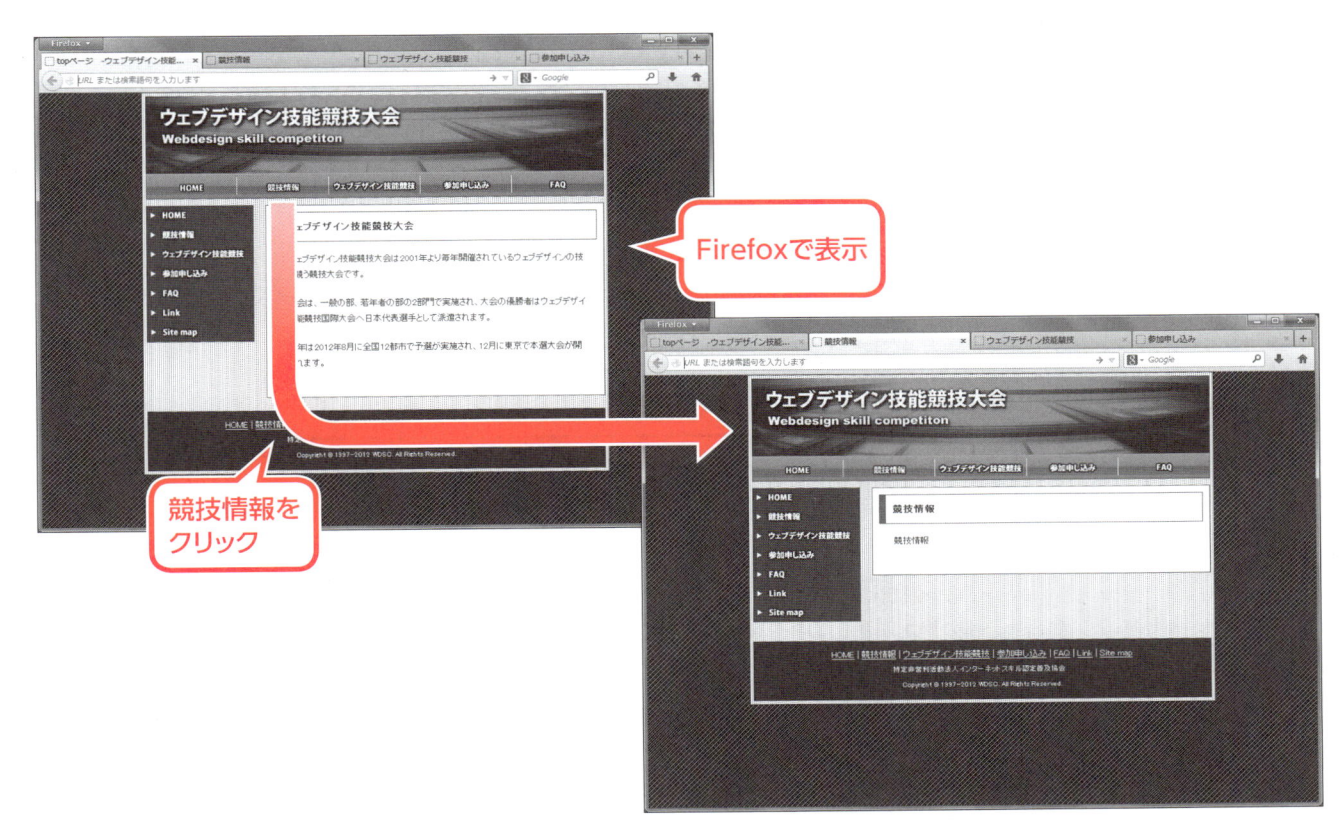

Point 1

「index.html」ファイルのグローバルナビゲーションの部分にリンクを設定します。
「index.html」ファイルを開いて、次の構文に含まれているリンクの記述を修正します。

●13行目

```
<a href="#"><img src="img/gl_bt_home.gif" alt="HOME"></a><a href="#"><img src="img/gl_bt_info.gif" alt="競技情報"></a><a href="#"><img src="img/gl_bt_wdsc.gif" alt="ウェブデザイン技能競技"></a><a href="#"><img src="img/gl_bt_app.gif" alt="参加申し込み"></a><a href="#"><img src="img/gl_bt_faq.gif" alt="FAQ"></a>
```

↓

```
<a href="index.html"><img src="img/gl_bt_home.gif" alt="HOME"></a><a href="info.html"><img src="img/gl_bt_info.gif" alt="競技情報"></a><a href="comp.html"><img src="img/gl_bt_wdsc.gif" alt="ウェブデザイン技能競技"></a><a href="form.html"><img src="img/gl_bt_app.gif" alt="参加申し込み"></a><a href="#"><img src="img/gl_bt_faq.gif" alt="FAQ"></a>
```

修正できたら、ファイルを上書き保存し、ウェブブラウザで「index.html」ファイルを開いて、各グローバルナビゲーションのリンクが正しく設定されているかどうかをクリックして確認しておきましょう。

Point 2

「index.html」ファイルと同様に、「info.html」「comp.html」「form.html」の各ファイルも修正します。
すべてのファイルで正しくリンクが設定されているかどうかを確認しておきましょう。

> 1ファイルごとに入力してもよいですが、入力ミスを防ぐには「index.html」ファイルの13行目をコピーし、ほかのHTMLファイルの該当箇所に貼り付けるとよいでしょう。

Point 3

「info.html」ファイルの「A」の箇所を修正します。
「info.html」ファイルを開いて<title>タグを確認し、次の構文に含まれている見出しとその下の段落の記述を修正します。

●19行目～

```
<h1>A</h1>
<p>A</p>
```

↓

```
<h1>競技情報</h1>
<p>競技情報</p>
```

修正できたら、ファイルを上書き保存し、ウェブブラウザで「info.html」ファイルの表示を確認しましょう。

Point 4

「info.html」ファイルと同様に、「comp.html」「form.html」の各ファイルも修正します。

「comp.html」ファイル

●19行目〜

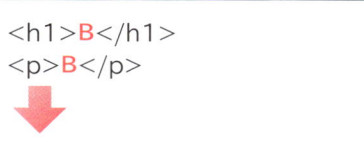

```
<h1>B</h1>
<p>B</p>
```
⬇
```
<h1>ウェブデザイン技能競技</h1>
<p>ウェブデザイン技能競技</p>
```

「form.html」ファイル

●19行目〜

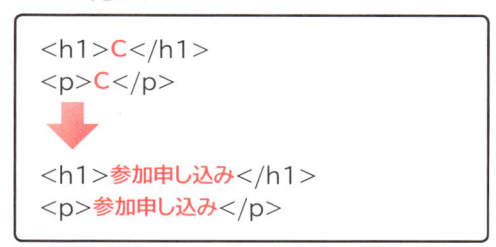

```
<h1>C</h1>
<p>C</p>
```
⬇
```
<h1>参加申し込み</h1>
<p>参加申し込み</p>
```

修正できたら、ファイルを上書き保存し、ウェブブラウザで「comp.html」「form.html」の各ファイルの表示を確認しておきましょう。

以上で、作業2で必要な作業はすべて終了です。
すべてのHTMLファイルをウェブブラウザで開いて、次の点を確認しておきましょう。

- グローバルナビゲーションにリンクが設定されている。
- 本文中の「A」「B」「C」だった箇所が、ページタイトルと同じになっている。

作業3

この課題は、完成イメージファイルを参考にして、用意された複数のCSSファイルの中から適切なものを適用する必要があります。

●作業3の完成イメージ

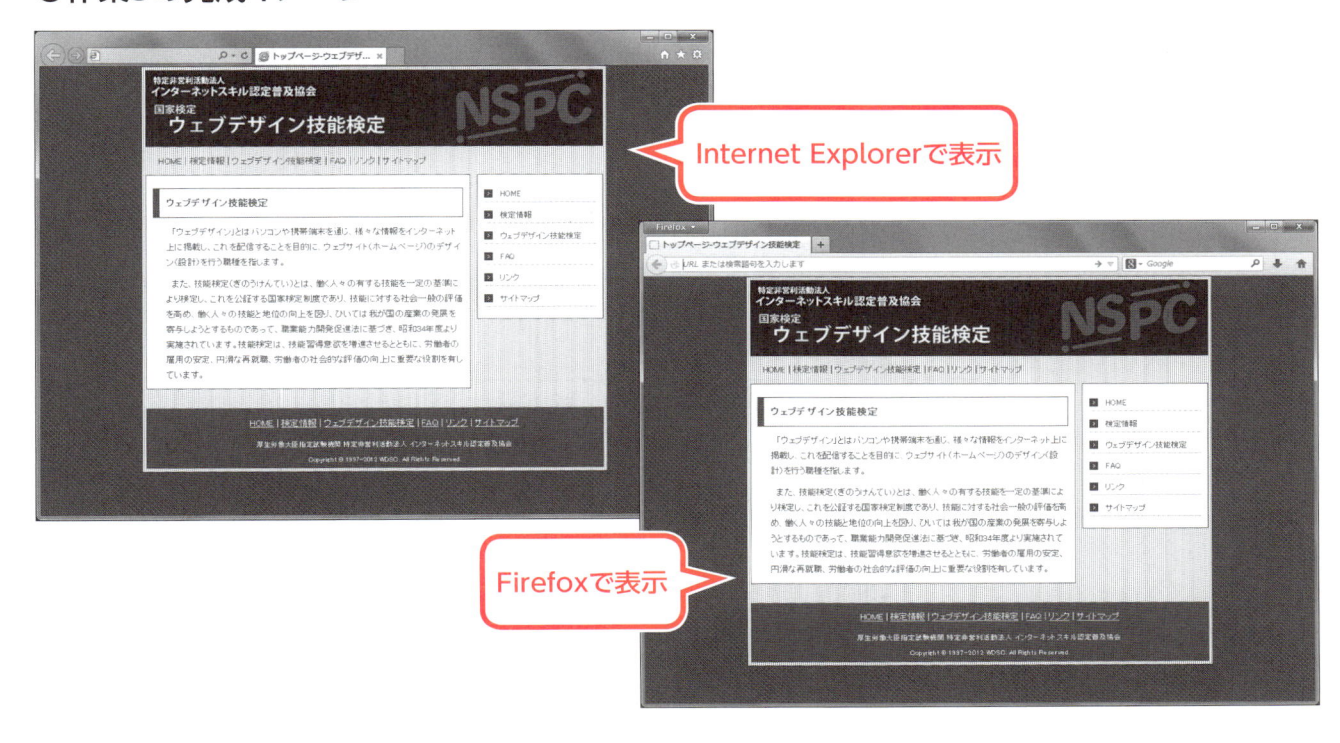

Internet Explorerで表示

Firefoxで表示

Point 1

各jpgファイルを開いて、次のような点を確認します。

```
全体の背景          ：青斜めボーダー
内側の背景          ：縦ボーダー
本文テキスト        ：水色
横ナビゲーション位置：右
フッターナビゲーション：白
フッターテキスト    ：白
```

Point 2

「index.html」ファイルを開いて、CSSファイルに関する記述を修正します。
7行目の「#」の箇所を「1.css」「2.css」「3.css」に置き換えて、結果を確認します。

●7行目

```
<link href="#" rel="stylesheet" type="text/css">
```
⬇
```
<link href="1.css" rel="stylesheet" type="text/css">
<link href="2.css" rel="stylesheet" type="text/css">
<link href="3.css" rel="stylesheet" type="text/css">
```

3つのCSSファイルを見比べてみると、完成イメージと同じものは、「2.css」ファイルになります。
「index.html」ファイルのCSSファイルに関する記述を「2.css」に修正します。

修正できたら、ファイルを上書き保存し、ウェブブラウザで「index.html」ファイルの表示を確認しておきましょう。

Point 3

「a3」フォルダから不要なファイルを削除します。
削除するファイルは、次のとおりです。

```
1.css、3.css、ie6_1.jpg、ie7_8_1.jpg、ie9_1.jpg、ff_1.jpg
bd_2.gif、bg_1.gif
```

※「img」フォルダ内の不要なファイルも忘れずに削除しましょう。

以上で、作業3で必要な作業はすべて終了です。
表示結果が完成イメージと同じになっていれば、修正が正しく反映されています。同じ表示になっていない場合は、修正した箇所にミスがないかどうかを確認してください。

作業4

この課題は、CSSファイルを編集して、h1要素の背景や文字の色を変更する必要があります。

●作業4の完成イメージ

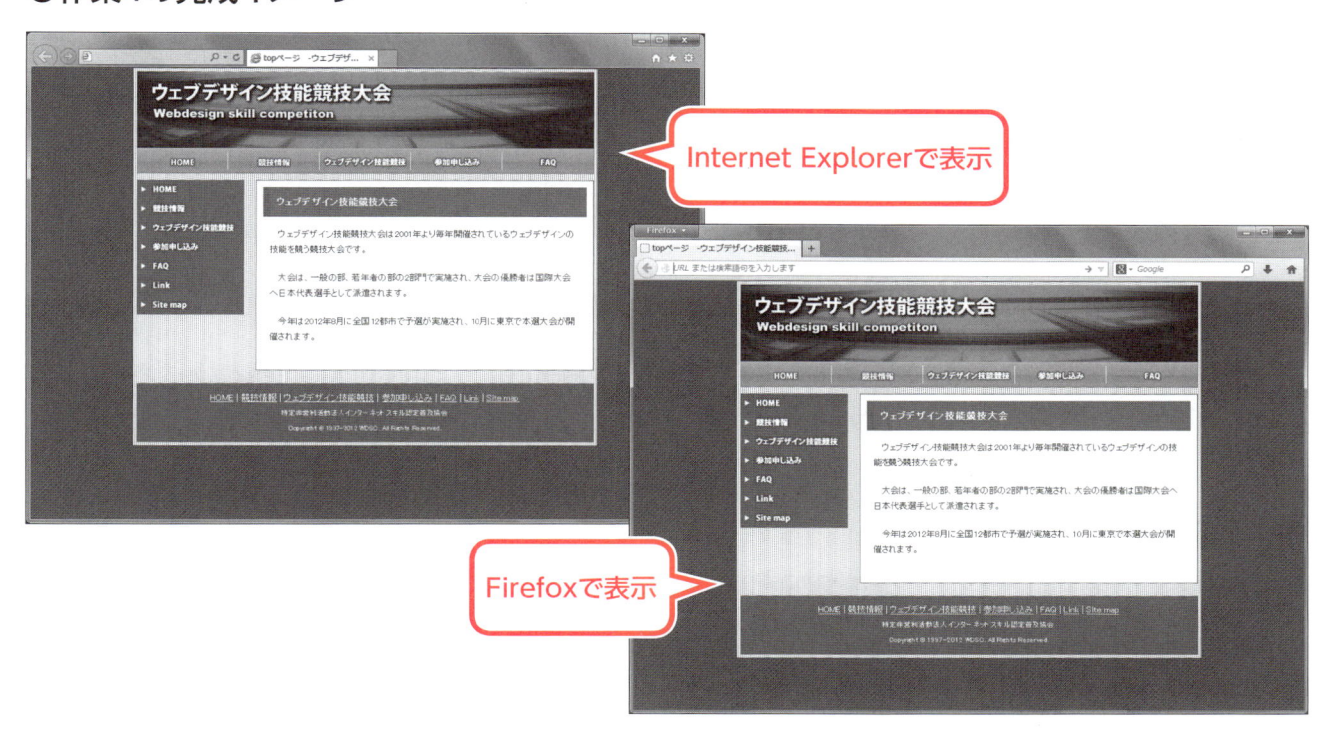

Internet Explorerで表示

Firefoxで表示

Point 1

「design.css」ファイル内のh1要素に関する記述に、次の2行を追加します。

●72行目～

```
h1 {
        font-size: 11pt;
        padding: 10px;
        border-top: 1px solid #0D880A;
        border-right: 1px solid #0D880A;
        border-bottom: 1px solid #0D880A;
        border-left: 10px solid #0D880A;
        margin: 0px 0px 15px;
        background-color: #009900;
        color: #ffffff;
}
```

※修正内容は一例になります。これ以外の記述でも実現は可能です。

> CSSファイルを修正する場合は、次のような点に注意しましょう。
>
> ●プロパティ入力時にスペルミスをしない。
> ●「：（コロン）」や「；（セミコロン）」を正しい位置に入力する。

修正できたら、ファイルを上書き保存し、ウェブブラウザで「index.html」ファイルの表示を確認しておきましょう。

以上で、作業4で必要な作業はすべて終了です。
正しく修正が行われていれば、見出し部分の背景と文字に色が付きます。同じ表示になっていない場合は、修正した箇所にミスがないかどうかを確認してください。

作業5

この課題は、完成イメージファイルを参考にして、CSSファイルを編集するという問題です。CSSファイルに、各エリアに対応したプロパティを追加して、値を設定する必要があります。

●作業5の完成イメージ

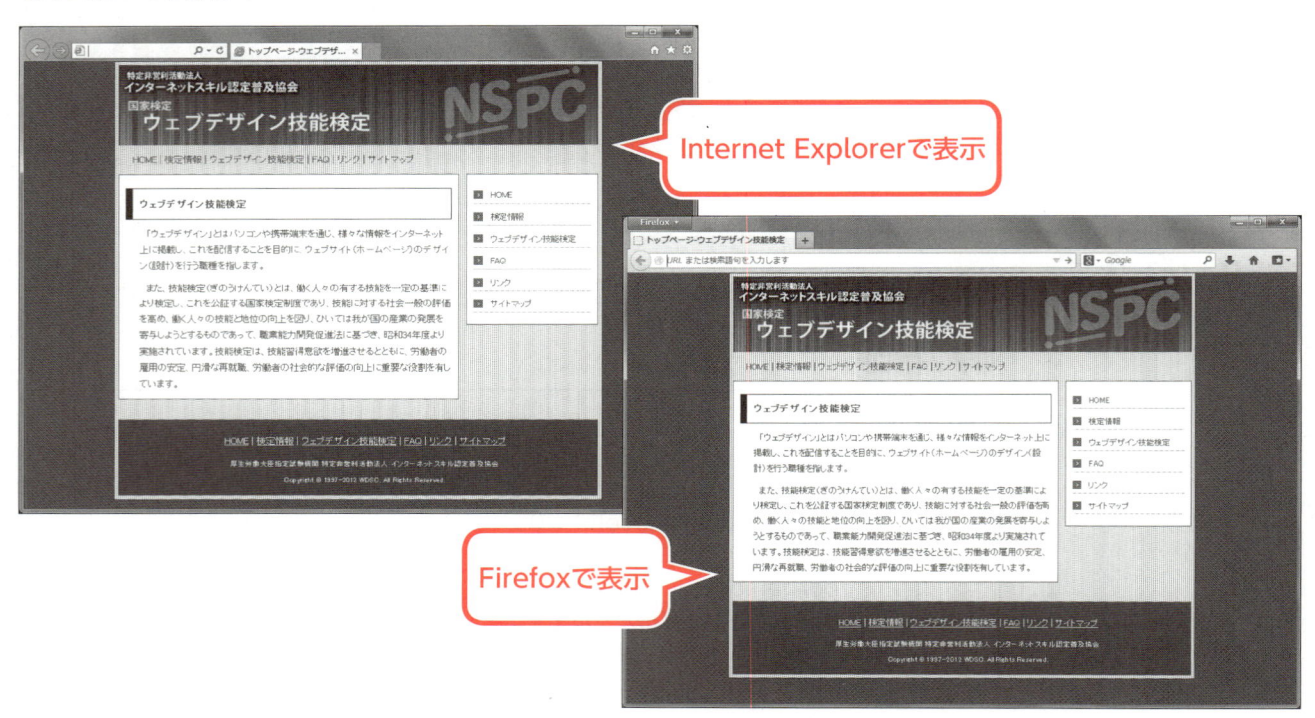

Internet Explorerで表示

Firefoxで表示

Point 1

各jpgファイルを開いて、次のような点を確認します。

```
全体の背景：濃い緑斜めボーダー
内側の背景：縦ボーダー
```

※この背景として使われている画像は、「img」フォルダの中にあります。

Point 2

「design.css」ファイルのbody要素とwrap要素に関する記述に、次の行を追加します。

●2行目～

```css
body {
          font-family: "MS Pゴシック", Osaka, sans-serif;
          line-height: 1.5em;
          color: #006600;
          padding: 0px;
          margin: 0px;
          background-color: #FFFFFF;
          background-image: url(img/bg1.gif);
}
#wrap {
          background-color: #FFFFFF;
          width: 690px;
          padding: 5px;
          margin: 0px auto;
          border: 1px solid #333333;
          background-image: url(img/bd3.gif);
}
```

修正できたら、ファイルを上書き保存し、ウェブブラウザで「index.html」ファイルの表示を確認しておきましょう。

Point 3

「a5」フォルダから不要なファイルを削除します。
削除するファイルは、次のとおりです。

```
ie6_2.jpg、ie7_8_2.jpg、ie9_2.jpg、ff_2.jpg
bd1.gif、bd2.gif、bg2.gif、bg3.gif
```

※「img」フォルダ内の不要なファイルも忘れずに削除しましょう。

以上で、作業5で必要な作業はすべて終了です。
正しく修正が行われていれば、全体の背景と内側の背景に画像が表示されます。同じ表示になっていない場合は、修正した箇所にミスがないかどうかを確認してください。

作業6

この課題は、HTMLファイルの内容を別のテキストファイルに置き換え、さらにそのテキストを正しく構造化して、更新する必要があります。

● 作業6の完成イメージ

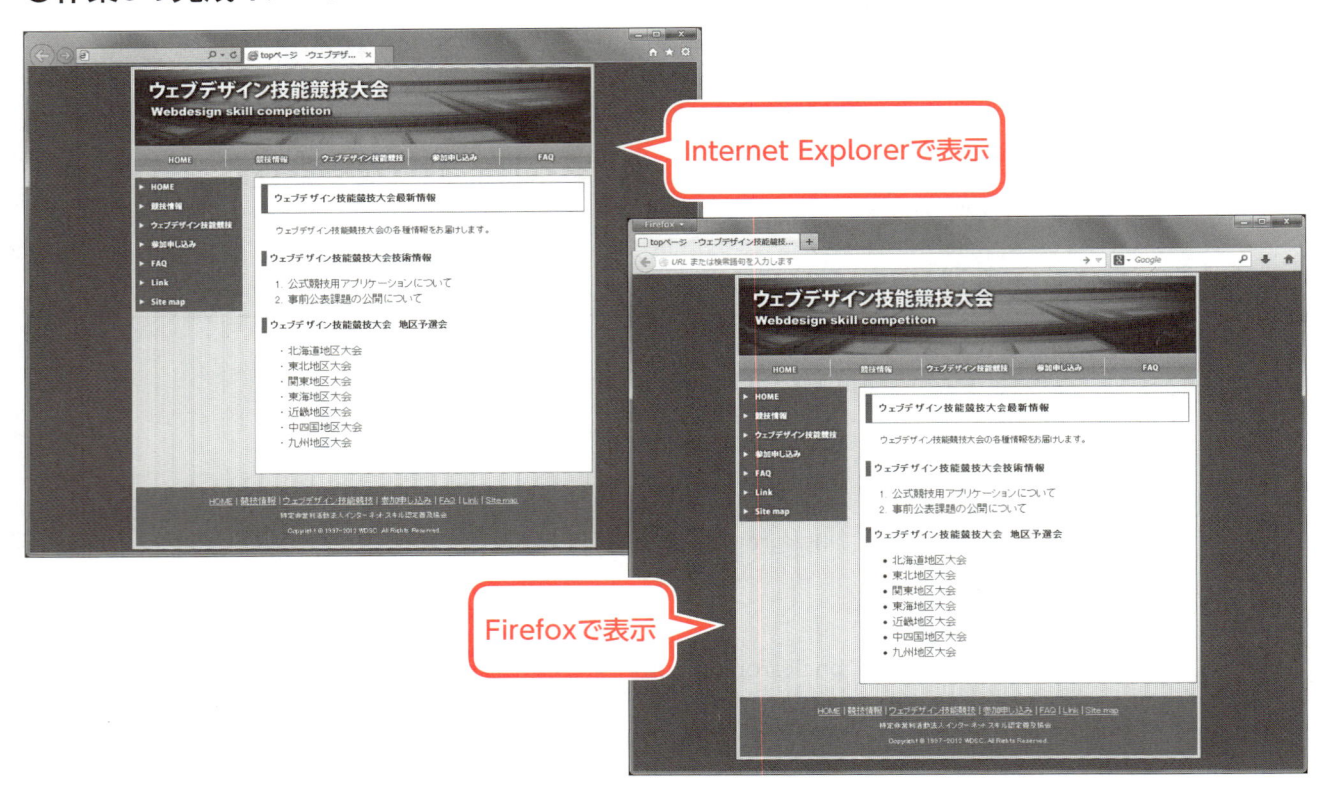

Internet Explorerで表示

Firefoxで表示

Point 1

「sample.txt」ファイルを開いて、指定された要素をどのように使うかを確認します。

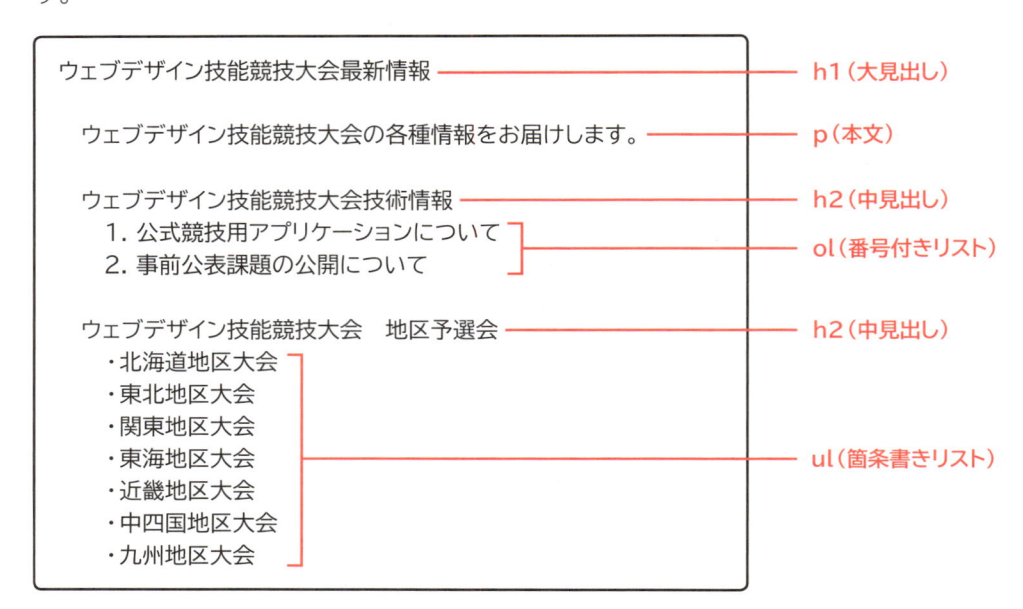

- ウェブデザイン技能競技大会最新情報 —— h1（大見出し）
- ウェブデザイン技能競技大会の各種情報をお届けします。 —— p（本文）
- ウェブデザイン技能競技大会技術情報 —— h2（中見出し）
  1. 公式競技用アプリケーションについて
  2. 事前公表課題の公開について —— ol（番号付きリスト）
- ウェブデザイン技能競技大会　地区予選会 —— h2（中見出し）
  - 北海道地区大会
  - 東北地区大会
  - 関東地区大会
  - 東海地区大会
  - 近畿地区大会
  - 中四国地区大会
  - 九州地区大会 —— ul（箇条書きリスト）

平成24年度　第2回試験　解答と解説

Point 2

「index.html」ファイルを開いて、「main_content」内のh1要素とp要素の内容を削除します。

Point 3

「sample.txt」ファイルの情報を「index.html」ファイル内に構造化しながら書き込んでいきます。

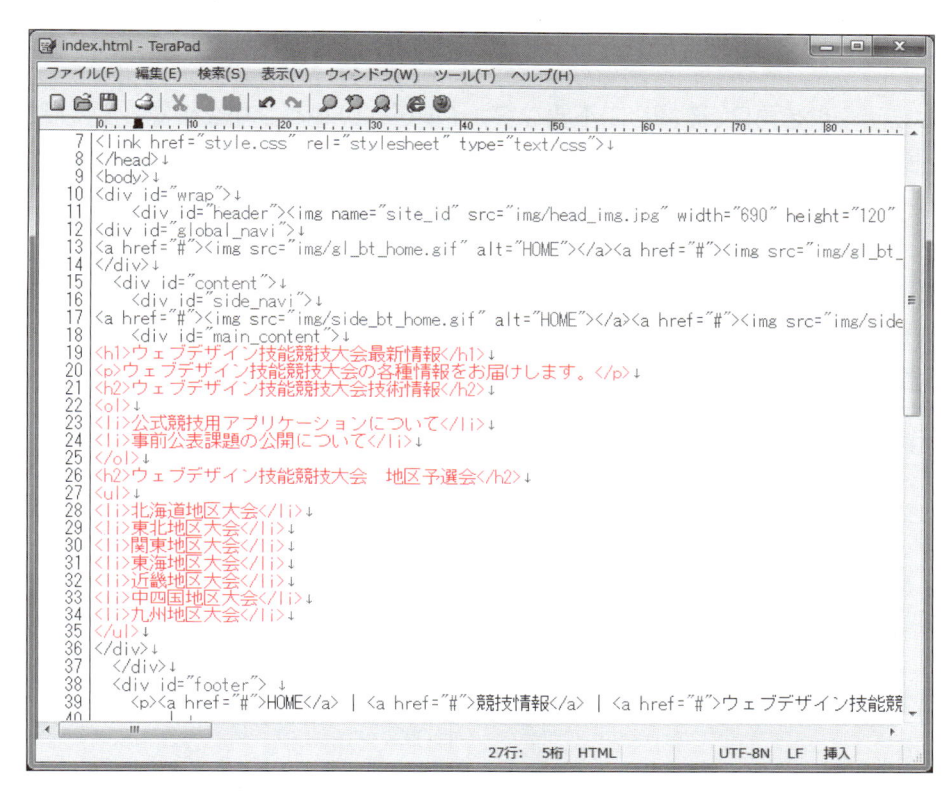

```
 7  <link href="style.css" rel="stylesheet" type="text/css">
 8  </head>
 9  <body>
10  <div id="wrap">
11      <div id="header"><img name="site_id" src="img/head_img.jpg" width="690" height="120">
12  <div id="global_navi">
13  <a href="#"><img src="img/gl_bt_home.gif" alt="HOME"></a><a href="#"><img src="img/gl_bt_
14  </div>
15      <div id="content">
16          <div id="side_navi">
17  <a href="#"><img src="img/side_bt_home.gif" alt="HOME"></a><a href="#"><img src="img/side
18          <div id="main_content">
19  <h1>ウェブデザイン技能競技大会最新情報</h1>
20  <p>ウェブデザイン技能競技大会の各種情報をお届けします。</p>
21  <h2>ウェブデザイン技能競技大会技術情報</h2>
22  <ol>
23  <li>公式競技用アプリケーションについて</li>
24  <li>事前公表課題の公開について</li>
25  </ol>
26  <h2>ウェブデザイン技能競技大会　地区予選会</h2>
27  <ul>
28  <li>北海道地区大会</li>
29  <li>東北地区大会</li>
30  <li>関東地区大会</li>
31  <li>東海地区大会</li>
32  <li>近畿地区大会</li>
33  <li>中四国地区大会</li>
34  <li>九州地区大会</li>
35  </ul>
36  </div>
37      </div>
38      <div id="footer">
39          <p><a href="#">HOME</a>　|　<a href="#">競技情報</a>　|　<a href="#">ウェブデザイン技能競
```

> 構造化を行う際には、インデントは付けなくてもかまいません。

> 箇条書きリストや番号付きリストの各リスト項目は、li要素で指定します。

修正できたら、ファイルを上書き保存し、ウェブブラウザで「index.html」ファイルの表示を確認しておきましょう。

■ Point 4

「a6」フォルダから、不要な「sample.txt」ファイルを削除します。

以上で、作業6で必要な作業はすべて終了です。
正しく修正されていれば、大見出し、中見出し、本文、番号付きリスト、箇条書きリストなどが確認できます。同じ表示になっていない場合は、修正した箇所にミスがないかどうかを確認してください。

最後に
作成したデータを再度、確認して不要なファイルがないかどうかを確認してください。
また、検定公式ブラウザであるInternet Explorer 6 SP2以降及び、Firefox 3.0以降の双方で、表示やレイアウトの崩れなどがないかどうかを確認してください。

3級実技試験は6課題のうち、5つを選択し提出することとなっています。もし、全課題について解答データを作成した際には、作成したデータの「a1」から「a6」より、5つのフォルダを「wd3」フォルダに残し、不要なフォルダは削除して作業は完了となります。

※すべての作業が終了したら、「data3」フォルダは削除しておきましょう。

Answer

平成24年度 第3回試験

解答と解説

学科試験 ……………………………………… 115
実技試験 ……………………………………… 121

平成24年度 第3回 学科試験

第1問　解答　1

解説　XHTML文書は、すべての文書でXMLを宣言するように強く推奨されています。特に、文書の文字コードがデフォルトのUTF-8、UTF-16以外の場合は必須となります。

第2問　解答　2

解説　「ペルソナ・シナリオ法」とは、インタラクションデザインで使われるデザインの要件定義手法のひとつで、ウェブサイトなどの利用者像を明確にするためのものです。
なお、ここでの「ペルソナ」とは、架空の利用者像のことで、ペルソナを登場人物とするストーリーを作ることによって、理想的なインタラクションや機能などを明確化し、そこからデザインの要件を確定していきます。

第3問　解答　2

解説　「IPアドレス」とは、インターネットやイントラネットなどのIPネットワークに接続されたコンピュータや通信機器1台1台に割り振られた識別番号のことです。IPアドレスから、それを使用している個人を、即座にかつ確実に特定することはできません。

第4問　解答　2

解説　「HTTPS」とは、ネットワーク上での転送に用いられる「HTTP」が、SSLやTLSで暗号化されている状態を表したもので、ウェブサーバとウェブブラウザの間の通信が暗号化されていることを意味しています。
例えば、会員情報を入力するウェブページや、ネットショッピングを行う際のクレジットカード番号を入力するウェブページなどでは、アドレスバーに「https://」と表示されます。これは、通信を暗号化して行う状態であることを表しています。

第5問　解答　1

解説　複数の選択肢の中から複数の回答を選択させる場合は「チェックボックス」を用います。複数の選択肢の中からひとつだけを選択させる場合は「ラジオボタン」を用います。

第6問　解答　1

解説　AdministratorなどのOSで標準的に用いられる管理者アカウント名は、パスワードと同様に、推測しにくい任意の内容で構成するようにします。これは、アカウントハックされる危険を低減するためです。「アカウントハック」とは、アカウントを盗み出す行為のことで、類推しやすいアカウント名や短いアカウント名などがハッキングされやすいといわれています。

第7問　解答　2

解説　特許法では、発明を「自然法則を利用した技術的思想の創作のうち高度のものをいう」と定義して保護しています。コンピュータ・プログラムについては、平成14年の特許法改正によって、特許法における「物」にプログラムなどが含まれることが明文化されました。
コンピュータ・プログラムは、特許法だけではなく、著作権法でも保護の対象になります。

第8問　解答　2

解説　「ユニバーサルデザイン」とは、障がいの有無にかかわらず、すべての人にとって、できるだけ利用可能であるようにするデザイン手法のことであり、障がいのある人の便利さ・使いやすさという視点ではありません。

第9問　解答　2

解説　ユーザインタフェースの分野での「GUI」とは、グラフィカル・ユーザ・インタフェースの略称です。ユーザへの情報の表示にグラフィックを多用して、マウスなどのポインティングデバイスを使って、直感的な操作を提供するユーザインタフェースを示すものです。

第10問　解答　1

解説　厚生労働省の新しい「VDT作業における労働衛生管理のためのガイドライン」の「3　作業環境管理」で、次のように明記されています。

> （4）その他
> 　　換気、温度及び湿度の調整、空気調和、静電気除去、休憩等のための設備等について事務所衛生基準規則に定める措置等を講じること。

第11問 解答 4

解説 CSSで背景色を指定するプロパティは「background-color」となります。

第12問 解答 2

解説 TCP/IP環境のネットワーク下において、ネットワークに接続しているコンピュータを「host」といい、自分が操作しているコンピュータを「localhost」といいます。LocalhostをIPv4で表記したときのアドレスは、「127.0.0.1」となります。

第13問 解答 2

解説 「GIF (Graphic Interchange Format)」とは、CompuServeのPICSフォーラムで提唱された画像ファイルフォーマットのひとつで、JPEGとともにインターネットで標準的に使用されています。また、GIF形式の画像でサポートされている最大色数は256色（1画素ごとに8ビットの色情報をもっている）で、イラストやアイコンなどを扱うのに適してしています。

第14問 解答 2

解説 link要素などにmedia属性を指定すると、そのメディア用のスタイルシートを準備できます。印刷用のスタイルシートの場合は、メディアタイプに「print」を指定します。CSSで指定できる主なメディアタイプは、次のとおりです。

メディアタイプ	説明
all	すべてのメディア
aural	音声出力
braille	点字ディスプレイなどの点字出力
embossed	点字プリンタ
handheld	携帯用機器
print	プリンタ（印刷用）
projection	プロジェクタ
screen	コンピュータのディスプレイ
tv	テレビ

第15問 解答 2

解説 「blockquote要素」は、ブロックレベル要素を含む比較的長い文章の引用であることを示します。W3Cでは、テキストやインライン要素をblockquote要素の直下におくことはできない、と推奨しています。

第16問 解答 4

解説 カラーコードは、通常6桁で表示され、赤・緑・青が2桁ずつの値で構成されます。値は、0からfまでの16段階（16進数）で表現します。
「#000000」は黒、「#ffffff」は白、「#ffff00」は黄色、「#00ff00」は緑になります。

第17問 解答 3

解説 問題文のアクセスログの先頭に表示されている数値が、ユーザが利用しているコンピュータのIPアドレスです。
ログの最後に「"safari/537.1"」とあるので、ブラウザはsafariを使用していることがわかります。クッキー情報などは見受けられないので、過去にいつ訪問したかを読み取ることはできません。

第18問 解答 4

解説 W3Cで規定される「DOM（Document Object Model）」とは、プログラムやスクリプトからダイナミックに、文書の内容・構造・スタイルにアクセスできる「API（Application Programming Interface）」です。DOMは、プラットフォームや言語には依存しません。

第19問 解答 1

解説 インターネットなどのネットワークでは、機器間の通信に「IP（Internet Protocol）」というプロトコルが用いられます。IPアドレスは、このネットワークでの通信機器やコンピュータの住所のようなものです。
「TCP（Transmission Control Protocol）」とは、IPの上位プロトコルのことです。
「URL（Uniform Resource Locator）」と「URI（Uniform Resource Identifier）」は、ネットワーク上に存在する文書や画像などのコンテンツの場所を指し示す記述方式です。

第20問 解答 1

解説 Internet Explorer 9の操作画面において、Aの領域はアドレスバー、Bの領域はステータスバーです。
「アドレスバー」とは、Internet Explorer 9などのウェブブラウザが、現在表示しているウェブページのURLを表示している領域です。「ステータスバー」とは、一般的に、アプリケーションウィンドウの最下部にある領域で、アプリケーションソフトの現在の状態や作業状態などを表すものです。

第21問　解答 3

解説 p要素はブロックレベル要素です。a要素、img要素、span要素はインライン要素です。

第22問　解答 3

解説 「id属性」は、要素に一意の名前を付けるものなので重複指定はできません。
「src属性」は、ファイルや画像などの外部リソースを指定するために用いられるものなので、重複しても問題ありません。
「alt属性」は、画像の代替文字列を指定するために用いられるものなので、重複しても問題ありません。
「class属性」は、要素に分類名を付けるために用いられるものなので、重複しても問題ありません。

第23問　解答 1

解説 「q要素」は、インラインレベル要素を含む比較的短い文章の引用であることを示し、HTML 4.01で定義されています。
「marquee要素」は、Internet Explorerの独自機能です。
「embed要素」は、Netscape Navigatorの独自機能でHTML 5から採用されます。
「s要素」は、HTML 4.01 Strictでは廃止されています。

第24問　解答 2

解説 HTTPプロトコル通信では、お互いの状態（ステータス）をやり取りしています。HTTP通信におけるGETの要求が正常に終了した際のステータスコードは「200」になります。
主なステータスコードは、次のとおりです。

コード	状態	説明
100	Continue	リクエストを継続します。
200	OK	リクエストは正常に終了しました。
300	Multiple Choices	リクエストを完了させるためには複数の選択肢があります。
400	Bad Request	無効なリクエストです。

第25問　解答　1

解説　ネットワークに接続しているコンピュータに、IPアドレスなどを自動で割り当てるためのプロトコルは、「**DHCP（Dynamic Host Configuration Protocol）**」です。DHCPは、IPアドレスを配布するDHCPサーバーと、情報を受け取るDHCPクライアントによって実現されます。

「**DNS（Domain Name System）**」とは、インターネットなどのネットワーク上のホスト名とIPアドレスを対応させるためのシステムです。

「**FTP（File Transfer Protocol）**」とは、インターネットなどのTCP/IPネットワークで、ファイルを転送するために使われるプロトコルです。

「**HTTP（HyperText Transfer Protocol）**」とは、ウェブサーバとウェブブラウザなどのクライアントが、データを送受信するために使われるプロトコルです。

平成24年度　第3回
実技試験

作業の前に
「H24_3」フォルダ内の「data3」フォルダをデスクトップにコピーしておきましょう。

作業で使用する素材は、「data3」フォルダ内にあります。このフォルダには、作業1から作業6で使用する素材が「qx」フォルダという名前でまとめられています。
各作業の前に、デスクトップの「wd3」フォルダに「qx」フォルダをコピーし、フォルダの名前を「ax」に変更します。
※「wd3」フォルダがない場合は、自分で作成します。
※「qx」「ax」のxは、作業1から作業6の各番号に読み替えてください。

作業1

この課題では、ウェブサイトのHTMLファイル、CSSファイル、その他のソースファイルを適切な形で、指示されたサイトのディレクトリ構造に合わせて、構成する必要があります。
作業を開始する前に、ウェブブラウザで**「index.html」**ファイルの表示を確認しておきましょう。

●作業1の完成イメージ

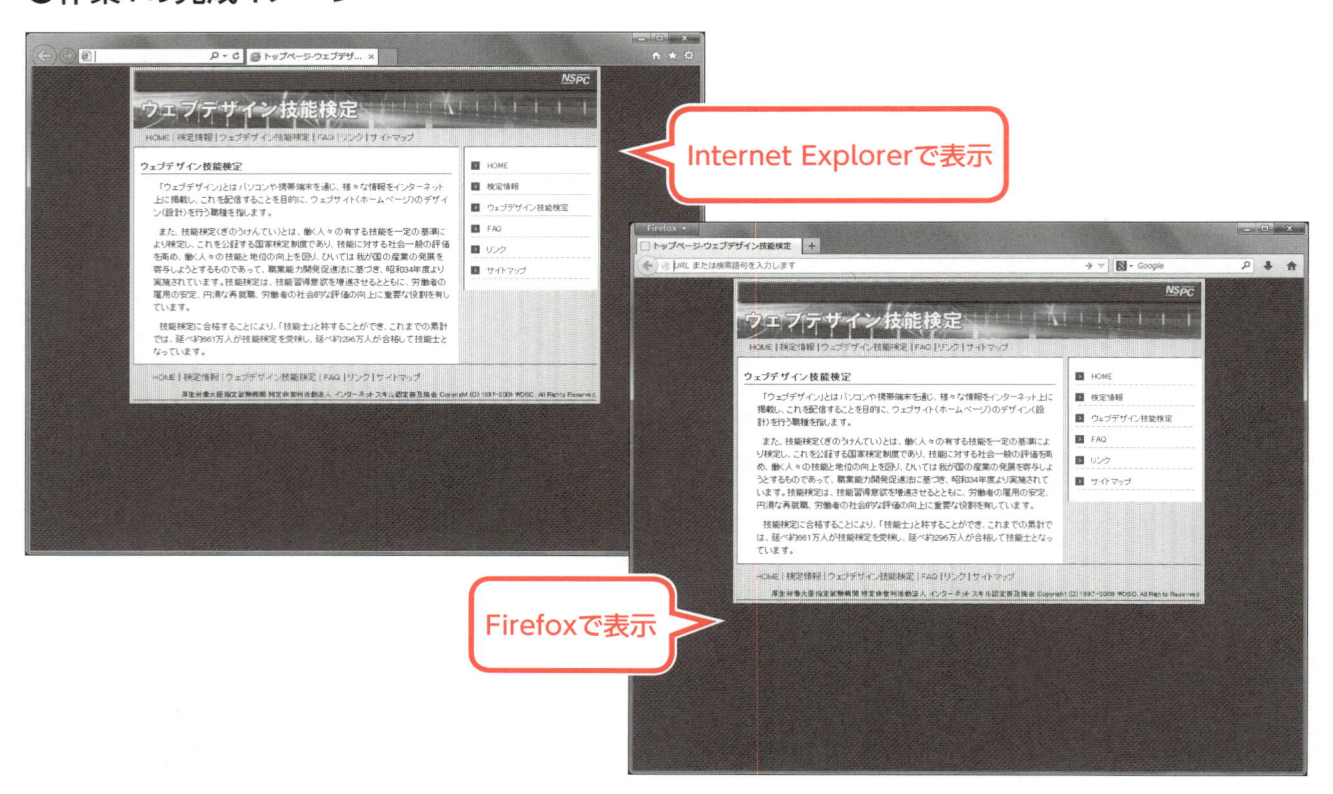

Internet Explorerで表示

Firefoxで表示

Point 1

「fs.jpg」ファイルを開いて、作成するディレクトリ構造を確認します。
「a1」フォルダ内が、「fs.jpg」ファイルで確認したディレクトリ構造と同じになるように、フォルダの作成やファイルの移動を行います。

> ファイルを移動すると、「index.html」ファイル内で参照している画像ファイルやCSSファイルのパスが正しくなくなります。そのため、ファイルの移動を行った場合は、パスの修正が必要です。

Point 2

パスを修正します。
「index.html」ファイルを開いて、次の構文に含まれているファイルのパスを修正します。

●7行目

```
<link href="design.css" rel="stylesheet" type="text/css">
```
⬇
```
<link href="style/design.css" rel="stylesheet" type="text/css">
```

●11行目

```
<div id="header"><img name="site_id" src="top.jpg" width="700" height="90" alt="タイトル画像"></div>
```
⬇
```
<div id="header"><img name="site_id" src="image/top.jpg" width="700" height="90" alt="タイトル画像"></div>
```

> ＨＴＭＬファイルやＣＳＳファイルを編集するには、検定試験の公式ソフトウェアでもある「TeraPad」や「サクラエディタ」を使うとよいでしょう。
> 「メモ帳」や「ワードパッド」でも編集できますが、「TeraPad」や「サクラエディタ」は、文字色の変更や行数の表示などができるので、ウェブページの作成に適しています。

修正できたら、ファイルを上書き保存し、ウェブブラウザで「index.html」ファイルの表示を確認しておきましょう。

Point 3

CSSファイルのパスを修正します。
「**design.css**」ファイルを開いて、次の構文に含まれているファイルのパスを修正します。

●5行目

background-image: url(**bg1.gif**);

⬇

background-image: url(**../image/bg1.gif**);

●13行目

background-image: url(**bg2.gif**);

⬇

background-image: url(**../image/bg2.gif**);

●134行目

background-image: url(**icon.gif**);

⬇

background-image: url(**../image/icon.gif**);

> 「style」フォルダ内にある「design.css」から「image」フォルダ内のファイルを参照する場合は、「相対パス」で指定します。相対パスは、階層をたどって記述するため、「../image/ファイル名」という形になります。「../」でひとつ上の階層を表します。

修正できたら、ファイルを上書き保存し、ウェブブラウザで「**index.html**」ファイルの表示を確認しておきましょう。

Point 4

「**a1**」フォルダから、不要な「**fs.jpg**」ファイルを削除します。

以上で、作業1で必要な作業はすべて終了です。
表示結果が作業前に確認した「**index.html**」ファイルと同じなら修正が正しく反映されています。同じ表示になっていない場合は、修正した箇所にミスがないかどうかを確認してください。

作業2

この課題は、ウェブサイトの複数のHTMLファイルについて、指示されたナビゲーションなどの要素にリンクを設定し、また、ページの見出しや本文の修正を行う必要があります。

●作業2の完成イメージ

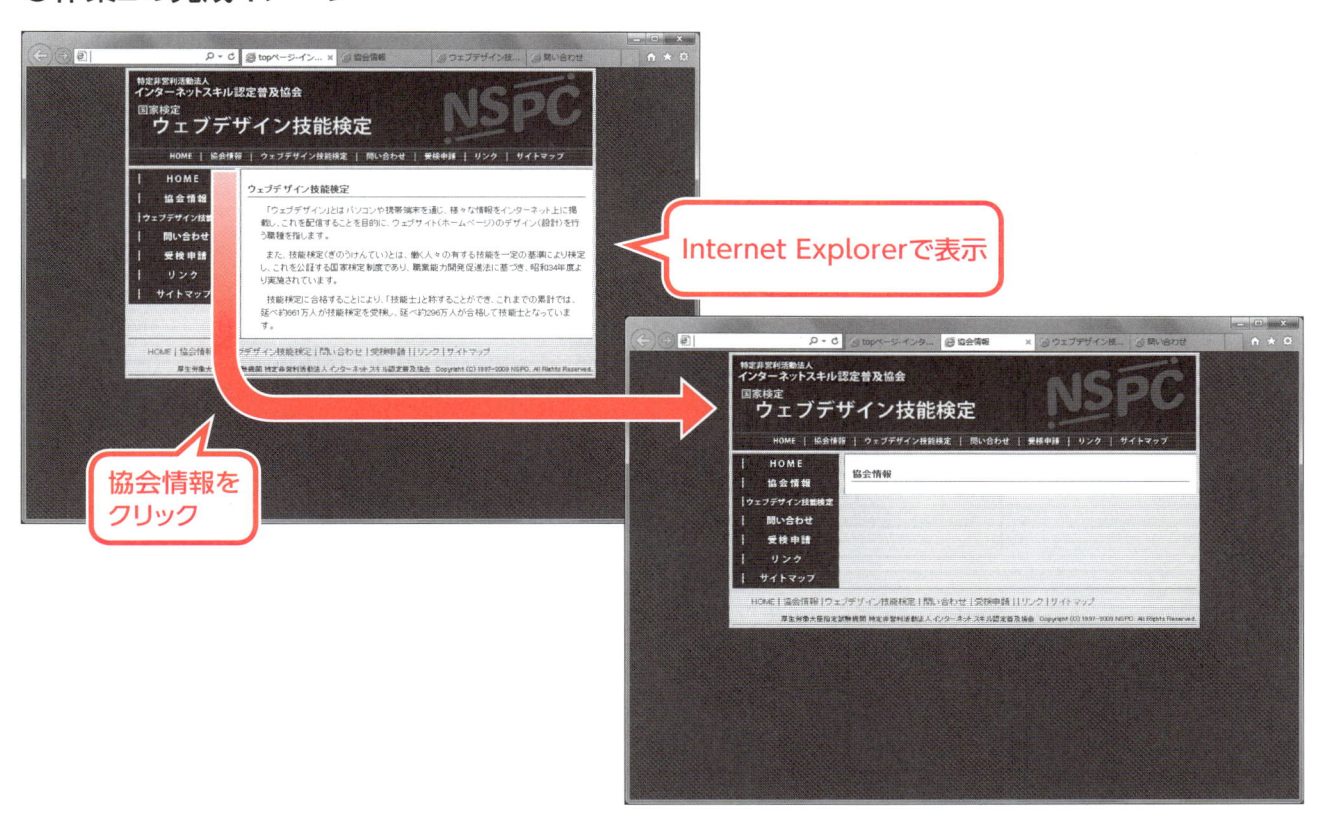

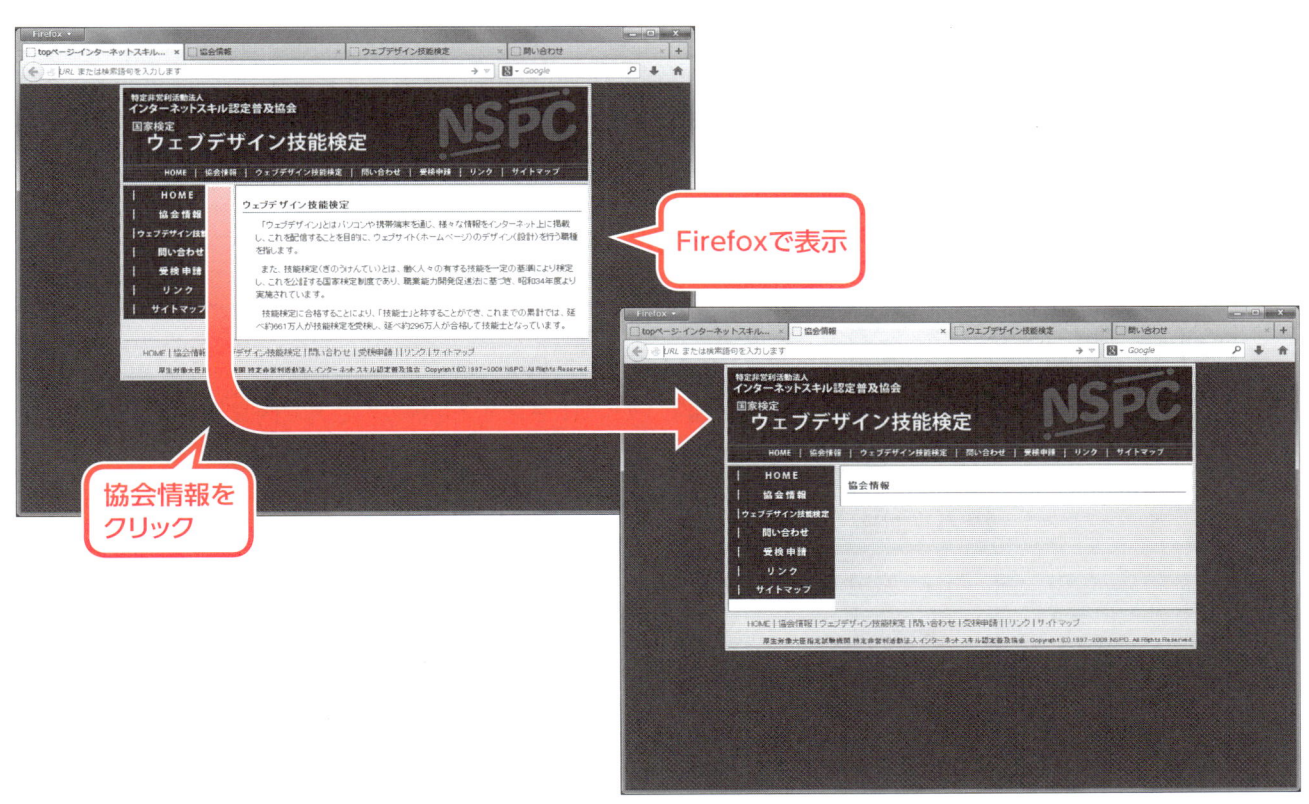

Point 1

「index.html」ファイルのグローバルナビゲーションの部分にリンクを設定します。
「index.html」ファイルを開いて、次の構文に含まれているリンクの記述を修正します。

●13行目

```
<a href="#"><img src="img/gl_bt_home.gif" alt="HOME"></a><a href="#"><img src="img/gl_bt_info.gif" alt="協会情報"></a><a href="#"><img src="img/gl_bt_skilltest.gif" alt="ウェブデザイン技能検定"></a><a href="#"><img src="img/gl_bt_form.gif" alt="問い合わせ"></a><a href="#"><img src="img/gl_bt_app.gif" alt="受検申請"></a><a href="#"><img src="img/gl_bt_links.gif" alt="リンク"></a><a href="#"><img src="img/gl_bt_sitemap.gif" alt="サイトマップ"></a>
```

⬇

```
<a href="index.html"><img src="img/gl_bt_home.gif" alt="HOME"></a><a href="info.html"><img src="img/gl_bt_info.gif" alt="協会情報"></a><a href="skilltest.html"><img src="img/gl_bt_skilltest.gif" alt="ウェブデザイン技能検定"></a><a href="form.html"><img src="img/gl_bt_form.gif" alt="問い合わせ"></a><a href="#"><img src="img/gl_bt_app.gif" alt="受検申請"></a><a href="#"><img src="img/gl_bt_links.gif" alt="リンク"></a><a href="#"><img src="img/gl_bt_sitemap.gif" alt="サイトマップ"></a>
```

修正できたら、ファイルを上書き保存し、ウェブブラウザで「index.html」ファイルを開いて、各グローバルナビゲーションのリンクが正しく設定されているかどうかをクリックして確認しておきましょう。

Point 2

「index.html」ファイルと同様に、「info.html」「skilltest.html」「form.html」の各ファイルも修正します。
すべてのファイルで正しくリンクが設定されているかどうかを確認しておきましょう。

> 1ファイルごとに入力してもよいですが、入力ミスを防ぐには「index.html」ファイルの13行目をコピーし、ほかのHTMLファイルの該当箇所に貼り付けるとよいでしょう。

Point 3

「info.html」ファイルの「A」の箇所を修正します。
「info.html」ファイルを開いて<title>タグを確認し、次の構文に含まれている見出しの記述を修正します。

●20行目

```
<h1>A</h1>
```

⬇

```
<h1>協会情報</h1>
```

修正できたら、ファイルを上書き保存し、ウェブブラウザで「info.html」ファイルの表示を確認しておきましょう。

Point 4

「info.html」ファイルと同様に、「skilltest.html」「form.html」の各ファイルも修正します。

「skilltest.html」ファイル

●20行目

```
<h1>B</h1>
```
⬇
```
<h1>ウェブデザイン技能検定</h1>
```

「form.html」ファイル

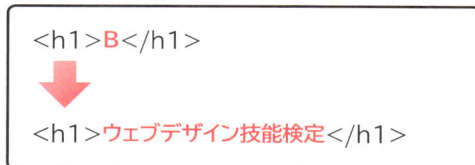

●20行目

```
<h1>C</h1>
```
⬇
```
<h1>問い合わせ</h1>
```

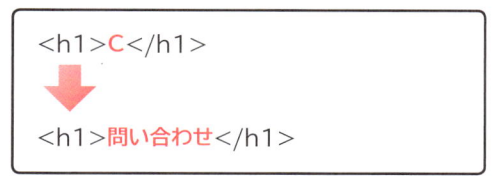

修正できたら、ファイルを上書き保存し、ウェブブラウザで「skilltest.html」「form.html」の各ファイルの表示を確認しておきましょう。

以上で、作業2で必要な作業はすべて終了です。
すべてのHTMLファイルをウェブブラウザで開いて、次の点を確認しておきましょう。

- ●グローバルナビゲーションにリンクが設定されている。
- ●本文中の「A」「B」「C」だった箇所が、ページタイトルと同じになっている。

作業3

この課題は、完成イメージファイルを参考にして、用意された複数のCSSファイルの中から適切なものを適用する必要があります。

●作業3の完成イメージ

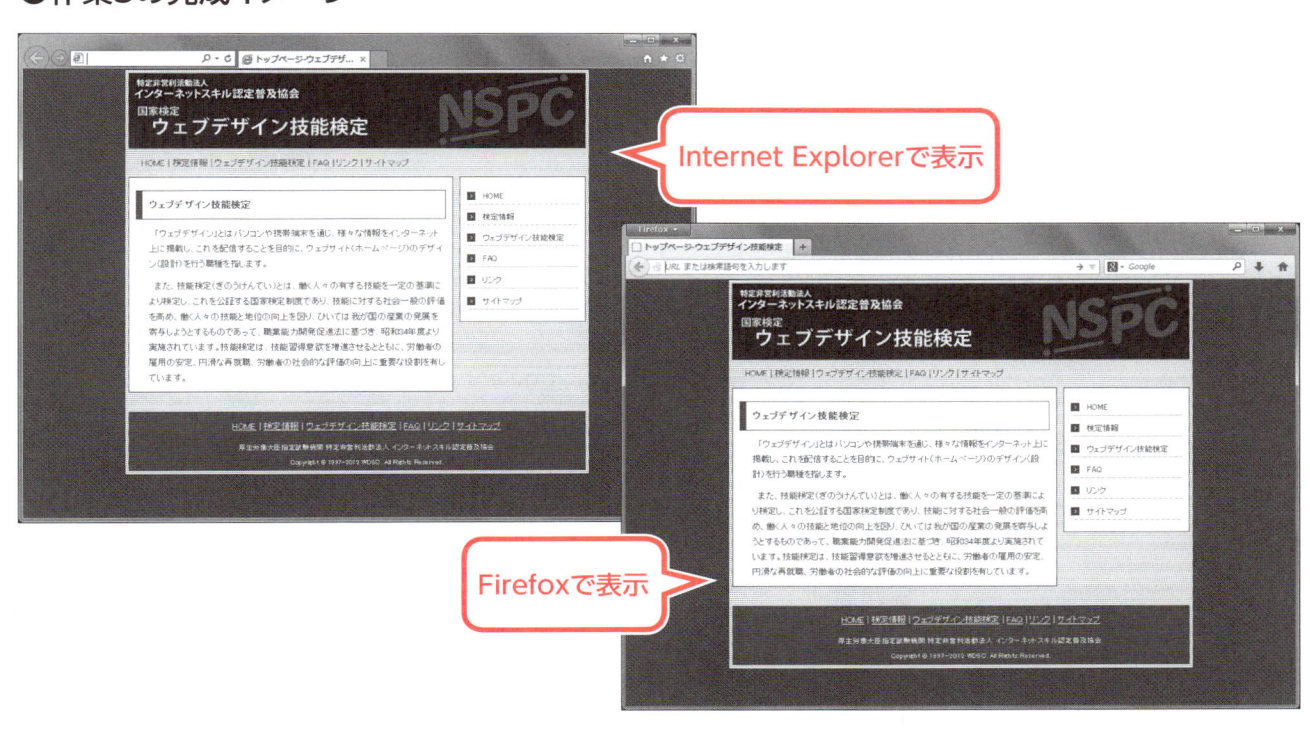

Internet Explorerで表示

Firefoxで表示

Point 1

各jpgファイルを開いて、次のような点を確認します。

```
全体の背景           ：青斜めボーダー
内側の背景           ：横ボーダー
本文テキスト         ：水色
横ナビゲーション位置 ：右
フッターナビゲーション：白
フッターテキスト     ：白
```

Point 2

「index.html」ファイルを開いて、CSSファイルに関する記述を修正します。
7行目の「#」の箇所を「1.css」「2.css」「3.css」に置き換えて、結果を確認します。

●7行目

```
<link href="#" rel="stylesheet" type="text/css">
```
⬇
```
<link href="1.css" rel="stylesheet" type="text/css">
<link href="2.css" rel="stylesheet" type="text/css">
<link href="3.css" rel="stylesheet" type="text/css">
```

3つのCSSファイルを見比べてみると、完成イメージと同じものは、「3.css」ファイルになります。
「index.html」ファイルのCSSファイルに関する記述を「3.css」に修正します。

修正できたら、ファイルを上書き保存し、ウェブブラウザで「index.html」ファイルの表示を確認しておきましょう。

Point 3

「a3」フォルダから不要なファイルを削除します。
削除するファイルは、次のとおりです。

```
1.css、2.css、ie6_1.jpg、ie7_8_1.jpg、ie9_1.jpg、ff_1.jpg
bd_1.gif、bg_1.gif
```

※「img」フォルダ内の不要なファイルも忘れずに削除しましょう。

以上で、作業3で必要な作業はすべて終了です。
表示結果が完成イメージと同じになっていれば、修正が正しく反映されています。同じ表示になっていない場合は、修正した箇所にミスがないかどうかを確認してください。

作業4

この課題は、CSSファイルを編集して、h1要素の背景や文字の色を変更する必要があります。

● 作業4の完成イメージ

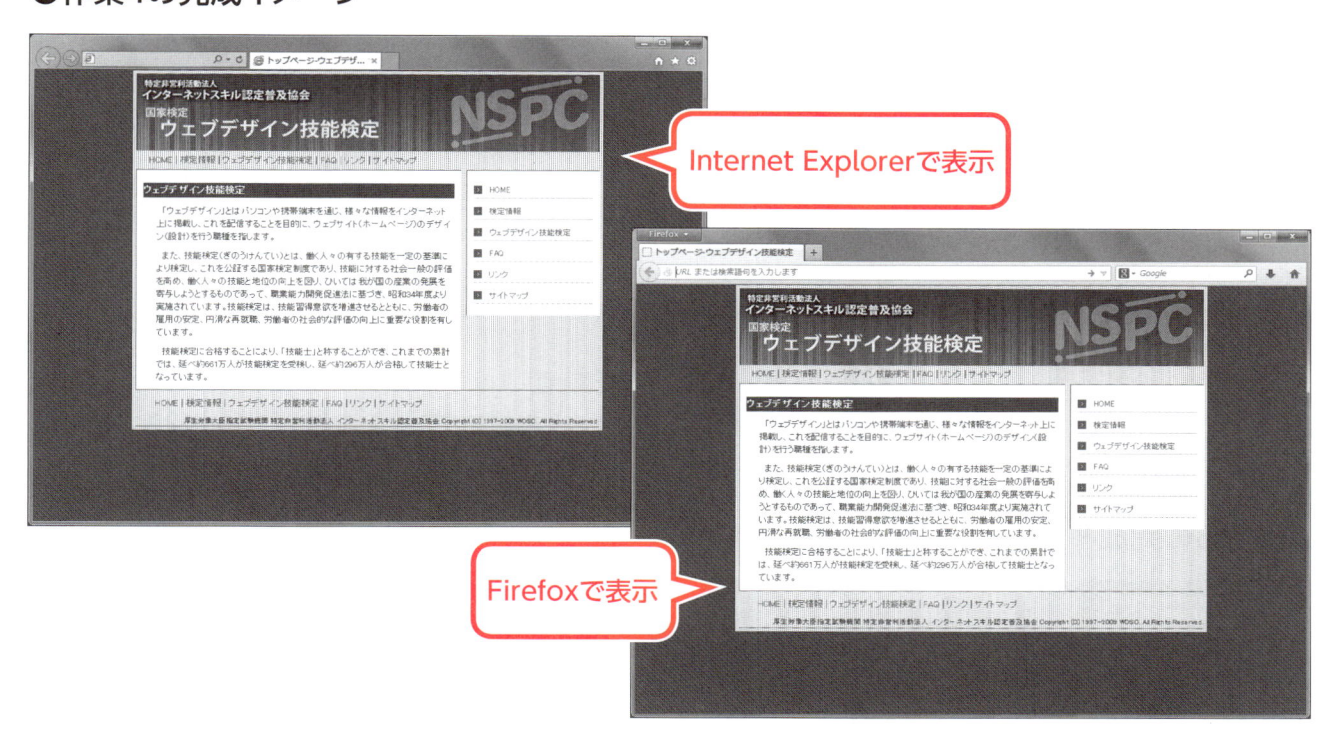

Internet Explorerで表示

Firefoxで表示

Point 1

「style.css」ファイル内のh1要素に関する記述に、次の2行を追加します。

● 55行目～

```
h1 {
          font-family: "MS Pゴシック", Osaka, sans-serif;
          font-size: 11pt;
          line-height: 1.5em;
          font-weight: bold;
          color: #333333;
          margin: 10px 0px;
          padding: 0px;
          clear: both;
          border-bottom-width: 1px;
          border-bottom-style: solid;
          border-bottom-color: #3366CC;
          background-color: #00590e;
          color: #ffffff;
}
```

※修正内容は一例になります。これ以外の記述でも実現は可能です。

> CSSファイルを修正する場合は、次のような点に注意しましょう。
>
> ● プロパティ入力時にスペルミスをしない。
> ● 「:(コロン)」や「;(セミコロン)」を正しい位置に入力する。

修正できたら、ファイルを上書き保存し、ウェブブラウザで「index.html」ファイルの表示を確認しておきましょう。

以上で、作業4で必要な作業はすべて終了です。
正しく修正が行われていれば、見出し部分の背景と文字に色が付きます。同じ表示になっていない場合は、修正した箇所にミスがないかどうかを確認してください。

作業5

この課題は、完成イメージファイルを参考にして、CSSファイルを編集するという問題です。CSSファイルに、各エリアに対応したプロパティを追加して、値を設定する必要があります。

●作業5の完成イメージ

Internet Explorerで表示

Firefoxで表示

Point 1

各jpgファイルを開いて、次のような点を確認します。

```
全体の背景：青横ボーダー
内側の背景：横ボーダー
```

※この背景として使われている画像は、「img」フォルダの中にあります。

Point 2

「style.css」ファイルのbody要素とwrap要素に関する記述に、次の行を追加します。

●1行目～

```css
body {
        padding: 0px;
        margin: 0px;
        background-color: #FFFFFF;
        background-image: url(img/bgh.gif);
}
#wrap {
        background-color: #FFFFFF;
        width: 690px;
        padding: 5px;
        margin: 0px auto;
        border: 1px solid #333333;
        background-image: url(img/bar3.gif);
}
```

> 「bar3.gif」ファイルと「bar2.gif」ファイルは、同じ表示結果になりますが、よりファイルサイズの小さい「bar3.gif」ファイルを利用する方が適切といえます。

修正できたら、ファイルを上書き保存し、ウェブブラウザで「index.html」ファイルの表示を確認しておきましょう。

Point 3

「a5」フォルダから不要なファイルを削除します。
削除するファイルは、次のとおりです。

```
ie6_2.jpg、ie7_8_2.jpg、ie9_2.jpg、ff_2.jpg
bar1.gif、bar2.gif、bgs.gif、bgss.gif
```

※「img」フォルダ内の不要なファイルも忘れずに削除しましょう。

以上で、作業5で必要な作業はすべて終了です。
正しく修正が行われていれば、全体の背景と内側の背景に画像が表示されます。同じ表示になっていない場合は、修正した箇所にミスがないかどうかを確認してください。

作業6

この課題は、HTMLファイルの内容を別のテキストファイルに置き換え、さらにそのテキストを正しく構造化して、更新する必要があります。

●作業6の完成イメージ

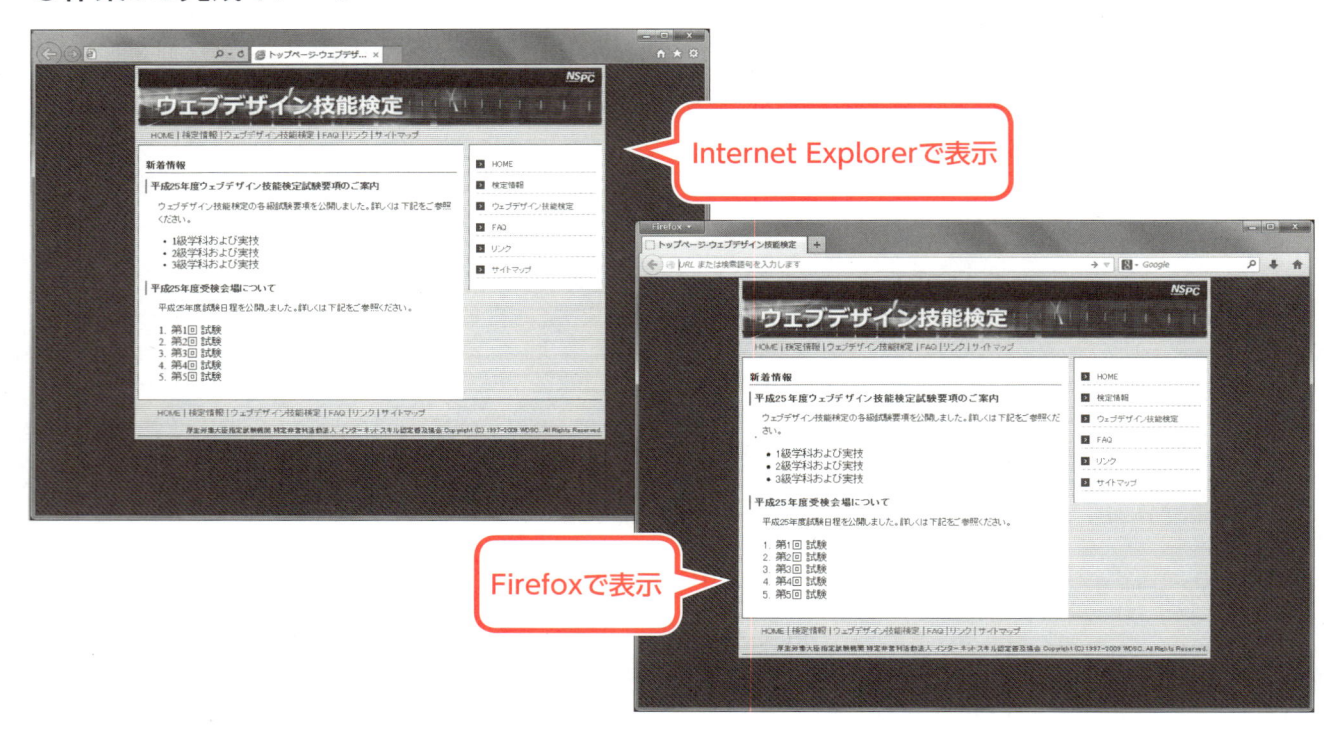

Internet Explorerで表示

Firefoxで表示

平成24年度 第3回試験 解答と解説

Point 1

「sample.txt」ファイルを開いて、指定された要素をどのように使うかを確認します。

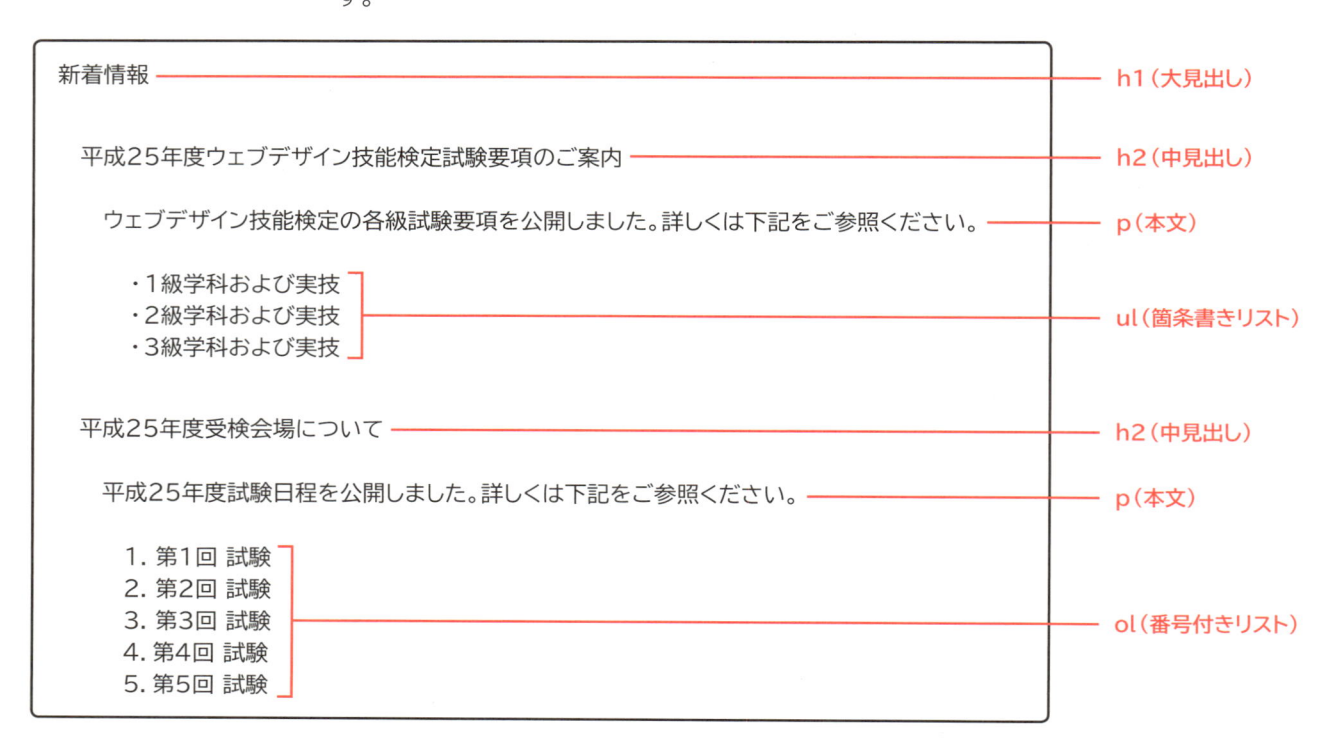

テキスト	要素
新着情報	h1（大見出し）
平成25年度ウェブデザイン技能検定試験要項のご案内	h2（中見出し）
ウェブデザイン技能検定の各級試験要項を公開しました。詳しくは下記をご参照ください。	p（本文）
・1級学科および実技 ・2級学科および実技 ・3級学科および実技	ul（箇条書きリスト）
平成25年度受検会場について	h2（中見出し）
平成25年度試験日程を公開しました。詳しくは下記をご参照ください。	p（本文）
1. 第1回 試験 2. 第2回 試験 3. 第3回 試験 4. 第4回 試験 5. 第5回 試験	ol（番号付きリスト）

Point 2

「index.html」ファイルを開いて、「main_content」内のh1要素とp要素の内容を削除します。

Point 3

「sample.txt」ファイルの情報を「index.html」ファイル内に構造化しながら書き込んでいきます。

```
21          <li><a href="#">FAQ</a></li>
22          <li><a href="#">リンク</a></li>
23          <li><a href="#">サイトマップ</a></li>
24        </ul>
25      </div>
26      <div id="main_content">
27 <h1>新着情報</h1>
28 <h2>平成25年度ウェブデザイン技能検定試験要項のご案内</h2>
29 <p>ウェブデザイン技能検定の各級試験要項を公開しました。詳しくは下記をご参照ください。</p>
30 <ul>
31 <li>1級学科および実技</li>
32 <li>2級学科および実技</li>
33 <li>3級学科および実技</li>
34 </ul>
35 <h2>平成25年度受検会場について</h2>
36 <p>平成25年度試験日程を公開しました。詳しくは下記をご参照ください。</p>
37 <ol>
38 <li>第1回　試験</li>
39 <li>第2回　試験</li>
40 <li>第3回　試験</li>
41 <li>第4回　試験</li>
42 <li>第5回　試験</li>
43 </ol>
44      </div>
45     </div>
46     <div id="footer">
47       <p><a href="#">HOME</a> | <a href="#">検定情報</a> | <a href="#">ウェブデザイン技能検
48         <p class="copyrights">厚生労働大臣指定試験機関　特定非営利活動法人　インターネット
49     </div>
```

> 構造化を行う際には、インデントは付けなくてもかまいません。

> 箇条書きリストや番号付きリストの各リスト項目は、li要素で指定します。

修正できたら、ファイルを上書き保存し、ウェブブラウザで「index.html」ファイルの表示を確認しておきましょう。

Point 4

「a6」フォルダから、不要な「sample.txt」ファイルを削除します。

以上で、作業6で必要な作業はすべて終了です。
正しく修正されていれば、大見出し、中見出し、本文、箇条書きリスト、番号付きリストなどが確認できます。同じ表示になっていない場合は、修正した箇所にミスがないかどうかを確認してください。

最後に
作成したデータを再度、確認して不要なファイルがないかどうかを確認してください。
また、検定公式ブラウザであるInternet Explorer 6 SP2以降及び、Firefox 3.0以降の双方で、表示やレイアウトの崩れなどがないかどうかを確認してください。

3級実技試験は6課題のうち、5つを選択し提出することとなっています。もし、全課題について解答データを作成した際には、作成したデータの「a1」から「a6」より、5つのフォルダを「wd3」フォルダに残し、不要なフォルダは削除して作業は完了となります。

※すべての作業が終了したら、「data3」フォルダは削除しておきましょう。

Answer

平成24年度 第4回試験

解答と解説

学科試験 ……………………………………… 135
実技試験 ……………………………………… 141

平成24年度 第4回
学科試験

第1問　解答　2

解説　ウェブサーバなど、1台のサーバにプロセッサやメモリなどを追加して性能を向上させることを、**「スケールアップ」**または**「スケールイン」**といいます。スケールアップの場合は、複数台で運用するよりもソフトウェアのライセンス料金を抑えることができるというメリットがあります。
「スケールアウト」とは、サーバの数を増やすことで性能を向上させることです。1台のサーバに障害が発生しても、サービスを提供し続けられるというメリットがあります。

第2問　解答　1

解説　W3Cが勧告している**「XHTML 1.0：拡張可能ハイパーテキストマークアップ言語」**では、次のように明記されています。

> 4.HTML4との相違点
> 　　4.2要素名及び属性名は小文字でなければならない

第3問　解答　1

解説　**「平文」**とは、暗号化されていない文字列のことで、**「クリアテキスト」**ともいいます。暗号文の対義語として用いられることが多く、本来は暗号化されていることが望ましいデータが、暗号化されないままネットワークを流れている状態を強調する際などに用いられます。

第4問　解答　2

解説　**「HTTP（Hyper Text Transfer Protocol）」**とは、ウェブサーバとウェブブラウザなどのクライアントが、データを送受信するために使われるプロトコルで、OSI参照モデルにおいて、アプリケーション（応用）層に該当します。
「OSI参照モデル」とは、ISOとCCITTによって決められた、ネットワークの階層構造のモデルのことです。通信プロトコルを機能別に7つの階層に分け、それぞれの階層で実現する機能を定義しています。

OSI参照モデルは、次のような構成になります。

階層	名称	具体例
第7層	アプリケーション（応用）層	HTTP、DHCP、SMTP、FTP、Telnet　など
第6層	プレゼンテーション層	
第5層	セッション層	
第4層	トランスポート層	TCP、UDP、NBP　など
第3層	ネットワーク層	IP、ICMP、NetBEUI　など
第2層	データリンク層	PPP、Ethernet　など
第1層	物理層	RS-232C、RS-422、UTP　など

第5問　解答 2

解説　「**div**」とは、特定の範囲をひとまとまりにする要素です。divプロパティは存在しません。

第6問　解答 1

解説　ウェブコンテンツにアニメーションや画像などを含める場合は、すべての人に同等の効果を与えられるように代替テキストなどを用意しておくことが推奨されています。**「WCAG 1.0」**では、次のように明記されています。

> 6.ウェブコンテンツ・アクセシビリティ・ガイドライン
> 　ガイドライン1.聞くための内容や見るための内容には、同等の役割を果たす代わりのものを提供する

第7問　解答 1

解説　企業がインターネット上で電子メールによって商業広告を送るときは、企業の住所、電話番号、電子メールアドレスのほか、広告であることや消費者がメールの受け取りを希望しない場合の連絡方法も表示しなければなりません。これは、**「特定電子メールの送信の適正化等に関する法律」**（いわゆる**「特定電子メール法」**または**「eメール法」**）の第4条**「表示義務」**によって規定されているからです。

この法律では、ほかにも、送信に用いた電子メールやドメイン名などの送信者情報を偽った送信や、架空電子メールアドレス（プログラムにより自動的に作成された電子メールアドレスであって、利用者がいないもの）を宛先とする送信の禁止などを規定しています。

第8問　解答 1

解説　ウェブサーバにアクセスするためには、そのウェブサーバを認識するための**「IPアドレス」**が必要になります。

第9問 解答 2

解説 ウェブページやシステムのプログラムなどは、「著作権法」によって保護の対象となる「著作物」に該当します。「著作権」は、著作物を創作した時点で自動的に権利が発生するものです。
よって、ウェブページデザインの制作委託をするAは、ウェブページデザインの制作元であるB社から、そのデザインの利用許諾を受けるか、デザインの著作権を譲り受けるかのいずれかの取り決めが必要となります。

第10問 解答 2

解説 「XHTML 1.1」は、XHTML 1.0 Strictにモジュール化により再形式化したものです。Strict、Transitional、Framesetといったカテゴリ分けはありません。

第11問 解答 2

解説 厚生労働省の新しい「VDT作業における労働衛生管理のためのガイドライン」の「4 作業管理」の中で、一連続作業時間が1時間を超えないように示されています。

第12問 解答 2

解説 すべての要素を指定するセレクタを「全称セレクタ」といいます。セレクタの書式は「*（アスタリスク）」を用います。

第13問 解答 2

解説 ヤコブ・ニールセンは、インタフェースのユーザビリティは、①学習しやすさ、②効率、③記憶しやすさ、④エラー、⑤主観的満足度の5つのユーザビリティ特性からなる多角的な構成要素を持つと定義しています。
つまり、①すぐに、簡単に使うことが可能、②学習後は高い生産性を創出することが可能、③簡単に使い方を記憶することが可能、④エラーを起こしにくく、また起こしても簡単に回復することが可能、⑤ユーザが満足できるよう、楽しく利用することが可能といったことが、ユーザビリティには必要となります。

第14問　解答　3

解説　CSSで赤色を指定する場合は、「red」「#f00」「#ff0000」になります。「#ff0」は黄色のカラーコードです。

第15問　解答　4

解説　順序なしリスト（箇条書きリスト）を作成するには、「ul要素」を使用します。「ol要素」は番号付きリストを作成する要素で、「dl要素」は定義型リストを作成する要素です。

第16問　解答　1

解説　写真などの色相、明度、彩度それぞれの階調による変化が多く含まれる静止画像をウェブサイトに用いる場合、最も適切なものは、「JPEG（Joint Photographic Experts Group）形式」です。
JPEG形式は、静止画像データの圧縮方式のひとつで、圧縮率が高いわりに画質の低下が少ないという特徴を持っています。
「PSD形式」とは、Adobe Photoshopのレイヤーをそのまま残した保存形式です。
「FLV形式」とは、Adobe Flashが標準で対応している動画のファイル形式です。また、「BMP形式」とは、Windowsが標準でサポートしている画像形式です。

第17問　解答　1

解説　「WCAG 1.0」は、W3Cが勧告しているアクセシビリティのガイドラインで、1999年5月に策定されました。また、WCAG 1.0の新版である「WCAG 2.0」が2008年12月にW3Cから勧告されています。
「ISO/IEC 15948」は、「情報技術―コンピュータグラフィックと画像処理―Portable Network Graphics（PNG）機能仕様」の規格です。
「SMIL」は、マルチメディアコンテンツを表現するためのマークアップ言語のひとつで、SMIL 3.0が2008年1月にW3Cから勧告されています。
「JIS X 8341-3」は、「高齢者・障害者等配慮設計指針―情報通信における機器,ソフトウェア及びサービス―第3部：ウェブコンテンツ」の規格です。

第18問　解答　3

解説　ある要素のひとつ下の階層にあるものを「子要素」といいます。「子要素」からひとつ上の階層は「親要素」です。

```
親要素 ┌ <div>
      │ <p>おはよう</p> ── 子要素
      └ </div>
```

第19問　解答　4

解説　「Ajax」とは、「Asynchronous JavaScript + XML」の略称で、動的にウェブページの内容を書き換えたり、非同期通信を利用してデータを取得したりするなどの技術のことです。
Ajaxでは、指定したURLからXMLドキュメントを読み込む機能を使って、ユーザの操作や画面描画などと並行してサーバと非同期に通信を行うことで、サーバの存在を感じさせず、ユーザは快適に操作をすることができるようになります。

第20問　解答　1

解説　CSSで同じ要素にスタイルを定義した場合は、基本的に、最後に記述されたスタイルが有効になります。
この問題のCSSは、次のように設定されています。

外部CSSファイル「design.css」のコード

```
h3{color:#00f;}           ── 青色
```

HTMLコード

```
<link rel="stylesheet" type="text/css" href="design.css">   ── 「design.css」を参照
<style type="text/css">
h3{color:#fff;}                                              ── 白色
</style>
</head>
<body>
<h3 style="color:#f00;">見出し</h3>                          ── 赤色
```

この問題のスタイルの優先順位は、次のとおりです。

> style属性による指定 ＞ style要素による指定 ＞ 外部スタイルによる指定

第21問 [解答] 3

[解説] Apacheを利用しているウェブサーバの動作は、**「httpd.conf」**ファイルを使って、管理者が一括で設定します。ただし、**「.htaccess」**という分散設定ファイルを利用すると、ウェブサーバの動作をディレクトリ単位で分散して設定することもできます。**「.htaccess」**のファイル名は、**「httpd.conf」**ファイル内で変更することも可能です。

第22問 [解答] 1

[解説] HTTP通信を行う場合は、ポート番号80を利用します。
代表的なプロトコルで利用されるポート番号は、次のとおりです。

ポート番号	TCP／UDP	サービス／プロトコル
20	TCP	ftp-data
21	TCP	ftp
22	TCP	ssh
25	TCP	smtp
80	TCP	http
110	TCP	pop3
123	UDP	ntp
143	TCP	imap
443	TCP	https

第23問 [解答] 3

[解説] img要素にその画像の説明を補足するには、**「title属性」**を指定します。
title属性は、要素にマウスポインタを重ねた時に補足情報をツールヒントで表示します。

第24問 [解答] 2

[解説] CSSで文字に色を設定するには、**「colorプロパティ」**を使います。下線を引くためには**「text-decorationプロパティ」**を使います。text-decorationプロパティには色を指定する値がないので、基本的には、colorプロパティの値が適用されます。

第25問 [解答] 1

[解説] 問題文にあるアイコンは、W3Cによる検証サービスで、その妥当性が認められた文書であり、XHTML 1.0の標準に準拠して設計・開発されているものであることを示しています。

平成24年度 第4回
実技試験

作業の前に
「H24_4」フォルダ内の「data3」フォルダをデスクトップにコピーしておきましょう。

作業で使用する素材は、「data3」フォルダ内にあります。このフォルダには、作業1から作業6で使用する素材が「q*x*」フォルダという名前でまとめられています。
各作業の前に、デスクトップの「wd3」フォルダに「q*x*」フォルダをコピーし、フォルダの名前を「a*x*」に変更します。
※「wd3」フォルダがない場合は、自分で作成します。
※「q*x*」「a*x*」の*x*は、作業1から作業6の各番号に読み替えてください。

作業1

この課題では、ウェブサイトのHTMLファイル、CSSファイル、その他のソースファイルを適切な形で、指示されたサイトのディレクトリ構造に合わせて、構成する必要があります。
作業を開始する前に、ウェブブラウザで「index.html」ファイルの表示を確認しておきましょう。

●作業1の完成イメージ

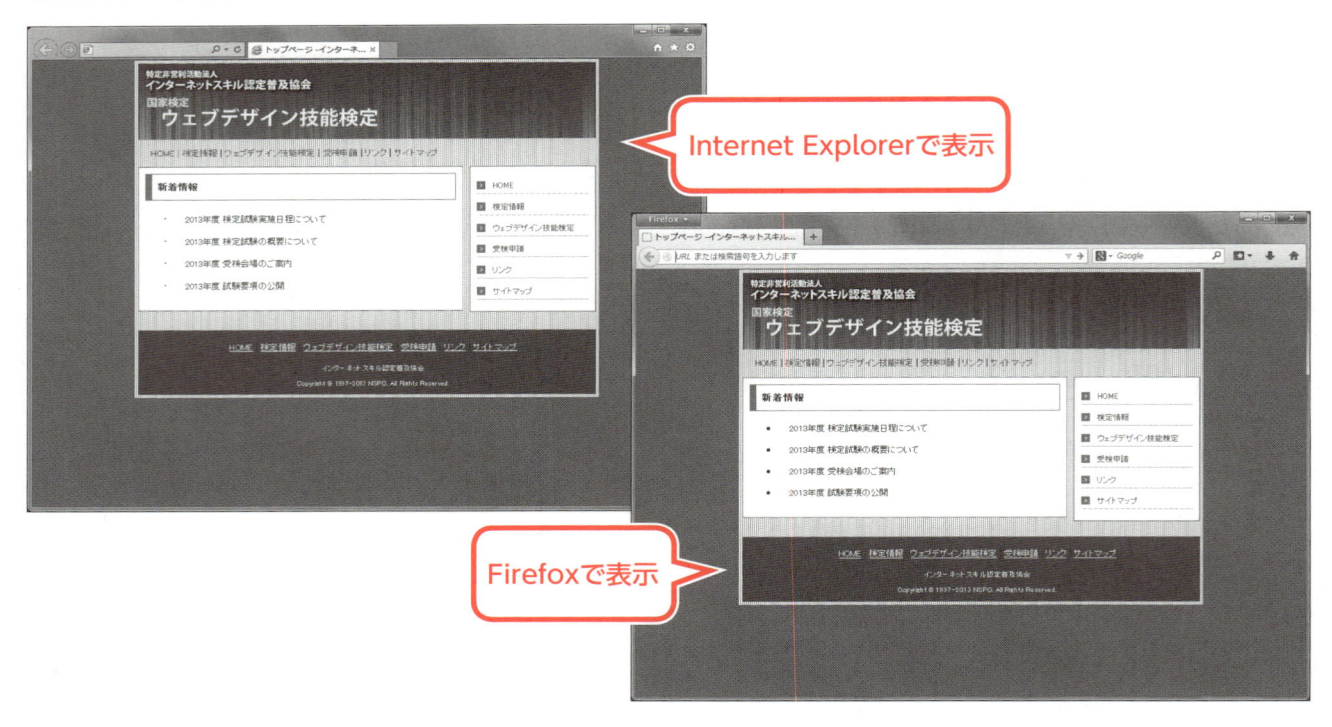

Point 1

「fs.jpg」ファイルを開いて、作成するディレクトリ構造を確認します。
「a1」フォルダ内が、「fs.jpg」ファイルで確認したディレクトリ構造と同じになるように、フォルダの作成やファイルの移動を行います。

> ファイルを移動すると、「index.html」ファイル内で参照している画像ファイルやCSSファイルのパスが正しくなくなります。そのため、ファイルの移動を行った場合は、パスの修正が必要です。

Point 2

パスを修正します。
「index.html」ファイルを開いて、次の構文に含まれているファイルのパスを修正します。

●7行目

```
<link href="design.css" rel="stylesheet" type="text/css">
```
⬇
```
<link href="style/design.css" rel="stylesheet" type="text/css">
```

●11行目

```
<div id="header"><img name="site_id" src="top.jpg" width="690" height="120" alt="サイトID"></div>
```
⬇
```
<div id="header"><img name="site_id" src="img/top.jpg" width="690" height="120" alt="サイトID"></div>
```

> ＨＴＭＬファイルやＣＳＳファイルを編集するには、検定試験の公式ソフトウェアでもある「TeraPad」や「サクラエディタ」を使うとよいでしょう。
> 「メモ帳」や「ワードパッド」でも編集できますが、「TeraPad」や「サクラエディタ」は、文字色の変更や行数の表示などができるので、ウェブページの作成に適しています。

修正できたら、ファイルを上書き保存し、ウェブブラウザで「index.html」ファイルの表示を確認しましょう。

Point 3

CSSファイルのパスを修正します。
「**design.css**」ファイルを開いて、次の構文に含まれているファイルのパスを修正します。

●8行目

background-image: url(**bg.jpg**);

⬇

background-image: url(**../img/bg.jpg**);

●18行目

background-image: url(**bg.gif**);

⬇

background-image: url(**../img/bg.gif**);

●142行目

background-image: url(**ar.gif**);

⬇

background-image: url(**../img/ar.gif**);

> 「style」フォルダ内にある「design.css」から「img」フォルダ内のファイルを参照する場合は、「相対パス」で指定します。相対パスは、階層をたどって記述するため、「../img/ファイル名」という形になります。「../」でひとつ上の階層を表します。

修正できたら、ファイルを上書き保存し、ウェブブラウザで「**index.html**」ファイルの表示を確認しておきましょう。

Point 4

「**a1**」フォルダから、不要な「**fs.jpg**」ファイルを削除します。

以上で、作業1で必要な作業はすべて終了です。
表示結果が作業前に確認した「**index.html**」ファイルと同じなら修正が正しく反映されています。同じ表示になっていない場合は、修正した箇所にミスがないかどうかを確認してください。

作業2

この課題は、ウェブサイトの複数のHTMLファイルについて、指示されたナビゲーションなどの要素にリンクを設定し、また、ページの見出しや本文の修正を行う必要があります。

●作業2の完成イメージ

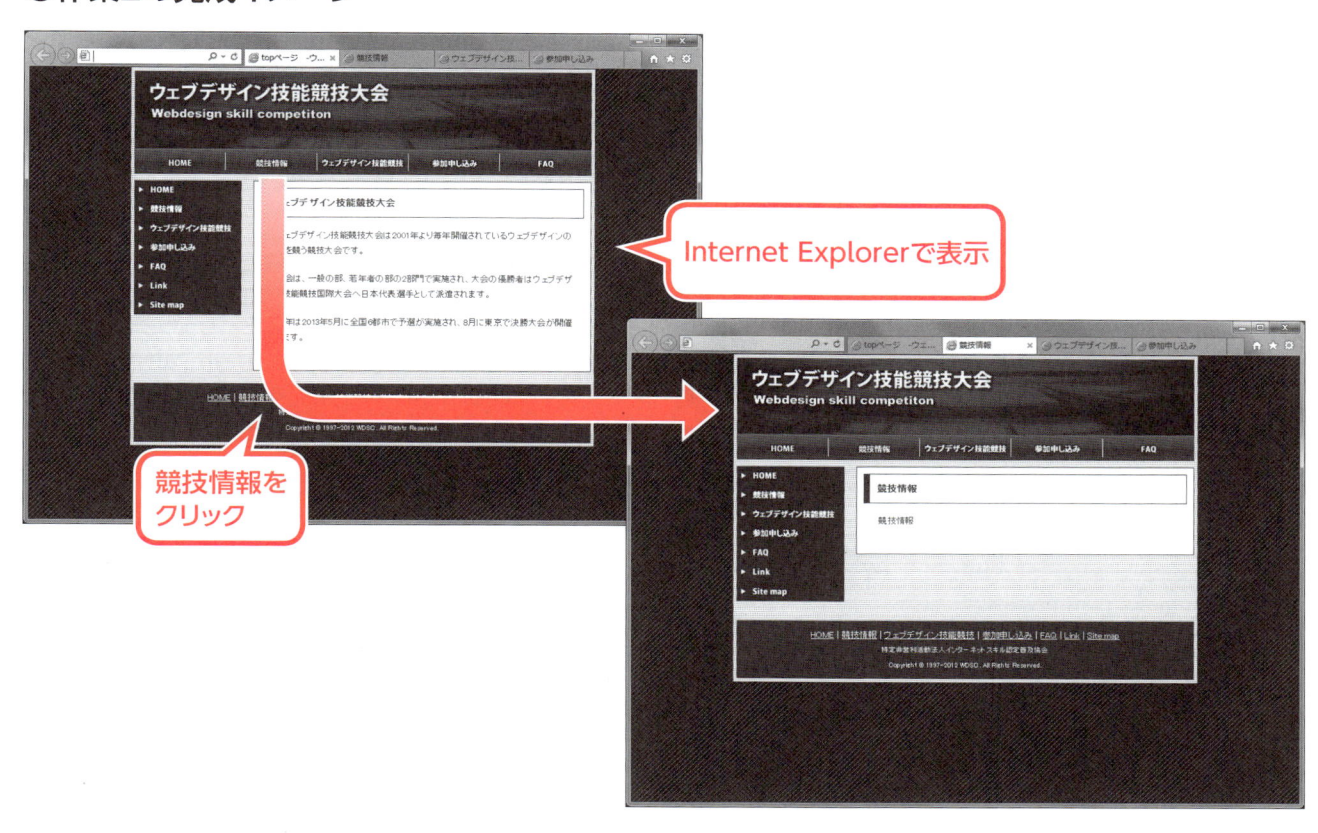

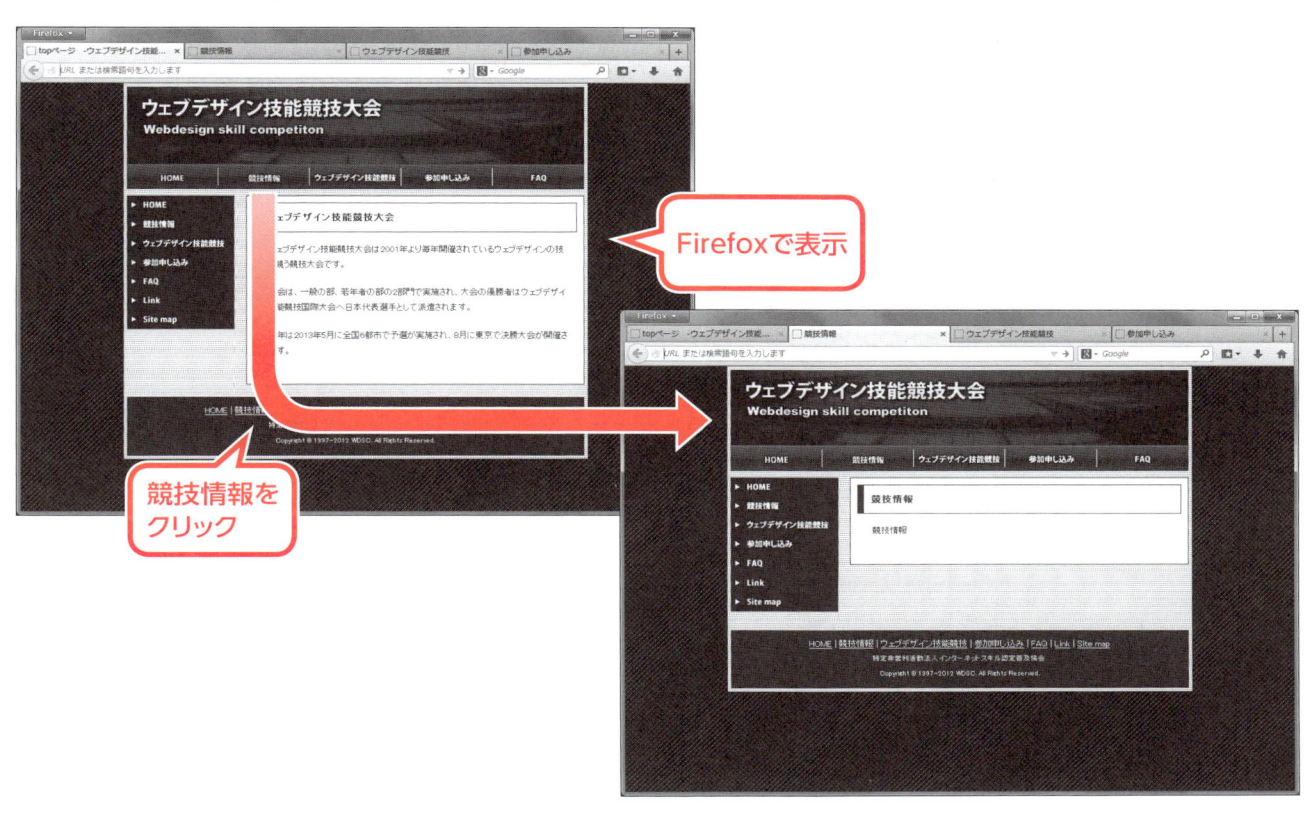

Internet Explorerで表示

競技情報をクリック

Firefoxで表示

競技情報をクリック

Point 1

「index.html」ファイルのグローバルナビゲーションの部分にリンクを設定します。
「index.html」ファイルを開いて、次の構文に含まれているリンクの記述を修正します。

●13行目

```
<a href="#"><img src="img/gl_bt_home.gif" alt="HOME"></a><a href="#"><img src="img/gl_bt_info.gif" alt="競技情報"></a><a href="#"><img src="img/gl_bt_wdsc.gif" alt="ウェブデザイン技能競技"></a><a href="#"><img src="img/gl_bt_app.gif" alt="参加申し込み"></a><a href="#"><img src="img/gl_bt_faq.gif" alt="FAQ"></a>
```

⬇

```
<a href="index.html"><img src="img/gl_bt_home.gif" alt="HOME"></a><a href="info.html"><img src="img/gl_bt_info.gif" alt="競技情報"></a><a href="comp.html"><img src="img/gl_bt_wdsc.gif" alt="ウェブデザイン技能競技"></a><a href="form.html"><img src="img/gl_bt_app.gif" alt="参加申し込み"></a><a href="#"><img src="img/gl_bt_faq.gif" alt="FAQ"></a>
```

修正できたら、ファイルを上書き保存し、ウェブブラウザで「index.html」ファイルを開いて、各グローバルナビゲーションのリンクが正しく設定されているかどうかをクリックして確認しておきましょう。

Point 2

「index.html」ファイルと同様に、「info.html」「comp.html」「form.html」の各ファイルも修正します。
すべてのファイルで正しくリンクが設定されているかどうかを確認しておきましょう。

> 1ファイルごとに入力してもよいですが、入力ミスを防ぐには「index.html」ファイルの13行目をコピーし、ほかのHTMLファイルの該当箇所に貼り付けるとよいでしょう。

Point 3

「info.html」ファイルの「A」の箇所を修正します。
「info.html」ファイルを開いて<title>タグを確認し、次の構文に含まれている見出しとその下の段落の記述を修正します。

●19行目～

```
<h1>A</h1>
<p1>A</p1>
```

⬇

```
<h1>競技情報</h1>
<p>競技情報</p>
```

修正できたら、ファイルを上書き保存し、ウェブブラウザで「info.html」ファイルの表示を確認しておきましょう。

Point 4

「info.html」ファイルと同様に、「comp.html」「form.html」の各ファイルも修正します。

「comp.html」ファイル

●19行目～

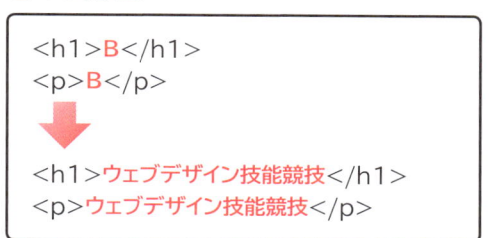

```
<h1>B</h1>
<p>B</p>
```
⬇
```
<h1>ウェブデザイン技能競技</h1>
<p>ウェブデザイン技能競技</p>
```

「form.html」ファイル

●19行目～

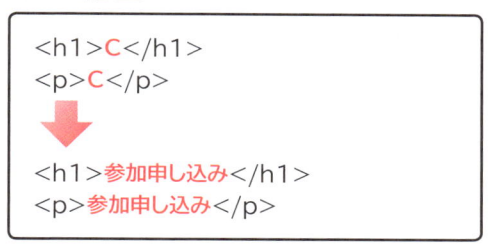

```
<h1>C</h1>
<p>C</p>
```
⬇
```
<h1>参加申し込み</h1>
<p>参加申し込み</p>
```

修正できたら、ファイルを上書き保存し、ウェブブラウザで「comp.html」「form.html」の各ファイルの表示を確認しておきましょう。

以上で、作業2で必要な作業はすべて終了です。
すべてのHTMLファイルをウェブブラウザで開いて、次の点を確認しておきましょう。

- ●グローバルナビゲーションにリンクが設定されている。
- ●本文中の「A」「B」「C」だった箇所が、ページタイトルと同じになっている。

作業3

この課題は、完成イメージファイルを参考にして、用意された複数のCSSファイルの中から適切なものを適用する必要があります。

●作業3の完成イメージ

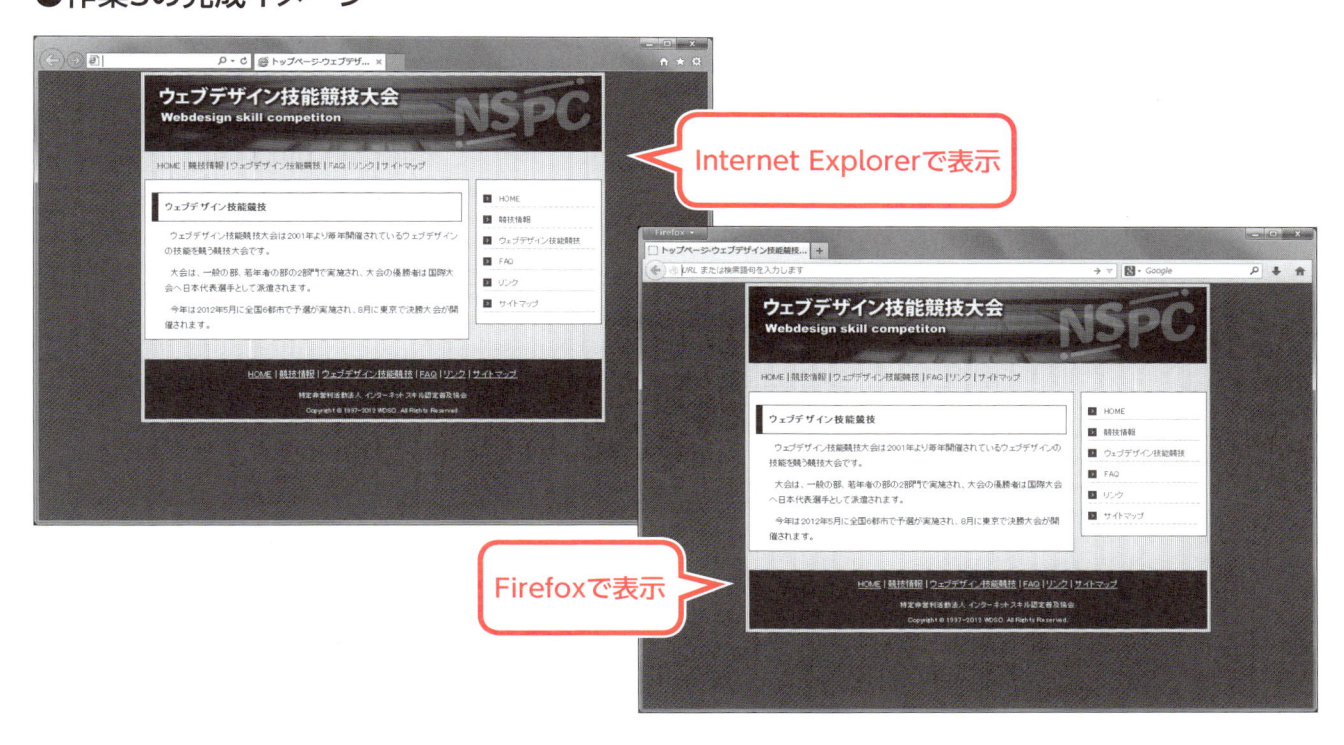

Internet Explorerで表示

Firefoxで表示

146

Point 1

各jpgファイルを開いて、次のような点を確認します。

```
全体の背景          ：青斜めボーダー
内側の背景          ：縦ボーダー
本文テキスト         ：濃い灰色
横ナビゲーション位置  ：右
フッターナビゲーション：白
フッターテキスト     ：白
```

Point 2

「index.html」ファイルを開いて、CSSファイルに関する記述を修正します。
7行目の「#」の箇所を「1.css」「2.css」「3.css」に置き換えて、結果を確認します。

●7行目

```
<link href="#" rel="stylesheet" type="text/css">
```

⬇

```
<link href="1.css" rel="stylesheet" type="text/css">
<link href="2.css" rel="stylesheet" type="text/css">
<link href="3.css" rel="stylesheet" type="text/css">
```

3つのCSSファイルを見比べてみると、完成イメージと同じものは、「2.css」ファイルになります。
「index.html」ファイルのCSSファイルに関する記述を「2.css」に修正します。

修正できたら、ファイルを上書き保存し、ウェブブラウザで「index.html」ファイルの表示を確認しておきましょう。

Point 3

「a3」フォルダから、不要なファイルを削除します。
削除するファイルは、次のとおりです。

```
1.css、3.css、ie6_1.jpg、ie7_8_1.jpg、ie9_1.jpg、ff_1.jpg
bb.gif、bgreen.gif
```

※「img」フォルダ内の不要なファイルも忘れずに削除しましょう。

以上で、作業3で必要な作業はすべて終了です。
表示結果が完成イメージと同じになっていれば、修正が正しく反映されています。同じ表示になっていない場合は、修正した箇所にミスがないかどうかを確認してください。

作業4

この課題は、CSSファイルを編集して、h1要素の背景や文字の色を変更する必要があります。

● 作業4の完成イメージ

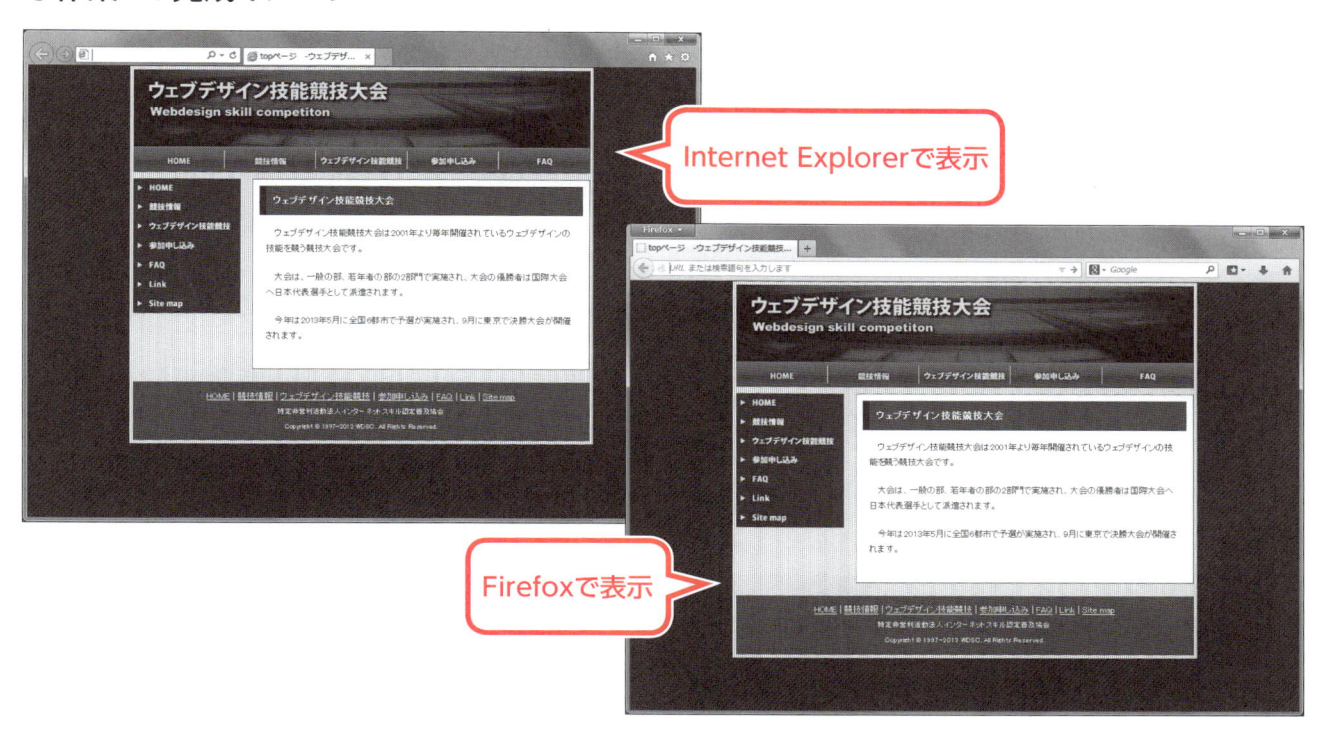

Internet Explorerで表示

Firefoxで表示

Point 1

「design.css」ファイル内のh1要素に関する記述に、次の2行を追加します。

● 72行目～

```
h1 {
        font-size: 11pt;
        padding: 10px;
        border-top: 1px solid #030;
        border-right: 1px solid #030;
        border-bottom: 1px solid #030;
        border-left: 10px solid #030;
        margin: 0px 0px 15px;
        background-color: #993333;
        color: #ffffff;
}
```

※修正内容は一例になります。これ以外の記述でも実現は可能です。

> CSSファイルを修正する場合は、次のような点に注意しましょう。
>
> ●プロパティ入力時にスペルミスをしない。
> ●「:(コロン)」や「;(セミコロン)」を正しい位置に入力する。

修正できたら、ファイルを上書き保存し、ウェブブラウザで「**index.html**」ファイルの表示を確認しておきましょう。

以上で、作業4で必要な作業はすべて終了です。
正しく修正が行われていれば、見出し部分の背景と文字に色が付きます。同じ表示になっていない場合は、修正した箇所にミスがないかどうかを確認してください。

作業5

この課題は、完成イメージファイルを参考にして、CSSファイルを編集するという問題です。CSSファイルに、各エリアに対応したプロパティを追加して、値を設定する必要があります。

●作業5の完成イメージ

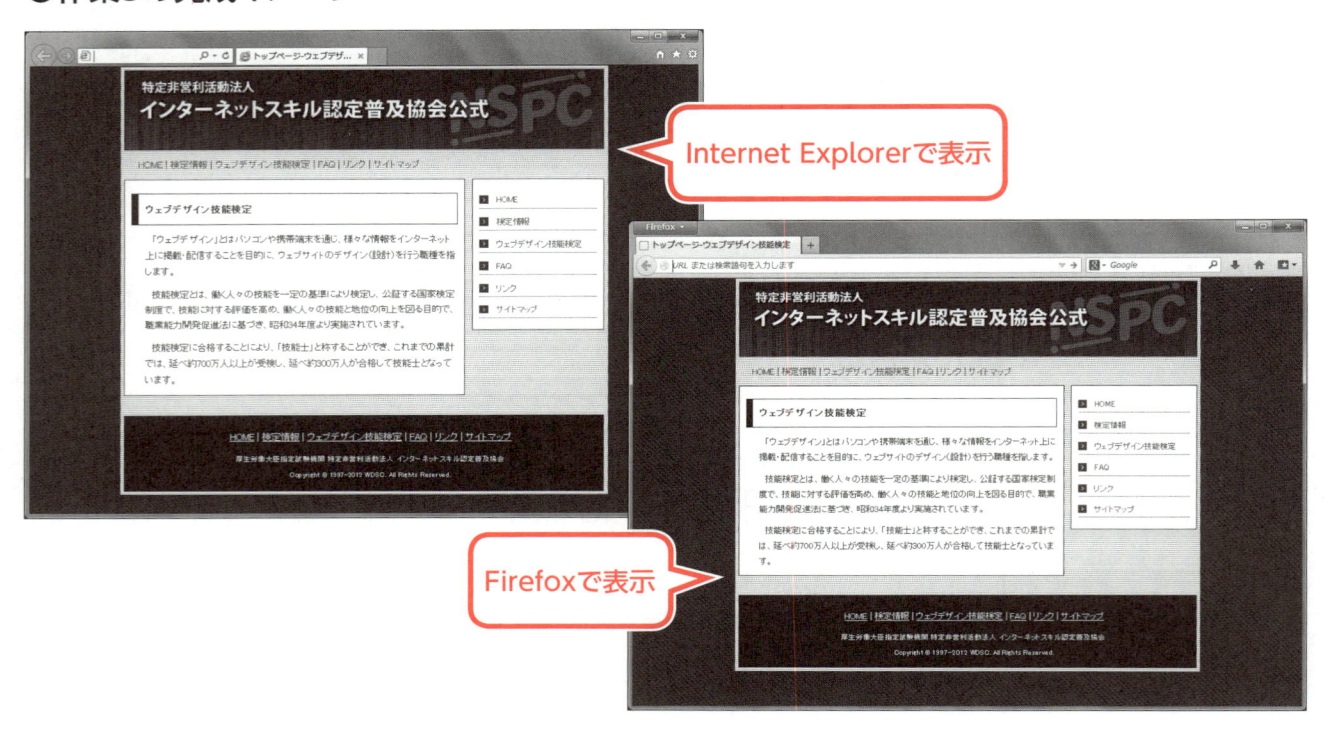

Internet Explorerで表示

Firefoxで表示

Point 1

各jpgファイルを開いて、次のような点を確認します。

> 全体の背景：紫斜めボーダー
> 内側の背景：横ボーダー

※この背景として使われている画像は、「img」フォルダの中にあります。

Point 2

「design.css」ファイル内のbody要素とwrap要素に関する記述に、次の行を追加します。

●2行目～

```css
body {
          font-family: "MS Pゴシック", Osaka, sans-serif;
          line-height: 1.5em;
          color: #333333;
          padding: 0px;
          margin: 0px;
          background-color: #FFFFFF;
          background-image: url(img/b3.gif);
}
#wrap {
          background-color: #FFFFFF;
          width: 690px;
          padding: 5px;
          margin: 0px auto;
          border: 1px solid #333333;
          background-image: url(img/cv.gif);
}
```

> 「cv.gif」ファイルと「cb.gif」ファイルは、同じ表示結果になりますが、よりファイルサイズの小さい「cv.gif」ファイルを利用する方が適切といえます。

修正できたら、ファイルを上書き保存し、ウェブブラウザで「index.html」ファイルの表示を確認しておきましょう。

Point 3

「a5」フォルダから、不要なファイルを削除します。
削除するファイルは、次のとおりです。

> ie6_2.jpg、ie7_8_2.jpg、ie9_2.jpg、ff_2.jpg
> b1.gif、b2.gif、cb.gif、cc.gif

※「img」フォルダ内の不要なファイルも忘れずに削除しましょう。

以上で、作業5で必要な作業はすべて終了です。
正しく修正が行われていれば、全体の背景と内側の背景に画像が表示されます。同じ表示になっていない場合は、修正した箇所にミスがないかどうかを確認してください。

作業6

この課題は、HTMLファイルの内容を別のテキストファイルに置き換え、さらにそのテキストを正しく構造化して、更新する必要があります。

●作業6の完成イメージ

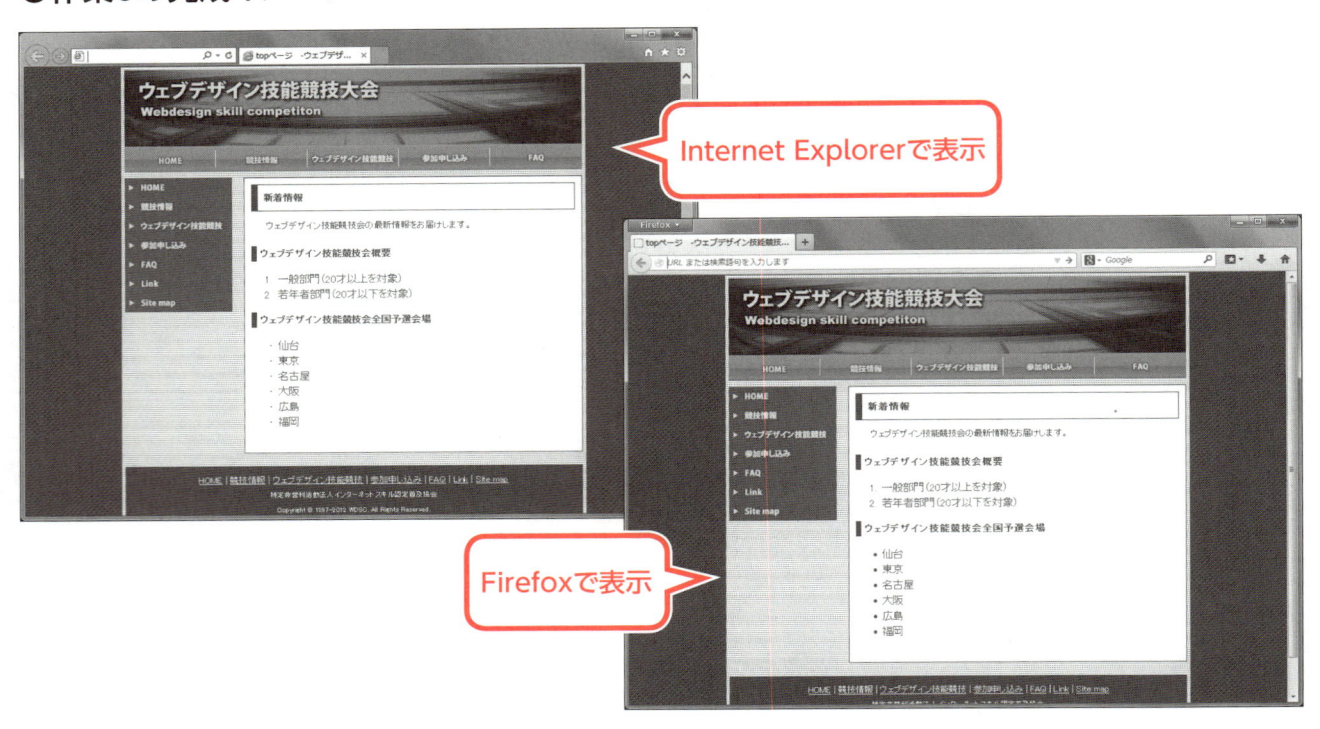

Internet Explorerで表示

Firefoxで表示

Point 1

「**sample.txt**」ファイルを開いて、指定された要素をどのように使うかを確認します。

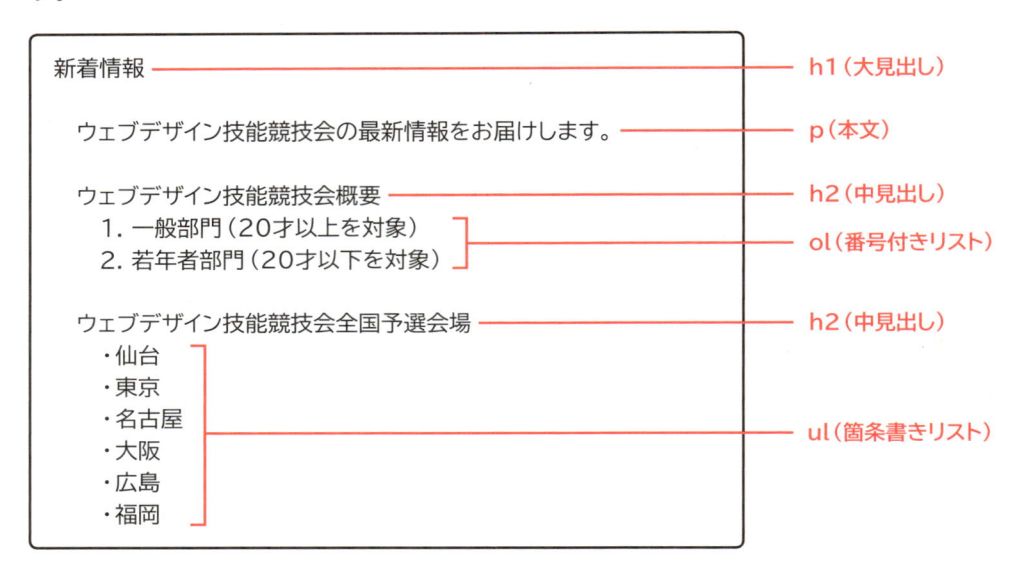

- 新着情報 —— h1（大見出し）
- ウェブデザイン技能競技会の最新情報をお届けします。 —— p（本文）
- ウェブデザイン技能競技会概要 —— h2（中見出し）
  - 1. 一般部門（20才以上を対象）
  - 2. 若年者部門（20才以下を対象）　—— ol（番号付きリスト）
- ウェブデザイン技能競技会全国予選会場 —— h2（中見出し）
  - ・仙台
  - ・東京
  - ・名古屋　—— ul（箇条書きリスト）
  - ・大阪
  - ・広島
  - ・福岡

Point 2

「index.html」ファイルを開いて、「main_content」内のh1要素とp要素の内容を削除します。

Point 3

「sample.txt」ファイルの情報を「index.html」ファイル内に構造化しながら書き込んでいきます。

```
12 <div id="global_navi">
13 <a href="#"><img src="img/gl_bt_home.gif" alt="HOME"></a><a href="#"><img src="img/gl_bt_
14 </div>
15   <div id="content">
16     <div id="side_navi">
17 <a href="#"><img src="img/side_bt_home.gif" alt="HOME"></a><a href="#"><img src="img/side
18     <div id="main_content">
19 <h1>新着情報</h1>
20 <p>ウェブデザイン技能競技会の最新情報をお届けします。</p>
21 <h2>ウェブデザイン技能競技会概要</h2>
22 <ol>
23 <li>一般部門（20才以上を対象）</li>
24 <li>若年者部門（20才以下を対象）</li>
25 </ol>
26 <h2>ウェブデザイン技能競技会全国予選会場</h2>
27 <ul>
28 <li>仙台</li>
29 <li>東京</li>
30 <li>名古屋</li>
31 <li>大阪</li>
32 <li>広島</li>
33 <li>福岡</li>
34 </ul>
35     </div>
36   </div>
37   <div id="footer">
38     <p><a href="#">HOME</a> | <a href="#">競技情報</a> | <a href="#">ウェブデザイン技能競
39        |
```

> 構造化を行う際には、インデントは付けなくてもかまいません。

> 箇条書きリストや番号付きリストの各リスト項目は、li要素で指定します。

修正できたら、ファイルを上書き保存し、ウェブブラウザで「index.html」ファイルの表示を確認しておきましょう。

Point 4

「a6」フォルダから、不要な「sample.txt」ファイルを削除します。

以上で、作業6で必要な作業はすべて終了です。
正しく修正されていれば、大見出し、中見出し、本文、番号付きリスト、箇条書きリストなどが確認できます。同じ表示になっていない場合は、修正した箇所にミスがないかどうかを確認してください。

最後に
作成したデータを再度、確認して不要なファイルがないかどうかを確認してください。
また、検定公式ブラウザであるInternet Explorer 6 SP2以降及び、Firefox 3.0以降の双方で、表示やレイアウトの崩れなどがないかどうかを確認してください。

3級実技試験は6課題のうち、5つを選択し提出することとなっています。もし、全課題について解答データを作成した際には、作成したデータの「a1」から「a6」より、5つのフォルダを「wd3」フォルダに残し、不要なフォルダは削除して作業は完了となります。

※すべての作業が終了したら、「data3」フォルダは削除しておきましょう。

よくわかるマスター
特定非営利活動法人
インターネットスキル認定普及協会 公認
ウェブデザイン技能検定 過去問題集 3級
(FPT1319)

2014年 3月30日　初版発行
2021年 6月 6日　第2版第2刷発行

著作：特定非営利活動法人 インターネットスキル認定普及協会
制作：富士通エフ・オー・エム株式会社

発行者：山下　秀二

発行所：FOM出版（富士通エフ・オー・エム株式会社）
　　　　　〒108-0075 東京都港区港南2-13-34 NSS-Ⅱビル
　　　　　　　　株式会社富士通ラーニングメディア内
　　　　　　https://www.fom.fujitsu.com/goods/

印刷／製本：アベイズム株式会社

表紙デザインシステム：株式会社ブレーンセンター

- 本書は、構成・文章・プログラム・画像・データなどのすべてにおいて、著作権法上の保護を受けています。
  本書の一部あるいは全部について、いかなる方法においても複写・複製など、著作権法上で規定された権利を侵害する行為を行うことは禁じられています。
- 本書の小冊子に掲載している過去問題の内容に関するご質問には、特定非営利活動法人インターネットスキル認定普及協会及び富士通エフ・オー・エム株式会社では、一切お答えできません。
- 本書に関するご質問は、ホームページまたはメールにてお寄せください。
  <ホームページ>
  上記ホームページ内の「FOM出版」から「QAサポート」にアクセスし、「QAフォームのご案内」から所定のフォームを選択して、必要事項をご記入の上、送信してください。
  <メール>
  FOM-shuppan-QA@cs.jp.fujitsu.com
  なお、次の点に関しては、あらかじめご了承ください。
  ・ご質問の内容によっては、回答に日数を要する場合があります。
  ・本書の範囲を超えるご質問にはお答えできません。　・電話やFAXによるご質問には一切応じておりません。
- 本製品に起因してご使用者に直接または間接的損害が生じても、富士通エフ・オー・エム株式会社はいかなる責任も負わないものとし、一切の賠償などは行わないものとします。
- 本書に記載された内容などは、予告なく変更される場合があります。
- 落丁・乱丁はお取り替えいたします。

© 特定非営利活動法人 インターネットスキル認定普及協会 2014-2021
Printed in Japan

FOM出版のシリーズラインアップ

定番の よくわかる シリーズ

■Microsoft Office

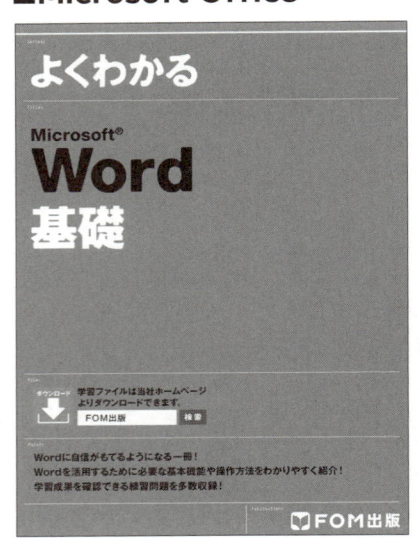

「よくわかる」シリーズは、長年の研修事業で培ったスキルをベースに、ポイントを押さえたテキスト構成になっています。すぐに役立つ内容を、丁寧に、わかりやすく解説しているシリーズです。

Point

❶ 学習内容はストーリー性があり実務ですぐに使える！
❷ 操作に対応した画面を大きく掲載し視覚的にもわかりやすく工夫されている！
❸ 丁寧な解説と注釈で機能習得をしっかりとサポート！
❹ 豊富な練習問題で操作方法を確実にマスターできる！自己学習にも最適！

■セキュリティ・ヒューマンスキル

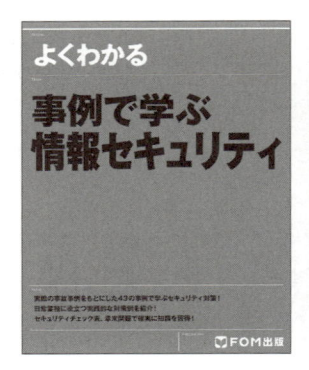

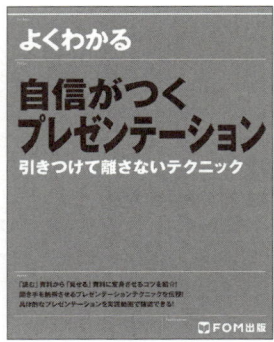

資格試験の よくわかるマスター シリーズ

■MOS試験対策 ※模擬試験プログラム付き！

「よくわかるマスター」シリーズは、IT資格試験の合格を目的とした試験対策用教材です。出題ガイドライン・カリキュラムに準拠している「受験者必携本」です。

模擬試験プログラム

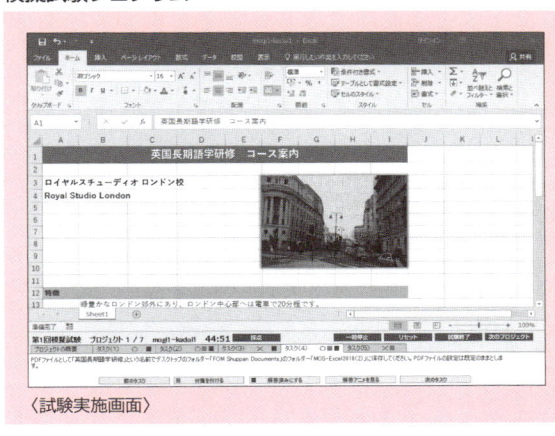

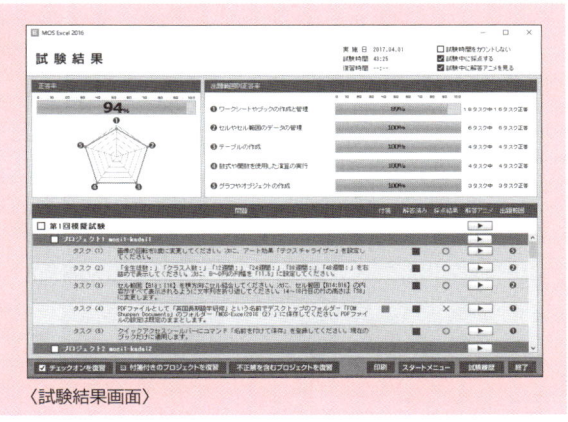

〈試験実施画面〉　〈試験結果画面〉

■情報処理技術者試験対策

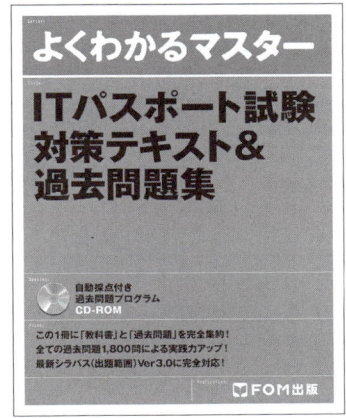

ITパスポート試験

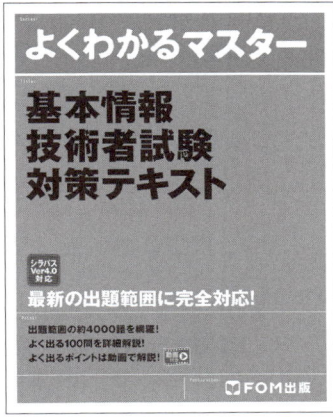

基本情報技術者試験

スマホアプリ
ITパスポート試験 過去問題集

FOM　スマホアプリ

FOM出版テキスト 最新情報のご案内

FOM出版では、お客様の利用シーンに合わせて、最適なテキストをご提供するために、様々なシリーズをご用意しています。

FOM出版　検索

https://www.fom.fujitsu.com/goods/

FAQのご案内
［テキストに関するよくあるご質問］

FOM出版テキストのお客様Q&A窓口に皆様から多く寄せられたご質問に回答を付けて掲載しています。

FOM出版　FAQ　検索

https://www.fom.fujitsu.com/goods/faq/